Les Énergies renouvelables pour les nuls

Sous la direction d'Éric Scotto,
président et cofondateur d'Akuo,
et d'Arnaud Leroy,
P.-D.G. de l'Ademe

Les Énergies renouvelables pour les nuls

FIRST
ÉDITIONS

Les Énergies renouvelables pour les Nuls

ISBN : 978-2-412-05052-1
Dépôt légal : avril 2021
Imprimé en Italie

Mise en page : Fabrice Del Rio Ruiz
Schémas et illustrations : Fabrice Del Rio Ruiz, Jérôme Chosson et Jean-Michel Jean-Marie
Illustrations ouvertures de parties : Stéphane Martinez
Correction : Nord Correction
Rédaction : Nathalie Reyss et un collectif sous la direction d'Éric Scotto et Arnaud Leroy
Index : Muriel Mekies

Éditions First, un département d'Édi8
92, avenue de France
75013 Paris – France
Tél : 01 44 16 09 00
Fax : 01 44 16 09 01
Email : firstinfo@efirst.com
Site Internet : www.editionsfirst.fr

À propos des auteurs

Né le 23 avril 1976 à Lille, **Arnaud Leroy** est diplômé en droit maritime, droit international de la mer et protection de l'environnement marin.

Il commence sa carrière au Parlement européen comme assistant parlementaire, puis il est nommé en 2001 Secrétaire général de la délégation des Verts français. En 2004, il est nommé à l'Agence européenne de sécurité maritime (EMSA), mise en place suite à la catastrophe écologique du pétrolier *Prestige* dans les eaux espagnoles, où il est en charge de la protection de l'environnement marin et des questions liées aux changements climatiques (poste basé à Lisbonne depuis 2006). En 2005, il rejoint le Parti socialiste et la Fédération des français de l'étranger.

Élu député de la cinquième circonscription des Français établis hors de France en 2012, il siège pendant 5 ans à la Commission du développement durable et de l'aménagement du territoire et à la Commission des affaires européennes de l'Assemblée Nationale, où il suit particulièrement les textes liés à la transition écologique et énergétique.

Il est l'auteur et le rapporteur d'une proposition de loi, appelée « loi Leroy », sur l'économie bleue, adoptée en 2016, qui comporte des mesures pour simplifier et faciliter la relance et le développement de l'économie maritime. Il a également présidé le groupe d'études sur les changements climatiques à l'Assemblée nationale et co-présidé, avec le Député Bertrand Pancher, l'Association Bilan Carbone qui propose des solutions aux organisations en matière de comptabilité carbone. Il est par ailleurs membre du Bureau exécutif de la République en Marche, en charge des questions internationales.

Arnaud Leroy a été nommé Président du Conseil d'administration de l'Agence de l'environnement et de la maîtrise de l'énergie (Ademe) par décret du 14 mars 2018.

Éric Scotto est également né un 23 avril ! Il a co-dirigé ce livre parce qu'il connaît la puissance des livres : un livre a changé sa vie. En effet, après 10 ans dans les start-ups de l'internet, deux ans dans la finance et un premier succès dans la création d'entreprise, il lit *Éco-économie : une autre croissance est possible, écologique et durable* de Lester R. Brown (paru au Seuil en 2003). Il se donne alors pour mission de faire advenir une économie écologique et durable et devient un chef d'entreprise engagé, alliant ses talents d'investisseur à ses préoccupations liées au climat.

Il donne donc une nouvelle impulsion à sa carrière en construisant une première ferme éolienne en collaboration avec General Electric. Il crée Perfect Wind, en 2003, qui devient l'un des pionniers et leaders de l'éolien en France et donne ainsi une nouvelle impulsion à sa carrière. Pour se diversifier, Éric Scotto et son associé Patrice Lucas co-fondent Akuo Energy après avoir vendu Perfect Wind au numéro un mondial de l'éolien, Iberdrola.

Akuo Energy devient rapidement un acteur indépendant majeur de la production d'énergie renouvelable. Le groupe inaugure sa première ferme Agrinergie® en 2010, sur l'île de la Réunion. Aujourd'hui le groupe mène des projets dans une trentaine de pays, sur tous les continents, et sur toute la chaine de valeur : développement, financement, construction et exploitation. Son ambition est de proposer des bouquets énergétiques adaptés aux ressources de chaque territoire (eau, vent, soleil), tout en apportant des bénéfices sociétaux supplémentaires en faveur des populations des territoires sur lesquels ils sont implantés. Akuo Energy est devenu un producteur d'énergie, un développeur de territoires et un promoteur de l'écologie, soit un artisan de la révolution énergétique pour tous.

Éric Scotto est un homme engagé : en 2011, il participe à la création de la fondation Akuo, qui apporte une réponse écologique et sociale aux besoins de communautés défavorisées et forme les jeunes aux enjeux liés au développement durable.

Remerciements

Nous tenons à remercier pour leur mobilisation et leur investissement dans la rédaction de cet ouvrage :

Les grands témoins Steve Arcelin, Sandrine Dixson-Decleve, Ambroise Fayolle, François Gemenne, Elisabeth Laville, Jean-Luc Perez, Bertrand Piccard, Guillaume Planchot, Philippe Zaouati ;

Tous les collaborateurs de l'Ademe et plus particulièrement Caroline Marek ;

Tous les collaborateurs d'Akuo et plus particulièrement Annaig Benard, Anne-Lise Bragel, Jérôme Chosson, Faustine Gaymard, Jean-Michel Jean-Marie, Soizic Le Fur, Noémie Le Toullec, Nicolas Maccioni, Klara Orlowska, Alexandra Sombsthay, Tiphaine de Toldi ;

Arnaud Berger et Bertrand Sabathier pour le chapitre sur Le Financement des énergies renouvelables ;

Christophe Bourgois-Costantini qui a provoqué la rencontre d'où est venue l'idée de ce livre ;

Fabrice del Rio Ruiz, Abigaïl Friard, Nathalie Reyss.

Avant-propos

La transition énergétique, qui revient à nous affranchir de notre dépendance aux énergies fossiles, est un maillon essentiel de la transition écologique. Elle est aussi aujourd'hui un objectif largement partagé et intégré dans l'agenda international et les agendas nationaux.

Le chemin pour y parvenir fait en revanche encore l'objet de nombreux débats. L'Agence de la transition écologique (Ademe) a montré, par plusieurs travaux de prospective associant un large panel d'experts scientifiques, qu'efficacité énergétique et énergies renouvelables sont deux piliers sur lesquels nous appuyer pour atteindre nos objectifs en matière de climat, de neutralité carbone et d'indépendance énergétique.

Il est ainsi possible, techniquement, d'augmenter significativement la part des énergies renouvelables dans notre mix énergétique, avec un impact très positif pour les territoires, l'emploi et le pouvoir d'achat des Français ! Pourtant, le rythme de croissance des énergies renouvelables n'augmente pas assez rapidement, et beaucoup d'incompréhension et d'idées reçues circulent encore sur l'intérêt de miser plus fortement sur les énergies renouvelables pour notre avenir énergétique.

Les citoyens, qui placent la question environnementale en tête de leurs préoccupations, sont en majorité très favorables aux énergies renouvelables. Sur le terrain, néanmoins, les projets rencontrent encore de fortes oppositions, malheureusement trop souvent alimentées par des groupes d'opinion pratiquant abondamment la désinformation. C'est pourquoi il est urgent de prendre le temps d'expliquer, d'informer, mais aussi de former.

Le livre *Les Énergies renouvelables pour les Nuls* souhaite y apporter sa modeste contribution. Nous avons tenté ici de sortir du débat d'experts, en donnant des clés de compréhension et de lecture des enjeux associés au développement des énergies renouvelables. Cet ouvrage aborde toutes les questions relatives à ces filières énergétiques.

La transition énergétique est une question trop essentielle pour rester dans le cercle des initiés ! Elle est porteuse d'un véritable projet de société. Il est, dès lors, indispensable que nous partagions une conscience commune des défis à relever et des solutions à développer.

Je vous souhaite une bonne lecture !

Arnaud Leroy
Président-directeur général de l'Ademe

Lors du premier semestre 2020, pour la première fois en Europe, les énergies renouvelables sont devenues la première source d'électricité.

Sur l'ensemble des 27 pays de l'Union européenne, les énergies renouvelables ont en effet généré 40 % de l'électricité, contre 34 % pour les combustibles fossiles – charbon, pétrole et gaz naturel.

Certes c'est l'effet combiné de ressources solaires et éoliennes importantes et d'un recul global de la demande qui a permis une diminution de 23 % des émissions de CO_2 du secteur de l'électricité. Mais c'est aussi une tendance engagée il y a déjà plus de vingt ans qui s'affirme inexorablement et confirme le changement de modèle énergétique en cours.

Ce nouveau modèle énergétique décentralisé et durable est en passe de devenir la norme, pour reprendre une expression chère à notre ancien ministre de la Transition écologique et solidaire, Nicolas Hulot. Une norme pas seulement au niveau européen, continent leader et moteur dans le mouvement que l'on appelle communément « transition énergétique », mais quasiment partout dans le monde.

Le choix des énergies renouvelables est avant tout un choix de société, où les consommateurs deviennent aussi des producteurs. Une société où les territoires contribuent collectivement à l'autonomie énergétique des États. Cette nouvelle mission leur permet par ailleurs d'accentuer leur attractivité et leur résilience.

Ce changement de paradigme participe aussi à un bouleversement géopolitique majeur. La voiture électrique, qui roule grâce au généreux soleil de Garéoult, dans le Var, ou au vent qui souffle sur le plateau d'Ally, aux confins de la Haute-Loire et du Cantal, permet à une nation de retrouver une certaine forme de souveraineté.

Alors comment en est-on arrivé là en à peine 20 ans ? Quel chemin reste-t-il à parcourir pour potentiellement bénéficier d'un mix énergétique composé à 100 % d'énergies renouvelables ? Est-ce réellement possible (et pour quand) ou n'est-ce qu'une utopie ? Quel rôle joueront le digital et le stockage dans l'accélération de ce processus de transition ? Voilà quelques questions auxquelles cet ouvrage tente de répondre.

Depuis la COP 21 et la signature de l'accord de Paris, l'ensemble de la communauté financière a pris conscience de sa responsabilité dans la lutte contre le changement climatique.

Le choix de financer les énergies du futur *versus* celles du passé est la clé dans l'accompagnement du processus en cours. Cet arbitrage est bel et bien amorcé par le monde de la finance. L'heure du choix est venue pour une banque ou un investisseur de financer les énergies renouvelables et, ainsi, d'accélérer la transition. C'est aussi l'heure du choix pour le citoyen qui, à travers la sélection de son fournisseur d'énergie, peut peut enfin bénéficier d'un accès aux énergies renouvelables locales, celles qui permettent de créer des emplois non délocalisables.

Depuis quelques années, la possibilité de mobiliser l'investissement participatif pour financer de nouvelles capacités de production au cœur des territoires a permis d'impliquer les citoyens dans le changement de modèle énergétique en cours.

Contribuer au financement d'un parc solaire sur sa commune, c'est donner du sens à son épargne, tout en accélérant le mouvement vers une énergie décarbonée ne nécessitant aucun combustible importé, mais uniquement des ressources naturelles généreusement offertes par nos régions.

Les énergies renouvelables étant maintenant au cœur des préoccupations, les technologies pour les produire progressent et deviennent de plus en plus compétitives, au point, dans certaines régions du globe, à certaines heures de la journée, de tendre vers un coût marginal de production proche de zéro, étant donné l'abondance de la ressource.

L'avènement de l'ère moderne des énergies renouvelables est proche et je suis convaincu que cet ouvrage vous permettra de comprendre pourquoi c'est ici et maintenant, et grâce à chacun.

À propos de ce livre

Alors que le nouveau siècle commence, le soleil se couche sur l'ère du combustible fossile. Les dernières décennies ont montré un passage régulier du charbon, le combustible fossile le plus polluant et le plus perturbateur du climat, au pétrole, qui est un peu moins perturbateur pour l'environnement, puis au gaz naturel, le plus propre et le moins nuisible au climat des trois.

> ***« C'est ce désir d'une énergie propre qui ne nuise pas au climat et non pas l'épuisement des combustibles fossiles qui commande la transition globale vers l'âge du solaire et de l'hydrogène. »***
>
> Lester Brown, *Eco-Economy, Building an Economy for the Earth*, 2001.

Les énergies renouvelables sont une des solutions dans la lutte contre le dérèglement climatique. L'objet de cet ouvrage est de montrer qu'elles peuvent être simples à mettre en œuvre.

Au moment où j'écris ces lignes, un des plus vieux journaux français publie la tribune d'une association mettant en garde le gouvernement contre sa récente publication de loi de programmation pluriannuelle de l'énergie, à son goût trop favorable à l'éolien et au photovoltaïque. Cette association, regroupant probablement des nostalgiques du *statu quo* et d'un mix énergétique certes sobre en CO_2, mais dépendant d'importations étrangères, souhaite engager un débat citoyen sur la question de l'éolien.

L'implantation de parcs éoliens sur le territoire national, selon elle, n'est pas nécessaire, elle est inefficace et dévaste nos paysages. Elle affirme que déjà 8 000 pylônes ont défiguré nos territoires, et met en garde contre son doublement.

C'est pour cela qu'il était nécessaire d'écrire cet ouvrage, simplement pour remettre l'église au milieu du village. Laissons les citoyens décider du mix énergétique français, mais en étant objectifs sur ce point. Il n'est pas question de porter un jugement ou d'imposer une vision.

On peut trouver belle et harmonieuse, voire majestueuse, une éolienne dans la campagne ou simplement détester cette idée. Là n'est pas le sujet. Cette question est sans doute générationnelle. Je fais partie de ceux qui sont nés dans une France peuplée de 14 500 châteaux d'eau et de 230 000 pylônes à haute tension, pour justement garantir notre sécurité énergétique dans un modèle centralisé de production et de distribution d'électricité.

L'objet de ce livre est d'exposer aux citoyens les éléments du modèle énergétique en cours de mutation. De leur expliquer comment fonctionnent les solutions technologiques qui, à partir de ressources naturelles, pourraient continuer de leur permettre de jouir de cette magnifique invention qu'est l'électricité et de continuer à avoir chaud l'hiver.

Technologie digitale et bon sens vont aussi nous permettre de tendre vers une plus grande sobriété énergétique dans l'intérêt de tous et dans le but d'atteindre rapidement une décarbonation totale de notre production d'énergie, et ceci pour le bien des générations futures et de la planète qui nous héberge.

Ces grands changements de modèle passent essentiellement par l'éducation, l'information, et c'est bien là l'objet qui nous occupe ici : apporter notre modeste contribution à cet objectif commun qu'est une transition énergétique accessible à tous et bénéfique à chacun.

À qui s'adresse ce livre

À tous, car nous sommes tous concernés par le changement climatique. Nous sommes tous concernés par la dégradation de la qualité de l'eau et de l'air, souvent due à la surconsommation, depuis plus d'un siècle, de nos ressources fossiles.

Ce livre s'adresse à ceux qui ne souhaitent pas se contenter de réponses telles que « ce n'est pas possible » et « cela ne fonctionne pas ».

C'est à chaque citoyen de se faire sa propre idée sur un sujet qui nous concerne tous au plus haut point. Comment produit-on de l'énergie pour nos usages quotidiens domestiques et pour assurer notre mobilité sans continuer à dégrader dangereusement notre planète, notre santé et, par conséquent, notre bien-être ?

Ce livre s'adresse aussi à ceux qui doutent parfois : certains de nos élus locaux ou nationaux, dirigeants de sociétés, fonctionnaires instruisant des dossiers et des permis pour installer de nouvelles centrales de production d'énergie.

Tous concernés, tous acteurs. L'heure est au choix, alors, faisons en sorte qu'il soit éclairé.

Les énergies renouvelables sont devenues le moyen le moins onéreux de production d'énergie, en moins de 20 ans. Alors, n'attendons pas une minute de plus pour le faire savoir et en bénéficier si, à l'issue de la lecture de ce livre, vous le décidez.

Éric Scotto
Président et cofondateur d'Akuo

Sommaire

Introduction

Partie 1 C'est quoi l'énergie ?

Partie 2 L'énergie et l'humanité, une longue histoire

Partie 3 Panorama des différentes technologies

Partie 4 L'intégration des énergies renouvelables

Partie 5 Le marché des énergies renouvelables, comment ça marche ?

Partie 7 Et moi, je fais quoi pour changer le monde ?

Partie 8 La partie des Dix

Introduction

Comment ce livre est organisé

Première partie : c'est quoi l'énergie ?

D'où vient l'énergie ? Quels sont les différents types d'énergie ? Comment les distingue-t-on ? Comment les mesure-t-on ? En quoi les énergies sont-elles un enjeu pour nos sociétés ? Telles sont les questions auxquelles répond la première partie de cet ouvrage.

Deuxième partie : l'énergie et l'humanité, une longue histoire

Que sont ces énergies ? L'homme en réalité les utilise depuis la nuit des temps. Il a appris à les domestiquer, de la traction animale au réacteur nucléaire, en passant par les énergies fossiles. Mais le choc pétrolier des années 1970 lui a aussi appris que ces dernières n'étaient pas inépuisables. Il était grand temps de changer de paradigme et de revenir aux fondamentaux : aux énergies pérennes, non polluantes… renouvelables, en somme.

Troisième partie : panorama des différentes technologies

Revue de détail des énergies renouvelables. Quelles sont-elles ? Comment les maîtriser, les utiliser, les stocker ? Solaire, éolien, hydroélectricité, biogaz, bois énergie, géothermie, énergies marines… Dans cette partie, découvrez leurs avantages, leurs atouts, mais aussi leurs défauts… et leur avenir.

Quatrième partie : l'intégration des énergies renouvelables

Cette partie s'attache à l'intégration des énergies renouvelables. Que ce soit dans l'agriculture, dans les transports (route, chemin de fer, navigation, aviation), dans l'industrie, le BTP, les *data centers*... des secteurs à la fois producteurs et grands consommateurs, pour lesquels se tourner vers les solutions vertes est un enjeu majeur.

Cinquième partie : le marché des énergies renouvelables, comment ça marche ?

Premier défi, assurer la transition énergétique. Divers organismes s'attellent à développer ce secteur, notamment au niveau politique, de la recherche, du financement. Ces projets sont encadrés par des textes réglementaires qui ont inscrit dans le marbre les ambitions en matière de protection de l'environnement. Qu'il s'agisse de construire un parc éolien ou un barrage hydroélectrique, des hommes de tous horizons mettent sur pied les projets : ingénieurs, chercheurs, investisseurs, fabricants et exploitants. Et si la filière a besoin de bras et de têtes, elle a aussi besoin de financements, de *crowdfunding*, mais aussi d'aides publiques.

Sixième partie : les grands enjeux techniques, financiers, politiques et sociétaux

Et justement, la partie 6 se penche sur ces grands enjeux de la filière. Quels sont les défis techniques et technologiques à relever ? Quelles sont les perspectives d'avenir ? Tout n'est pas rose – ou plutôt vert – dans les énergies renouvelables. Comment répondre aux conflits d'usage ? Les énergies renouvelables sont-elles LA solution partout ?

Septième partie : et moi, je fais quoi pour changer le monde ?

Il n'y a pas que les gouvernements, les grands groupes producteurs, les acteurs institutionnels. Chacun d'entre nous peut agir en faveur de l'environnement, au quotidien, chez soi, dans son quartier, dans sa collectivité : s'alimenter, se chauffer, se déplacer grâce aux énergies renouvelables. Cette partie liste les solutions qui s'offrent à nous pour que nous devenions écoresponsables.

Huitième partie : la partie des Dix

Dans cette dernière partie, incontournable de la collection, trois chapitres pour déconstruire dix idées reçues sur le sujet, pour resituer dix dates clés de l'histoire mouvementée de la filière, et, enfin, dix chiffres significatifs pour tout savoir définitivement sur les énergies renouvelables.

Les icônes utilisées dans ce livre

À retenir

Cette icône signale un point qu'il est important de connaître et de mémoriser afin de mieux comprendre le fonctionnement des énergies renouvelables.

En chiffres

Instructifs, étonnants ou didactiques, des chiffres, des données qui éclairent un passage de l'ouvrage.

Le saviez-vous

Cette icône signale les points originaux ou méconnus qui méritent pourtant que l'on s'y arrête.

Important

Cette icône attire l'attention sur une information particulièrement utile pour la bonne compréhension des énergies renouvelables.

Un peu de technique

Cette icône donne une définition ou explique un principe demandant un peu plus d'attention pour être assimilé, même si ce livre, comme la collection « Pour les Nuls », se veut accessible à tous.

Partie 1

C'est quoi l'énergie ?

Dans cette partie...

Cette première partie pose les principes fondamentaux de l'énergie. Le premier chapitre s'attache ainsi à la définition de l'énergie, à ses déclinaisons et à son vocabulaire. Le deuxième chapitre démontre en quoi la production et la consommation d'énergie sont un facteur déterminant de la croissance économique des pays, à l'exemple de la France.

DANS CE CHAPITRE

Une définition aux réalités plurielles
•
L'énergie utilisable par l'homme, ou « énergie libre »
•
Le vocabulaire de l'énergie

Chapitre 1

L'énergie : de quoi parle-t-on ?

Une définition aux réalités plurielles

Le mot « énergie » vient du grec *energeia*, qui veut dire « force en action ». Cette idée de « force en action » associe l'énergie à la puissance et la capacité à vaincre l'inertie, c'est-à-dire la « propriété de la matière qui fait que les corps ne peuvent d'eux-mêmes modifier leur état de mouvement » (Larousse). Avec la révolution industrielle, le concept se dessine et recouvre des réalités nombreuses : mettre en mouvement, chauffer, comprimer, éclairer, sonoriser, transmettre une information – on distingue ainsi plusieurs formes d'énergie, par exemple l'énergie cinétique ou l'énergie thermique.

L'énergie voit alors sa définition se préciser : c'est la capacité d'un système à modifier son état, à produire des transformations – par exemple, à produire du mouvement, de la chaleur, ou de la lumière.

L'énergie est quantifiable, mais elle reste abstraite.

L'énergie utilisable par l'homme, ou « énergie libre »

Toute énergie n'est pas utilisable par l'homme. Dans le langage courant, le terme est employé en substitution d'« énergie utilisable par l'homme », aussi appelée « énergie libre », à distinguer de la notion définie en thermodynamique.

Il existe différents types d'énergie libre :

» **L'énergie de gravitation.** Un objet soumis à l'attraction terrestre possède une énergie potentielle qui, lorsqu'il « tombe », se transforme en énergie cinétique. Capter cette énergie grâce à une turbine permet ainsi de générer de l'électricité. Exemple : l'énergie hydraulique. L'eau qui s'écoule dans les canalisations met en mouvement les turbines.

» **L'énergie cinétique.** Un corps en mouvement possède une énergie de mouvement : l'énergie cinétique. Elle est présente partout. Exemple : le vent, les cours d'eau, les vagues...

» **L'énergie rayonnante ou radiative.** Cette énergie repose sur le principe du rayonnement électromagnétique qui se réalise par déplacement de particules ou d'ondulations. La lumière visible, les rayons X, les ondes infrarouges, les ondes ultraviolettes ou les ondes radio, par exemple, sont différents types de rayonnements électromagnétiques. On utilise quotidiennement cette énergie pour allumer une ampoule électrique ou un appareil de chauffage... Mais c'est aussi l'énergie produite par le Soleil.

» **L'énergie thermique.** C'est la manifestation de l'énergie sous forme de chaleur. Plus la température d'un objet est élevée, plus l'énergie thermique de l'objet est importante. Elle est fournie par la combustion ou par le rayonnement solaire, par exemple. Selon les cas, elle peut permettre de cuire des aliments, d'accélérer des réactions chimiques, mais aussi de générer des mouvements.
Exemple : la géothermie, la biomasse, le solaire thermique...

» **L'énergie chimique.** Elle est produite par un mélange de produits chimiques : une réaction chimique. L'énergie associée à la liaison des atomes dans les molécules se traduit souvent par une source de chaleur. La combustion des énergies fossiles ainsi que les piles ou batteries (assemblage de piles) sont des exemples de production d'énergie chimique.

» **L'énergie nucléaire.** Elle est fournie par la chaleur dégagée par la fission d'un minerai combustible : l'uranium. Le principe est que l'énergie nécessaire pour casser le noyau d'un atome est très inférieure à celle dégagée par l'émission de neutrons. Dans le cas d'une centrale nucléaire, la chaleur produite par les réactions en chaîne produites au sein du réacteur est utilisée pour transformer de l'eau en vapeur qui permet de mettre en mouvement une turbine génératrice d'électricité.

» **L'énergie électrique.** Il s'agit de l'énergie liée aux phénomènes électriques tels que la circulation du courant électrique. Elle est associée au déplacement des électrons à travers un matériau conducteur. L'électricité se manifeste de manière naturelle dans la foudre, les influx nerveux de certains organismes ou sous forme d'électricité statistique créée par le frottement ou la mise en contact de matériaux différents. Elle peut également être créée en utilisant une source d'énergie.

» **L'énergie magnétique.** Les aimants permanents émettent des champs magnétiques, tout comme les bobines dans lesquelles circulent des courants électriques ; ce phénomène permet par exemple de faire tourner un moteur.

Le vocabulaire de l'énergie

Il ne faut pas confondre unité de puissance et unité d'énergie. La première sera utilisée pour quantifier la capacité d'un moyen de production à délivrer une quantité d'énergie en un temps donné, alors que la seconde sera utilisée pour quantifier l'énergie effectivement délivrée par ce moyen de production.

Ainsi, deux installations d'une puissance équivalente ne produisent pas nécessairement la même quantité d'énergie sur une période donnée en raison des différences de temps de production qui peuvent varier, selon la quantité de vent ou de soleil par exemple.

Les unités de mesure

L'énergie : le joule et le mégawattheur (MWh)

L'unité de base de mesure de l'énergie dans le système international est le joule, du nom du physicien anglais James Prescott Joule (1818-1889). Un joule (J) correspond à l'énergie (travail et chaleur) produite par une force de 1 newton (N) dont le point d'application se déplace d'un mètre dans la direction de la force. Un newton correspond à la force pour transmettre à un corps ayant une masse d'un kilogramme une accélération d'un mètre par seconde.

Le joule étant une très petite quantité d'énergie, on utilise plutôt le kilowattheure (kWh) pour mesurer l'énergie électrique et thermique. Le kilowattheure (kWh) désigne l'énergie produite par un appareil d'une puissance de 1000 watts pendant une durée d'une heure. Le mégawattheure (MWh), souvent utilisé dans le secteur de la production d'électricité, est égal à 1000 kWh, et le gigawattheure, à 1 million de kWh, ou 1000 MWh.

Dans le secteur de la production d'énergie, on parle également souvent de tonne équivalent pétrole (tep), désignant la quantité d'énergie contenue dans 1 tonne de pétrole brut.

Selon l'Agence internationale de l'énergie, 1 tep représente :

» 41868 gigajoules (GJ), soit environ 10 gigacalories (Gcal) ;
» 11630 kWh ;
» 1,43 tonne équivalent charbon.

La puissance : watt, mégawatt (MW)

Le watt, unité de puissance, fait aussi partie du système international. La puissance désigne la quantité d'énergie fournie pendant une unité de temps. Ainsi, 1 watt équivaut à la puissance d'un système où une énergie de 1 joule est transférée pendant une seconde.

La différence entre énergie primaire et énergie finale

On appelle énergie :

» **l'énergie primaire**, soit l'ensemble des produits énergétiques non transformés, exploités directement ou importés. Cela concerne principalement le pétrole brut, le gaz naturel, les schistes bitumineux, l'énergie éolienne, l'énergie hydraulique, la biomasse, le rayonnement solaire, la géothermie, l'énergie issue de la fission de l'uranium, etc. ;
» **l'énergie finale**, soit l'énergie obtenue à partir de la transformation d'une énergie primaire et utilisée par le consommateur. L'électricité est un exemple d'énergie finale ;
» **l'énergie utile,** soit l'énergie effectivement utilisée par le consommateur après les rendements des appareils qui ont utilisé l'énergie finale. Par exemple, pour une ampoule halogène avec un faible rendement, l'énergie utile (la lumière) est très faible par rapport aux déperditions (sous forme de chaleur).

À l'échelle d'un territoire, l'énergie finale consommée est toujours inférieure à la consommation d'énergie primaire. Cette différence s'explique logiquement par l'énergie nécessaire pour transporter et transformer l'énergie primaire. Par exemple, pour l'électricité, il y a des pertes de chaleur lors de la conversion de l'énergie primaire, ainsi que des pertes inhérentes au niveau du réseau électrique. Ce sont des pertes naturelles de chaleur qui s'opèrent lorsqu'un courant électrique parcourt un matériau. La distance parcourue par l'électricité et la tension jouent également un rôle dans le niveau de déperdition.

Efficacité énergétique et intensité énergétique

En physique, **l'efficacité énergétique** désigne le rapport entre l'énergie produite par un système et l'énergie consommée nécessaire à son fonctionnement. On parle également de rendement énergétique. Par exemple, le rendement énergétique d'une centrale biomasse produisant une quantité d'électricité de 30 kWh, mais nécessitant une quantité d'énergie primaire de 100 kWh, équivaut à 30 %. S'il s'agit d'une centrale de cogénération (centrale produisant de l'électricité et de la chaleur) et que l'on récupère, en plus des 30 kWh d'électricité, 60 kWh de chaleur pour une quantité d'énergie primaire de 100 kWh, alors le rendement énergétique atteint 90 %.

Les économistes emploient, quant à eux, les termes d'efficacité énergétique pour désigner le fait de minimiser la quantité d'énergie nécessaire pour un service rendu équivalent. Dans le secteur du bâtiment par exemple, une meilleure isolation permet d'améliorer l'efficacité énergétique dans la mesure où cela permet de consommer moins d'énergie pour atteindre un niveau de confort équivalent.

L'intensité énergétique est une mesure de l'efficacité énergétique d'une économie et correspond à la consommation d'énergie par rapport au niveau de produit intérieur brut (PIB). D'une manière générale, les pays ont été en mesure de réduire leur intensité énergétique au cours des 20 dernières années (amélioration de plus de 35 % au niveau mondial depuis 1990 selon l'International Energy Agency [IEA]). Il existe également de fortes disparités d'intensité énergétique entre les pays ; la Russie, par exemple, ayant une intensité énergétique 2 fois et demie supérieure à celle de la France.

Différences entre énergies renouvelables, énergies fossiles et énergie nucléaire

À retenir

Selon le Parlement européen, une « énergie produite à partir de sources renouvelables (ou énergie renouvelable) est une énergie produite à partir de sources non fossiles renouvelables, à savoir :

- l'énergie éolienne ;
- l'énergie solaire ;
- l'énergie géothermique (énergie emmagasinée sous forme de chaleur sous la surface de la terre solide) ;
- l'énergie ambiante (énergie thermique naturellement présente, accumulée dans un environnement fermé, qui peut être emmagasinée dans l'air ambiant, hors air extrait, dans les eaux de surface ou dans les eaux usées) ;
- l'énergie marémotrice (résultant du mouvement des marées), houlomotrice (provenant de la houle) et d'autres énergies marines (les courants par exemple) ;
- l'énergie hydroélectrique (énergie de l'eau convertie en électricité dans des centrales hydrauliques) ;
- la biomasse (ensemble de la matière organique végétale ou animale issue de la forêt, de l'agriculture, de la pêche et de l'aquaculture, ainsi que des industries connexes, et la fraction biodégradable des déchets industriels ou ménagers) ;
- les gaz de décharge, les gaz des stations d'épuration d'eaux usées et le biogaz ».

Le Groupe d'experts intergouvernemental sur l'évolution du climat (GIEC ; créé en 1988 en vue de fournir des évaluations détaillées de l'état des connaissances scientifiques, techniques et socio-économiques sur les changements climatiques, leurs causes, leurs répercussions potentielles et les stratégies de parade) apporte quant à lui la notion d'émission de carbone dans la définition des énergies renouvelables. Selon l'organisation, une énergie renouvelable correspond à « toute forme d'énergie d'origine solaire, géophysique ou biologique qui se reconstitue par des processus naturels à un rythme égal ou supérieur à son taux d'utilisation. L'énergie renouvelable est obtenue à partir des flux d'énergie continus ou répétitifs qui se produisent dans le milieu naturel et comprend des technologies à faible émission de carbone, comme l'énergie solaire, hydroélectrique, éolienne, marémotrice, houlomotrice et géothermique, ainsi que des combustibles renouvelables, tels que la biomasse ».

Le périmètre des énergies renouvelables est parfois étendu à celui des énergies renouvelables et de récupération : les énergies de récupération incluent l'énergie thermique issue de l'incinération des déchets, ou encore la récupération de chaleur fatale sur un procédé industriel.

À retenir

Les énergies fossiles désignent les énergies issues de la combustion de matière organique fossilisée et contenue dans le sous-sol terrestre. Les principales sources d'énergies fossiles sont le pétrole, le charbon et le gaz naturel. Elles sont présentes en quantité limitée et ne sont pas renouvelables à l'échelle de temps humaine.

À retenir

L'énergie nucléaire correspond à l'énergie produite résultant du processus dit de « fission nucléaire », qui implique la division du noyau d'atomes d'uranium et de plutonium pour libérer de l'énergie. Cette énergie n'est ni une énergie fossile (l'uranium n'est pas une énergie fossile) ni une énergie renouvelable (l'uranium est une ressource limitée) mais elle est peu émettrice de CO_2.

DANS CE CHAPITRE

Une source énergétique limitée : le travail humain

•

La consommation d'énergie : un facteur déterminant de la croissance

•

Comment découpler la demande d'énergie de la croissance économique ?

Chapitre 2

La production d'énergie, un enjeu au cœur de nos sociétés

Une source énergétique limitée : le travail humain

Jusqu'au XVIIIe siècle, le développement de l'économie était essentiellement lié à l'énergie fournie par la force musculaire des hommes et celle des animaux domestiques, ainsi que l'énergie fournie par les moulins à eau ou à vent, ou la biomasse. La croissance économique était ainsi directement liée à l'augmentation de la population. Puis, face aux évolutions industrielles de la société, symbolisées par l'avènement des machines, nous sommes devenus de plus en plus fortement dépendants d'autres sources d'énergie. En effet, l'homme produirait 100 kWh d'énergie mécanique par an, soit 600 fois moins que les énergies fossiles et renouvelables utilisées pour l'industrie, les transports et les bâtiments.

Figure 2-1

Évolution du PIB dans le monde

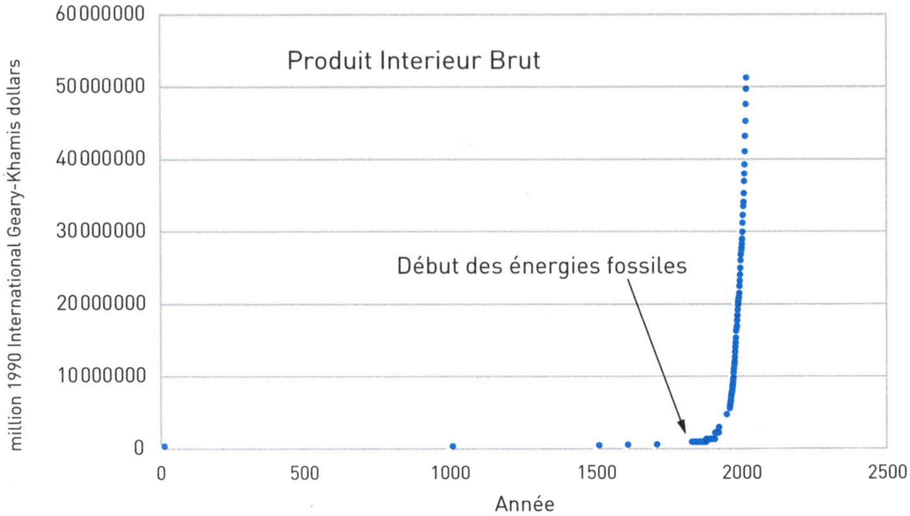

Graphique réalisé à partir des données de A. Maddison

La consommation d'énergie : un facteur déterminant de la croissance

Très vite, l'homme a pris conscience que la croissance économique était directement liée à la consommation d'énergie, et ce, sur la base de trois indicateurs :

» la corrélation entre croissance économique et consommation d'énergie ;

» la corrélation entre la création de valeur et l'utilisation des ressources ;

» le lien entre l'électrification et le niveau de développement.

La corrélation entre croissance économique et consommation d'énergie

Le lien entre consommation d'énergie et croissance économique n'est pas une surprise, dans la mesure où le produit intérieur brut – PIB (mesure de croissance économique) – correspond à la somme des valeurs ajoutées des biens et des services produits au sein d'un pays. En effet, nous utilisons de l'énergie pour faire fonctionner les machines nécessaires à la production, pour chauffer les bâtiments ou, au contraire, les refroidir, pour transporter les marchandises et les personnes, pour éclairer les bâtiments, les villes et les routes, pour conserver les aliments, pour alimenter les ordinateurs et les outils de communication... L'énergie est à la base de toute production.

Figure 2-2
La relation entre consommation d'énergie et croissance

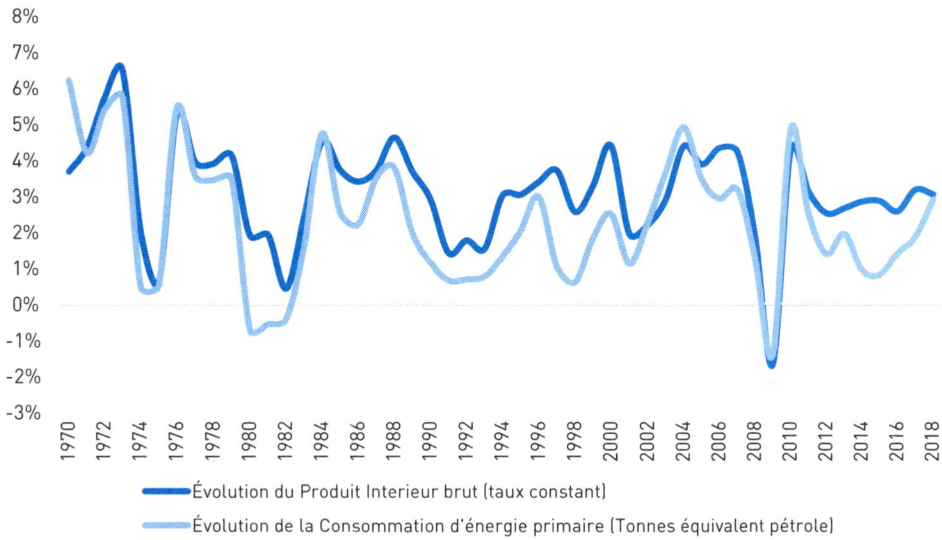

Source : données provenant de : Banque mondiale, BP

Le graphique ci-dessous montre le lien entre la consommation d'énergie et le PIB. La corrélation est assez linéaire. Ainsi, la croissance du PIB ces dernières années a nécessité une augmentation de la consommation d'énergie.

Figure 2-3
La relation entre consommation d'énergie et croissance

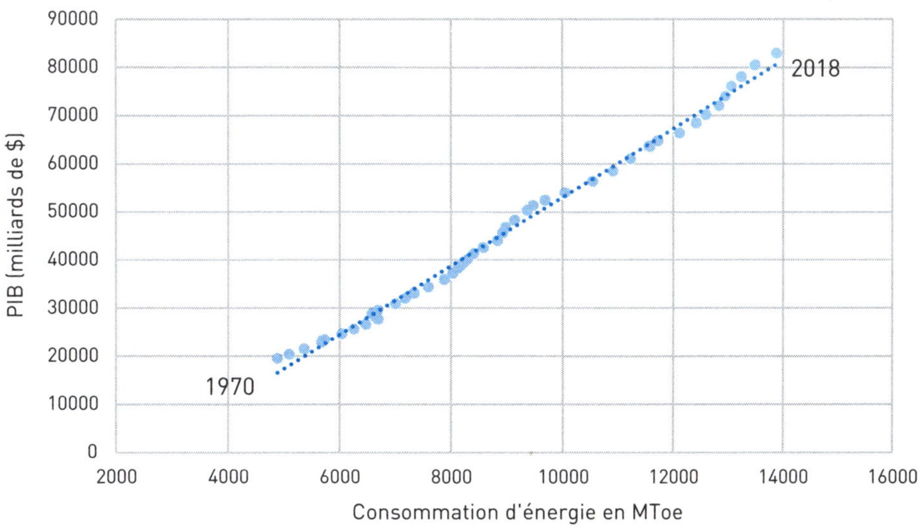

Données provenant de Banque mondiale, BP

Plus on crée de la valeur, plus on brûle d'énergie

La demande d'énergie suivant la croissance économique, l'utilisation des ressources naturelles n'a cessé d'augmenter. À tel point que, depuis deux siècles, les quantités d'énergie dont les économies ont besoin pour tourner ont accru pratiquement au même rythme que les quantités de richesses créées. Or, la création de richesses dépend de la capacité d'une société à produire de l'énergie.

Au XIXe siècle, le combustible de prédilection était encore la biomasse, à savoir le bois des arbres tombés, la tourbe, et ce, malgré le développement de l'industrialisation, notamment en Europe et aux États-Unis. Cette ressource était cependant assez inefficace en tant que combustible, car la quasi-totalité de son énergie se perdait lors de sa combustion (faible efficacité énergétique). Aussi, bien que peu élevée, la création de richesses qui en a résulté croissait. La demande d'énergie primaire (sous sa forme brute, avant qu'elle ne soit convertie en énergie secondaire comme l'électricité ou le chauffage urbain) a également augmenté d'environ 1 % par an entre 1850 et 1900.

Au tournant du XXe siècle, les taux de production d'énergie et de croissance économique ont pris leur envol. De 1900 à 1950, lorsque les chevaux ont cédé la place aux voitures, les lampes à huile à l'éclairage électrique et les glacières aux réfrigérateurs, la production d'énergie primaire a quasiment doublé. La croissance économique a grimpé en flèche. Aux États-Unis (alors de loin la plus grande économie du monde), le PIB par habitant en 1950 a doublé par rapport à celui de 1900. Pour ce niveau de création de richesses, le bois-énergie et d'autres formes de biomasse seuls ne suffisaient pas.

Le lien entre électrification et niveau de développement

Par le passé, donc, pas de croissance sans utilisation d'énergie. Et garantir l'accès à tous à des services énergétiques fiables, durables et abordables, c'est garantir le développement économique.

C'est encore le cas aujourd'hui dans de nombreux pays, en Afrique en particulier, où le niveau d'électrification (accès à l'électricité) est parmi les plus faibles dans le monde, le développement économique est ainsi inévitablement limité. L'Afrique compte 13 % de la population mondiale, mais 48 % de la part de population mondiale n'ayant pas accès à l'électricité.

Les écarts entre la production d'énergie et le PIB

Au niveau mondial, la croissance du PIB par habitant (*per capita*) est directement liée à la consommation d'énergie.

Figure 2-4
Consommation d'énergie et PIB *per capita* Monde (base 100)

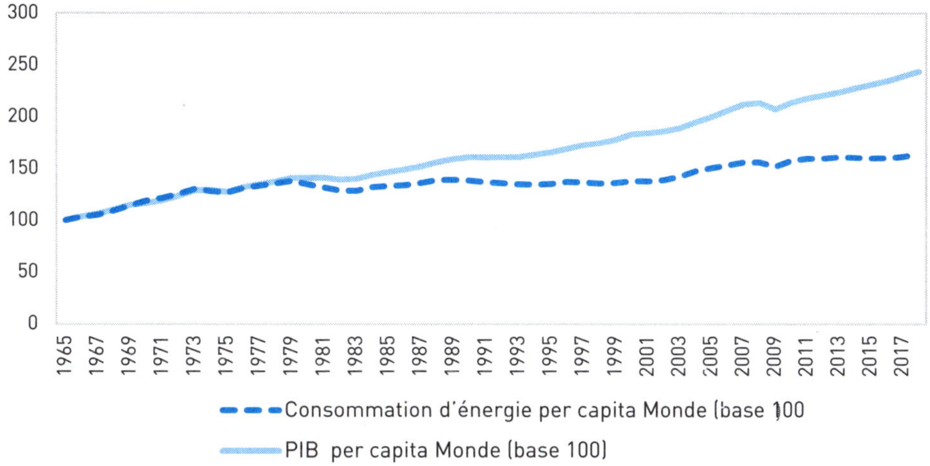

Graphique réalisé à partir des données de BP et Banque mondiale

En revanche, depuis quelques années, les pays dits « développés » sont à même d'accroître le PIB par habitant tout en maintenant, voire en réduisant légèrement, la consommation d'énergie par habitant. Exemple des États-Unis et du Japon dans le graphique ci-dessous.

Figure 2-5
Variation de PIB et de consommation d'électricité par pays

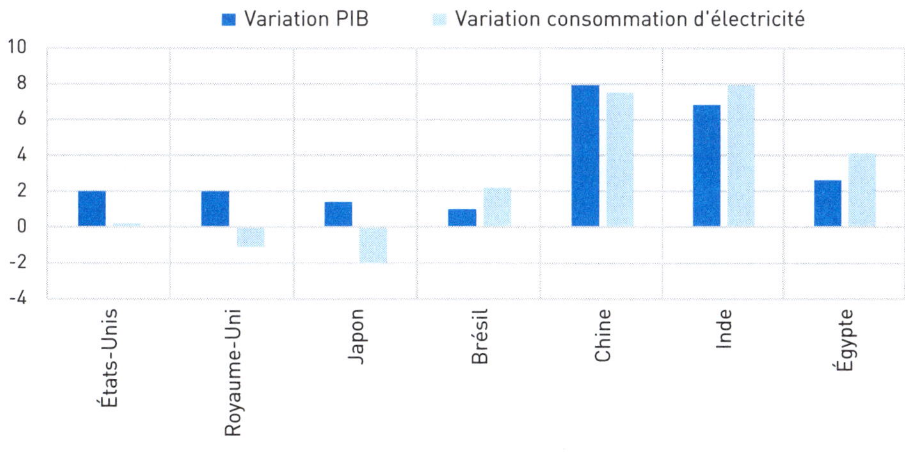

Graphique réalisé à partir des données de l'US Energy Information Administration, Banque mondiale

En effet, d'importants secteurs manufacturiers parviennent à utiliser des technologies moins énergivores. Une plus grande partie de l'activité économique se déplace, de la fabrication moins qualifiée vers les services et la fabrication avancée, une activité économique supplémentaire peut être générée sans nécessiter autant d'électricité.

En revanche, le niveau de consommation d'énergie par habitant de ces pays reste élevé et très au-dessus de celui des pays en voie de développement.

Figure 2-6

PIB et tep per capita par pays

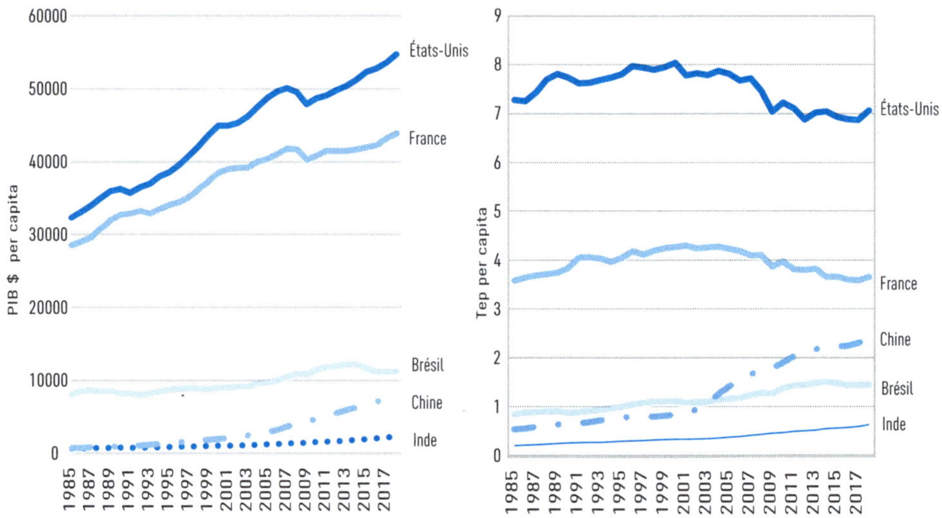

Graphiques réalisés à partir des données de BP et Banque mondiale

Peut-on encore faire croître le PIB ?

Selon l'Agence internationale de l'énergie, il serait possible de doubler le PIB en améliorant l'efficacité énergétique, même en comptant un accroissement de la population de 20 % et d'espace habitable de 60 %, avec des niveaux d'émissions plus faibles qu'aujourd'hui.

La majorité des économies d'énergie pourraient être réalisées dans des secteurs moins consommateurs d'énergie, comme l'alimentation et la fabrication textile, en complétant les normes de performance des principaux équipements industriels par des mesures d'incitation visant à accroître l'adoption de systèmes de gestion de l'énergie et à améliorer l'information.

Dans certains secteurs industriels à forte intensité énergétique, l'amélioration de l'efficacité énergétique est principalement due à l'ajout de nouvelles capacités de production utilisant des technologies plus modernes, plutôt qu'à la modernisation d'usines existantes. C'est le cas notamment de la fonte d'aluminium primaire et de la fabrication de ciment, où de nouvelles capacités de production plus efficaces ont été construites en Chine et en Inde ces dernières années.

L'amélioration de l'efficacité énergétique dans les bâtiments progresse également grâce à l'action normative et aux progrès technologiques. Elle est encouragée par les aides et la réglementation mises en place par les gouvernements pour la construction de nouveaux bâtiments ou la rénovation de bâtiments existants. Notons à ce titre que le refroidissement des locaux est le facteur d'utilisation de l'électricité dans les bâtiments qui connaît la croissance la plus rapide.

Il existe un potentiel considérable pour réduire la consommation énergétique des appareils, équipements et de l'éclairage. Dans la plupart des pays, on évalue entre 10 % et 20 % le potentiel d'amélioration de l'efficacité énergétique à partir de produits déjà disponibles sur le marché. Il y a une forte dynamique mondiale en faveur d'un éclairage plus efficace. Le passage de l'éclairage halogène à l'éclairage à diodes électroluminescentes (LED) permet ainsi de réaliser des économies d'énergie de l'ordre de 75 %.

Comment découpler la demande d'énergie de la croissance économique ?

Le découplage des taux de croissance économique et de la croissance de la demande énergétique est défini par les forces suivantes :

- **Une forte baisse de l'intensité énergétique du PIB,** principalement la conséquence d'un passage continu de l'économie industrielle à l'économie de services dans les pays à croissance rapide tels que l'Inde et la Chine. En effet, l'intensité énergétique des secteurs de services est sensiblement inférieure à celle des secteurs industriels – et même, dans certains cas, elle n'en atteint qu'un vingtième. Les services sont déjà dominants dans les pays de l'OCDE ;
- **Une augmentation marquée de l'efficacité énergétique,** résultat d'évolutions technologiques et de changements de comportement. « On fait mieux avec moins », moins consommer tout en conservant l'utilisation. Dans les pays

émergents, en dépit de la nouvelle classe moyenne qui consomme et demande de plus en plus d'équipements électroniques et électroménagers, l'amélioration de la performance énergétique des équipements et les incitations mises en place par les gouvernements ont permis de sensiblement limiter la demande en énergie. Les entreprises de tous les secteurs en récoltent également les bénéfices. Précisément, les coûts énergétiques pouvant représenter une part importante des dépenses totales dans divers modèles, les économies d'énergie permettent d'améliorer le résultat des entreprises. En outre, les investissements dans l'efficacité énergétique sont plus rapidement rentables, comme l'éclairage et l'amélioration des systèmes de chauffage, de ventilation et de climatisation (CVC), mis en œuvre en premier. Cependant, même les projets dont le temps de retour sur investissement est plus long et les efforts plus coûteux, tels que les initiatives de décarbonation visant à remplacer l'utilisation de combustibles fossiles par des sources d'énergie moins polluantes, finiront par être commercialisés, et par réduire les besoins énergétiques à long terme ; ils auront un effet positif sur la création de valeur. En conséquence, les besoins énergétiques par habitant au niveau mondial pourraient être inférieurs de 10 % en 2050 à ce qu'ils étaient en 2016, malgré la hausse rapide de la demande des nombreux ménages entrant dans la classe moyenne des économies émergentes ;

» **L'essor de l'électrification,** à condition de la cibler sur les usages les plus efficaces, est en soi un meilleur moyen de répondre aux besoins énergétiques dans de nombreuses applications. La promesse d'électrification fera plafonner la demande d'énergie, notamment dans des secteurs de la mobilité ;

» **L'utilisation croissante du solaire, de l'éolien et de la géothermie pour l'électricité** – des ressources qui n'ont pas besoin d'être brûlées pour produire de l'électricité – est une tendance qui pourrait non seulement aplatir la courbe de la demande d'énergie primaire, mais aussi changer radicalement notre façon de concevoir l'électricité. La croissance des énergies renouvelables est essentielle pour comprendre pourquoi la courbe de la demande d'énergie primaire se stabilisera d'ici à 2050. À titre d'exemple : pour faire rouler nos voitures, la quantité de combustible nécessaire pour faire tourner le moteur (essence, électricité) est cruciale. Avec les énergies renouvelables, on ne mesure pas ce qui alimente un panneau solaire ou met en mouvement une éolienne, on mesure l'énergie qui en découle.

Pour évaluer l'impact d'un scénario de transition énergétique sur la croissance, l'État, et l'Ademe, réalisent des modélisations macroéconomiques des scénarios prospectifs. Ainsi, la Stratégie nationale bas carbone, qui vise à atteindre la neutralité carbone en France en 2050, et la division par 2 des consommations d'énergie finale montrent la possibilité d'un double dividende écologique et économique. L'analyse macroéconomique faite par l'Ademe pour la première Stratégie nationale bas carbone montre que les trajectoires couplant efficacité énergétique et développement des énergies renouvelables sont bénéfiques pour l'économie. À l'horizon 2035, cela pourrait représenter la création de 340 000 emplois, dont une part croissante d'emplois non délocalisables liés à l'exploitation des énergies renouvelables et des opportunités de développement industriel. À ce même horizon 2035, la baisse des consommations d'énergie associée au développement des énergies renouvelables se traduira par une augmentation du revenu disponible des ménages, une fois payée la facture d'énergie, d'environ 7,5 % par rapport à un scénario de référence.

Les avantages des énergies renouvelables

Les énergies renouvelables ont l'avantage de pouvoir être produites au plus près de la consommation. Le bois énergie en est l'exemple le plus flagrant. Il n'est pas non plus nécessaire de produire de l'énergie solaire ou éolienne dans de grandes centrales ; les entreprises, et même les consommateurs individuels, peuvent dans de nombreux cas exploiter l'énergie sur place. Les réseaux de chaleur permettent par exemple d'acheminer au centre des villes la chaleur renouvelable produite localement par de la géothermie ou de la biomasse. Si la plupart des entreprises ne peuvent pas se passer complètement ou même en grande partie du réseau électrique, beaucoup pourront néanmoins réduire sensiblement leurs coûts d'électricité et, pour certaines, notamment les grands détaillants, produire un excédent net d'énergie.

Le coût nivelé de l'énergie (c'est-à-dire la valeur actuelle nette du coût unitaire de l'électricité sur la durée de vie d'un actif) est d'ores et déjà compétitif pour certaines énergies renouvelables (par exemple le bois énergie chez les particuliers). Il a remarquablement baissé au cours des deux dernières décennies. La production éolienne et solaire sera bientôt moins chère que l'électricité produite de manière conventionnelle par les nouvelles centrales au charbon et au gaz naturel, et ce presque partout.

En chiffres

D'ici à 2025, les énergies renouvelables devraient être compétitives, même avec le coût marginal du simple fonctionnement des centrales conventionnelles existantes dans de nombreux pays et régions.

Les énergies renouvelables ont un bilan environnemental meilleur que les autres sources d'énergie sur la plupart des impacts environnementaux. Les besoins en matériaux critiques, souvent évoqués pour le photovoltaïque ou l'éolien, sont en fait limités à quelques technologies qui représentent une part minoritaire du marché.

Enfin, les énergies renouvelables fourniront plus de la moitié de l'électricité mondiale d'ici à 2035.

Consommation d'énergie et dette souveraine : le cas de la France

Il existe un lien fort entre la facture énergétique de la France et l'évolution de sa dette publique.

La facture énergétique correspond au solde du commerce extérieur en valeur des produits énergétiques. À savoir : les combustibles minéraux solides (charbon et produits solides issus de sa transformation), les produits pétroliers (pétrole brut et produits raffinés), le gaz naturel et l'électricité. Mais pas l'uranium, considéré comme un minerai et non pas un combustible dans les nomenclatures internationales.

Figure 2-7 Facture énergétique et dette publique

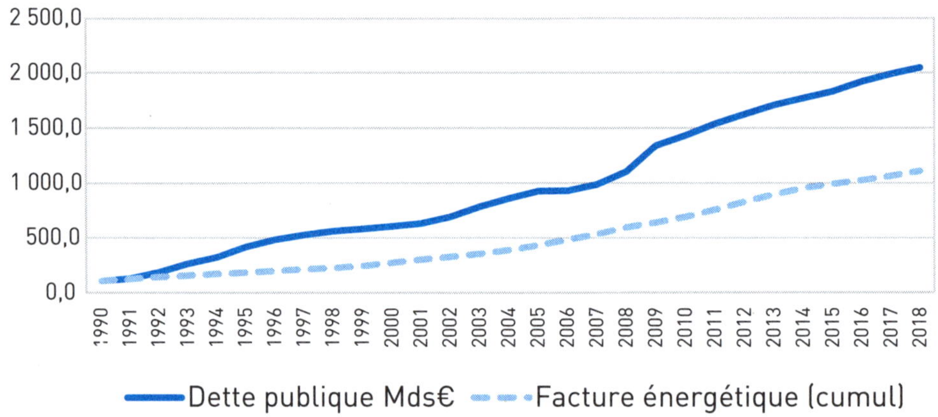

Graphique réalisé à partir des statistiques du gouvernement

Comment expliquer cet envol de la dette publique face à la facture énergétique ?

La part des énergies renouvelables dans la consommation finale brute d'énergie est encore très limitée en France. Elle s'établit en effet à 16,5 % en 2018 contre un peu moins de 10 % en 2005, selon le ministère de la Transition écologique. Ainsi, bien que la consommation d'énergie soit en recul depuis 2004, la dépendance de la France, encore importante, aux énergies fossiles (pétrole, gaz naturel, produits raffinés et charbon) fait que le solde entre les achats et les ventes de produits énergétiques est toujours déficitaire, ce qui constitue la facture énergétique.

Figure 2-8
Consommation d'énergie et facture énergétique en France

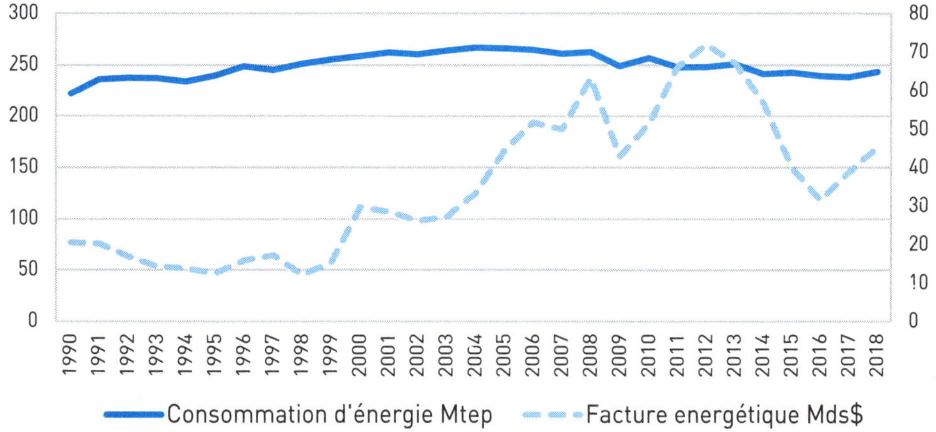

Graphique réalisé à partir des données de l'INSEE

Figure 2-9
Consommation d'énergie primaire par énergie en France (en Mtep - données corrigées des variations climatiques)

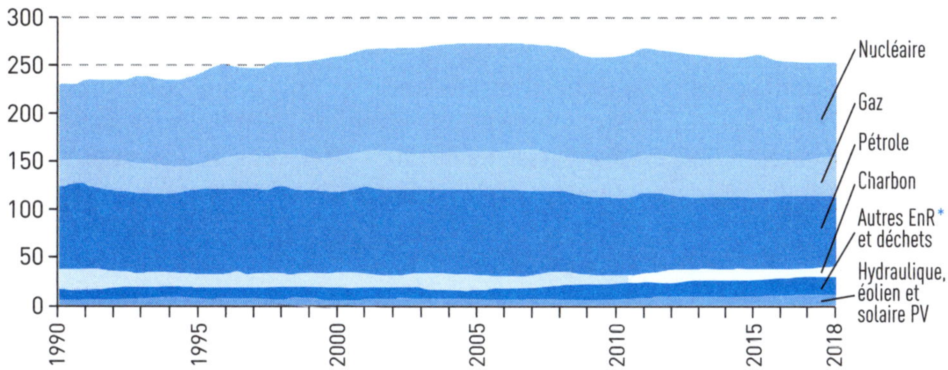

**EnR : énergies renouveables*

Graphique réalisé à partir des données du commissariat général au développement durable – calcul SDES

Une facture alourdie par la consommation de pétrole

La facture pétrolière, quant à elle, pèse pour près des trois quarts dans la facture énergétique globale, compte tenu de notre dépendance, mais également de la hausse du prix de cette énergie fossile.

Figure 2-10

Prix du baril et facture énergétique en France

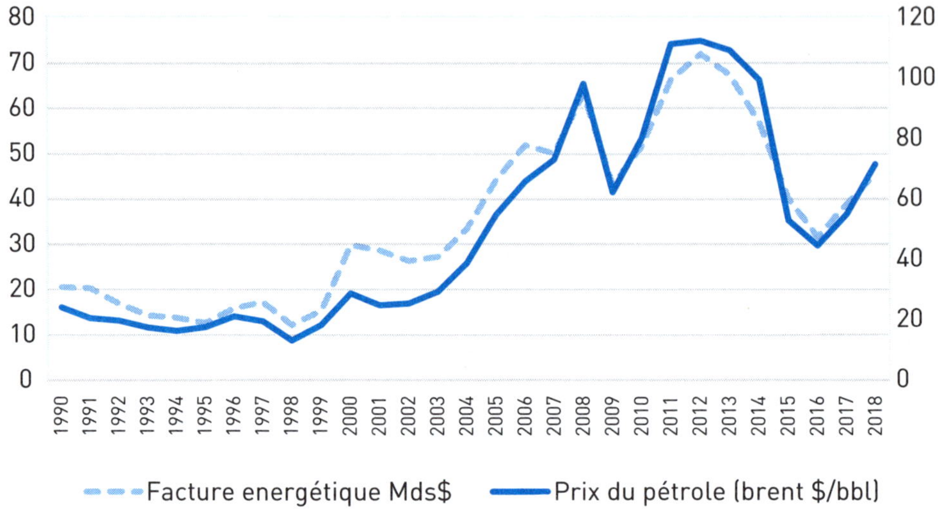

Graphique réalisé à partir des données de : INSEE, Banque mondiale

Le prix des autres énergies fossiles comme le charbon et le gaz naturel est également orienté à la hausse au cours des trois dernières décennies.

Aussi, la réduction de notre dépendance aux énergies fossiles au profit d'énergies renouvelables plus compétitives permettrait de réduire la facture énergétique tout en réduisant les émissions de gaz à effet de serre ; et en préservant l'indépendance énergétique, les États renforcent leur indépendance géopolitique.

Partie 2

L'énergie et l'humanité, une longue histoire

Dans cette partie…

Pendant la plus grande partie de notre histoire, toutes les énergies utilisées par les hommes étaient renouvelables : à commencer par leur propre force, celle des animaux, puis la maîtrise du vent, de l'eau et du feu. Le bois est alors la matière première : on s'en sert pour se chauffer, se nourrir, s'éclairer, se loger… L'homme se tourne alors vers une nouvelle source d'énergie plus rentable : le bois fossilisé – le charbon –, suivie par la découverte du pétrole. Les XIXe et XXe siècles voient l'essor de ces énergies fossiles, jusqu'à ce qu'avec la crise pétrolière des années 1970, l'histoire nous rattrape et nous rappelle que celles-ci ne sont pas inépuisables, qu'elles impactent dangereusement notre environnement et donc qu'il est grand temps de nous tourner vers des énergies abondantes et moins polluantes.

DANS CE CHAPITRE

À l'origine, toutes les énergies étaient renouvelables

•

Les XIXe et XXe siècles : le temps des énergies fossiles

Chapitre 3

Les énergies renouvelables, à l'origine de l'énergie

Au commencement était la traction humaine

L'homme a toujours eu besoin d'énergie pour vivre, se nourrir, se déplacer… Et la première source d'énergie qu'il va utiliser – et qu'il utilise toujours –, c'est lui-même !

Environ 450 000 ans avant notre ère, notre ancêtre se sert de sa force musculaire : ses mains pour tailler les outils et les armes dont il a besoin pour s'alimenter et se défendre. Sur son dos, il transporte les animaux qu'il a tués et les fruits qu'il a récoltés, ou il les traîne au sol à bout de bras. Il pousse et tire des blocs de pierre et des troncs d'arbres pour les entasser et créer un abri rudimentaire.

Maîtres du feu

Mais l'ancêtre de l'homme fait surtout une découverte capitale : il peut allumer et domestiquer le feu. Au fil des millénaires, des dizaines de millénaires à vrai dire, l'homme comprend peu à peu les infinies possibilités qui s'ouvrent à lui. Il possède désormais une source d'énergie qu'il maîtrise. Outre cuire ses aliments, se chauffer et s'éclairer, il peut, par exemple, chauffer des pierres pour emmagasiner la chaleur. En trempant des branches dans l'eau chaude, il peut se servir de l'élasticité du bois et fabriquer des armes plus performantes, comme des arcs. En cuisant des morceaux de tourbe, il va fabriquer des briques et construire un habitat plus solide et imperméable... Le gardien du feu devient le personnage le plus important. L'homme a enfin un foyer... dans tous les sens du terme !

Le saviez-vous

À la fin du paléolithique (environ 15 000 ans avant notre ère), le climat s'adoucit, les conditions de vie s'améliorent, l'homme se nourrit mieux grâce à de nouvelles espèces de plantes (fèves, pois, blé...) et d'animaux (moutons, chèvres...) que l'on trouve en abondance. Et même s'il reste fondamentalement un chasseur et un cueilleur, il se sédentarise peu à peu.

Environ 10 000 ans avant notre ère, il commence à fabriquer des objets, d'abord en céramique (poteries pour transporter l'eau, par exemple), puis en métal, notamment des outils pour la chasse et la pêche.

Les capacités de la traction animale

Avec le néolithique (8 000 à 3 000 ans avant notre ère), la vie des hommes change à nouveau. Ils s'établissent en petites communautés, notamment en Afrique et au Proche-Orient, dans la région du Croissant fertile (Phénicie et Mésopotamie). Les premières sociétés s'organisent, se hiérarchisent. Les hommes domestiquent les animaux et cultivent des céréales et des légumineuses : ils deviennent des paysans. Et avec ces progrès, ils découvrent une nouvelle source d'énergie : la traction animale, qui lui permet de décupler ses capacités. De là est partie cette course effrénée vers toujours plus d'énergie pour être toujours plus puissant ! Une quête qui ne s'est jamais arrêtée...

Le cheval et le bœuf, mais aussi le dromadaire et l'éléphant, peuvent transporter de lourdes charges, les hommes peuvent les atteler et ainsi travailler la terre, l'ensemencer et récolter. On estime qu'un seul animal de labour peut faire le travail de trois à cinq hommes.

Les bêtes sont également utilisées pour faire tourner les roues à aubes, afin d'acheminer l'eau des rivières et irriguer les champs. Lesquels vont produire jusqu'à 30 fois plus que ceux qui sont arrosés à la main par les paysans.

La puissance des animaux

La puissance est le travail fourni par unité de temps. Comparée aux 45 watts de l'homme qui pompe ou aux 60 watts de l'homme actionnant une manivelle, celle des animaux s'élève à :

- 680 watts pour le cheval de trait ;
- 400 watts pour le bœuf ;
- 150 watts pour l'âne.

(Source : Encyclopédie de l'énergie, Grenoble INP-Ense3)

La domestication du vent et de l'eau

Environ 5 000 ans avant notre ère, les hommes qui vivent près des fleuves et de la mer commencent à mieux connaître les vents et vont les utiliser, notamment pour propulser des embarcations sur l'eau. Capturant le vent dans une voile tenue à un mât, les bateaux avancent plus vite et plus loin, permettant aux pêcheurs de rejoindre rapidement les bancs de poissons, et aux explorateurs de conquérir de nouvelles terres. Le monde s'agrandit.

Important

Les hommes sont de plus en plus nombreux. Ainsi, l'Europe, qui comptait 2 millions d'habitants 4 000 ans avant notre ère, en dénombre environ 23 millions 2000 avant notre ère !

Les techniques de navigation se perfectionnent et s'adaptent au climat. Les premiers Romains, les Chinois et les Indiens naviguent avec des bateaux à voile carrée, alors que les Arabes dotent les leurs d'une voile triangulaire plus propice aux vents qui soufflent au Moyen-Orient et en Méditerranée.

Mais le vent et l'eau ne servent pas seulement à faire avancer les bateaux. Après les systèmes d'irrigation « manœuvrés » par des bœufs ou des ânes, 2 500 ans avant notre ère, apparaissent les premiers moulins à eau actionnant les meules de pierre pour moudre les céréales. Les premières traces de moulins à vent ont été trouvées en Perse vers le VIIe siècle avant notre ère.

Le saviez-vous

L'énergie hydraulique intéresse les hommes de l'Antiquité, qui vont améliorer les techniques de captation de l'eau. Les Grecs créent le moulin à eau à axe vertical, plus performant, qui comprend une roue verticale qui actionne la meule à l'aide d'un engrenage à angle droit. Les Romains, quant à eux, mettent au point une machine à roue à ailettes – la noria – actionnée par le courant afin de déverser l'eau dans les aqueducs, lesquels permettent d'approvisionner en eau tout l'Empire.

De multiples énergies

Durant toute l'Antiquité et le début du Moyen Âge, en plus des tractions humaines et animales, les hommes utilisent plusieurs énergies renouvelables à la fois :

- **L'énergie solaire.** Ils ont compris qu'en concentrant les rayons du Soleil à l'aide de miroirs en bronze, ils peuvent chauffer des fours à haute température ;
- **L'énergie éolienne :** exploitée par des bateaux à voile et des moulins à vent.
- **La biomasse** (combustion des végétaux, notamment le bois), et ce, dès que l'homme acquiert la maîtrise du feu pour se chauffer, cuire sa nourriture et s'éclairer ;
- **La géothermie.** Les hommes qui vivent dans des zones volcaniques et près de sources d'eau chaude, comme dans la région du Vésuve et de Pompéi, utilisent cette eau dans les thermes ;
- **L'énergie hydraulique.** La force de l'eau est utilisée avec les moulins et les premiers bateaux à aubes.

La « première révolution mécanique »

Selon l'expression de l'historien Fernand Braudel, c'est au Moyen Âge que l'Europe connaît sa « première révolution mécanique ». Les moulins à eau s'améliorent notablement avec l'invention de l'arbre à cames, qui permet la transmission du mouvement de la roue à d'autres mécanismes (moulure des céréales, sciage, marteau…).

Dans une économie encore mal fournie en énergie, les moulins à eau représentent un surcroît de puissance considérable. En effet, l'eau est moins capricieuse que le vent et, dès lors, la production se développe considérablement. On estime que chaque moulin peut moudre 150 kg de blé par heure, soit assurer le travail de 40 personnes !

Le couple charbon/vapeur

La Renaissance et les temps modernes voient survenir le perfectionnement de toutes ces machines. L'Europe, notamment, se couvre de moulins. À la fin du XVIIe siècle, le marquis de Vauban estime qu'il existe environ 95 000 moulins en France, mus soit par l'énergie éolienne, soit par l'énergie hydraulique.

Parallèlement, la marine connaît un essor extraordinaire permettant de parcourir le monde. On entre, pas à pas, dans l'ère industrielle.

Les énergies employées vers 1750

Vers 1750, le bois et les végétaux représentaient 70 % de l'énergie consommée dans le monde ; la force humaine et animale 15 % ; l'hydraulique et l'éolien moins de 10 %, comme le charbon de terre et la tourbe.

Mais en Europe, à partir du XVIIIe siècle, le bois, de loin la principale source d'énergie, commence à se faire moins abondant ; les hommes se tournent alors vers le charbon – du bois fossilisé – qu'ils vont extraire des entrailles de la Terre. On creuse des mines et, pour pomper l'eau qui stagne au fond et qui freine l'exploitation, deux inventeurs anglais, Thomas Savery et Thomas Newcomen, vont s'inspirer de la toute nouvelle machine créée par le Français Denis Papin et présentée à Londres en 1679 : la machine à vapeur.

Un peu de technique

Ces pompes fonctionnent en produisant un vide dans une chambre fermée où l'on fait se condenser de la vapeur, grâce à un jet d'eau. Ces machines à vapeur sont perfectionnées par James Watt dans les années 1760-1770, qui y adjoint une chambre de condensation. Cette innovation donne le coup d'envoi de la Révolution industrielle.

Le XIXe siècle : l'ère industrielle

La machine à vapeur est utilisée pour la production textile, la production minière et l'industrie des transports. À peine lancé, le mouvement cumulatif s'accélère de lui-même. La disposition d'une nouvelle énergie permet à l'homme des recherches, des installations nouvelles, et de nouvelles découvertes : après la machine à vapeur, les moteurs électriques, la lampe à incandescence, le moteur à explosion...

L'industrie commence à transformer les paysages. Les modes de vie, du moins ceux des populations les plus riches, changent radicalement. Les hommes réalisent qu'en utilisant les énergies fossiles – le charbon, puis le pétrole et le gaz –, ils peuvent répondre à des besoins toujours plus importants. Cependant, dès les débuts de cette exploitation, certains sont bien conscients que ces sources d'énergie ne sont pas pérennes.

On assiste au déclin des énergies renouvelables au profit des énergies fossiles. Grâce à ces dernières, on peut faire fonctionner les machines qui se révèlent plus fiables que le vent ou les animaux.

Le charbon

Première des énergies, le charbon est utilisé partout : dans les maisons, pour se chauffer et en cuisine ; dans les usines, pour actionner les machines-outils ; dans les transports, pour faire avancer les locomotives à vapeur inventées par Richard Trevithick en 1804 au Royaume-Uni, et les bateaux à vapeur qui datent de la même époque. Puis, pour alimenter les premières centrales électriques !

Le gaz et l'électricité

En 1800, l'Italien Alessandro Volta met au point la batterie électrique, puis, en 1821, le Britannique Michael Faraday fabrique le premier moteur électrique. Et, en 1869, l'Américain Thomas Edison invente l'ampoule électrique, avant de construire la première centrale (une turbine au charbon faisant tourner un alternateur) qui, dès 1882, permet d'illuminer 85 immeubles à New York.

Peu à peu, les grandes villes comme Paris, Londres et Berlin délaissent le gaz naturel (exploité depuis les années 1820 pour éclairer les habitations et les usines) pour l'électricité.

L'hydroélectricité

Parallèlement, Benoist de Fourneyron (1802-1867) invente la première turbine hydroélectrique en utilisant l'effet de la pression pour entraîner une roue à eau. Au cours du siècle, ce système va remplacer la roue hydraulique et les premiers barrages vont faire leur apparition.

Le pétrole

Le monde connaît une nouvelle révolution industrielle dans la seconde moitié du XIXe siècle avec l'exploitation du pétrole et le creusement du premier puits en Pennsylvanie, aux États-Unis, en 1859.

Le saviez-vous

Le mot « pétrole » vient du latin *petra*, qui signifie « pierre », et *oleum*, « huile ». *Petroleum* signifie donc « huile de pierre ».

D'autres puits sont ouverts en Amérique (Mexique), en Orient (golfe Persique, Sumatra...) et en Europe, notamment en Roumanie. Les premiers pipelines servant au transport à grande distance et en grande quantité du pétrole sont construits dans les années 1880.

Les Allemands Karl Benz, Gottlieb Daimler et Rudolf Diesel mettent au point le moteur à combustion interne qui permet l'invention de l'automobile en 1888, puis des locomotives diesel.

Cette matière première connaîtra un fort succès dans la mesure où elle est facilement transportable et en raison de son pouvoir énergétique et de ses nombreuses propriétés qui permettront le développement de nombreux produits du quotidien (carburants pour le transport et le chauffage, lubrifiants, plastiques, produits phytosanitaires...).

Les premières éoliennes

Les premières éoliennes font leur apparition au XIXe siècle et servent au pompage de l'eau.

Elles sont constituées d'un pylône surmonté d'un axe horizontal autour duquel sont fixées plusieurs pales. Le vent fait tourner les pales et, grâce à un système de bielle-manivelle, le mouvement de rotation est transformé en mouvement de va-et-vient, ce qui permet d'actionner un piston qui aspire l'eau. En 1891, le Danois Poul La Cour découvre qu'en réduisant le nombre de pales à quatre, l'éolienne fournit un meilleur rendement.

En chiffres

L'exploitation des énergies fossiles ne fait que croître de façon exponentielle depuis 1800 :

- **En 1910, la production de charbon est 100 fois plus importante par rapport à 1810, et en 1990 elle est 5 fois plus importante par rapport à 1910 ;**

» Celle du pétrole est 300 fois plus importante entre 1880 et 1990 ;

» Celle du gaz naturel est 1000 fois plus importante dans le même laps de temps.

Un xxᵉ siècle énergivore

Le monde du xxᵉ siècle se couvre de lignes électriques.

En chiffres

Un exemple : la demande en électricité augmente d'environ 12 % par an aux États-Unis entre 1901 et 1932. De même, les besoins en fioul domestique s'accroissent avec l'essor des moyens de transport. Cette course à la consommation se traduit par le développement des infrastructures : pipelines, grands barrages hydroélectriques, raffineries...

Mais cet appétit énergivore n'est pas sans risque. Au tournant du siècle, l'Europe connaît ses premiers nuages de pollution dus aux fumées des usines et au charbon à usage domestique, et même à l'échappement des automobiles et des trains.

Le saviez-vous

En 1954, le grand « smog » de Londres plonge la capitale britannique dans une épaisse brume de pollution pendant 5 jours, ce qui a de nombreuses conséquences sur la santé des Londoniens.

L'énergie nucléaire

L'innovation et la recherche se poursuivent. En 1896, la radioactivité naturelle est découverte sur des sels d'uranium par le physicien Henri Becquerel. Les premières centrales nucléaires ouvrent dans les années 1950.

Un peu de technique

La fission des atomes d'uranium libère une très grande quantité d'énergie dont on se sert pour chauffer de l'eau permettant de produire de l'électricité. La quantité d'uranium enrichi nécessaire pour faire fonctionner les centrales nucléaires est réduite, mais les réserves naturelles en minerai ne sont pas infinies. Même si l'énergie nucléaire n'est pas exploitée aussi vite que les énergies fossiles, en raison de son coût et des risques majeurs de pollution radioactive, elle n'en connaît pas moins un fort développement.

Contexte géopolitique du choix du « tout nucléaire »

Dans les années 1970, confrontée au choc pétrolier et à une consommation d'énergie toujours plus forte des ménages, la France va opter pour le « tout nucléaire ». En effet, la volonté du gouvernement est claire : acquérir l'indépendance énergétique. Durant cette décennie, 58 réacteurs sont construits dans le pays. Autres arguments : la France exporte de l'électricité et sa technologie nucléaire. Elle avance aussi les faibles rejets de gaz à effet de serre de l'électricité nucléaire, 6 g de CO_2/kWh, contre 430 g pour le gaz et 800 g pour le charbon. Aujourd'hui, les centrales nucléaires produisent 75 % de l'électricité consommée chaque année.

Néanmoins, les années 1990 et plus encore la décennie 2000 voient l'essor des courants antinucléaires, renforcé par les accidents de Tchernobyl (1986) et Fukushima (2011). Plus encore, la question de la gestion des déchets s'invite dans le débat public. Poussé par l'urgence climatique et la volonté de diversifier l'approvisionnement en électricité, l'État enclenche un véritable changement de paradigme en favorisant plus fortement les énergies renouvelables.

Pourquoi faut-il retourner vers les énergies renouvelables ?

L'augmentation de la population mondiale, l'amélioration progressive du niveau de vie et l'industrialisation des pays du Sud supposent un taux très important d'augmentation de la consommation mondiale d'énergie. On produit de plus en plus, et on demande de plus en plus d'énergie. Et plus l'homme exploite les énergies fossiles, plus il les épuise, et plus il en devient dépendant…

Par conséquent, il doit se tourner vers des sources d'énergie pérennes : les énergies renouvelables. À savoir le rayonnement solaire, la chaleur tirée du sol, l'énergie tirée de la mer, des marées, du vent, celle contenue dans la biomasse. Le défi technique et économique est de taille, mais réalisable. On peut ainsi envisager le grand retour des énergies renouvelables après la parenthèse d'hégémonie des énergies fossiles, qui couvre finalement une période courte à l'échelle humaine.

DANS CE CHAPITRE

La baisse de la production de charbon
•
Le choix du nucléaire
•
L'essor de l'hydroélectricité en France
•
Le choc pétrolier et ses conséquences immédiates

Chapitre 4

Le choc pétrolier : un tournant dans le secteur de l'énergie

La baisse de la production de charbon

L'exploitation des mines de charbon est favorisée après la guerre. En 1946, l'État nationalise l'industrie charbonnière et crée les Charbonnages de France. Il se lance dans la modernisation des installations minières, soutenu par le Parti communiste et la CGT.

En 1958, la France connaît un pic de production, avec 60 millions de tonnes de charbon. Mais les mines sont de moins en moins rentables en raison des destructions durant les deux guerres et les changements sociaux au fond des mines depuis le début du siècle. De plus, le charbon subit la concurrence de nouvelles sources d'énergie et des charbons importés. En 1960, l'État décide de la fermeture progressive des mines, qui se poursuit durant presque un demi-siècle, jusqu'en 2004.

Halte à la croissance ?

Délaisser le charbon pour d'autres énergies moins carbonées n'est pas un choix guidé par des soucis écologiques pour autant, plutôt des considérations économiques et géopolitiques. À partir des années 1970, le gouvernement engage une grande politique de réduction de la consommation d'énergie et sensibilise à la question du gaspillage. En 1973, au moment du premier choc pétrolier, est créée l'Agence pour les économies d'énergie, qui deviendra l'Ademe (aujourd'hui Agence de la transition écologique). Elle lance alors le célèbre slogan : « En France, on n'a pas de pétrole, mais on a des idées ». En parallèle, en 1972, le Club de Rome publie son rapport « Halte à la croissance ? ». Celui-ci mesure pour la première fois l'impact écologique du système énergétique mondial et met l'accent sur la fin des réserves d'énergies fossiles. Le Sommet de la Terre, accueilli à Stockholm en 1972, place les questions écologiques au rang des préoccupations internationales avec le slogan « Nous n'avons qu'une Terre ». La question est oubliée jusqu'à la fin des années 1990, où des voix s'élèvent pour interroger, d'une part, la potentielle fin des réserves de pétrole, et, d'autre part, l'impact de l'utilisation des énergies fossiles sur le réchauffement climatique.

Le choix du nucléaire

L'augmentation brutale des prix du pétrole met l'économie internationale en danger. En France, cela ravive la question du nucléaire, présente depuis longtemps dans le débat public. Cette énergie est alors choisie pour assurer l'indépendance énergétique du pays.

Le nucléaire suscite l'intérêt des scientifiques depuis 1939, avec la découverte du principe des réactions en chaîne par le physicien Frédéric Joliot-Curie. Les possibles applications de ce principe dans l'armement – découvertes en pleine période de guerre – attirent l'attention d'Édouard Daladier, alors président du Conseil des ministres. Il décide de protéger la recherche sous le sceau « secret-défense » et place les travaux du scientifique sous l'autorité du ministère de l'Armement.

C'est en 1945 que naît en France le Commissariat à l'énergie atomique (CEA) sous l'impulsion du général de Gaulle dont l'objectif est de poursuivre « les recherches scientifiques et techniques en vue de l'utilisation de l'énergie atomique dans divers domaines de la science, de l'industrie et de la défense nationale » (ordonnance d'octobre 1945).

Entre 1965 et 1969, la France connaît une série d'événements qui mettent à mal sa dépendance pétrolière : l'embargo imposé après l'affaire du canal de Suez (1956), puis l'indépendance de l'Algérie (1962) qui compromet l'approvisionnement à partir des réserves de pétrole du Sahara algérien. Ces traumatismes accélèrent le basculement vers l'énergie nucléaire et lancent un grand débat public virulent autour du choix de la future filière. La voie choisie sera celle du modèle américain des réacteurs à eau pressurisée, lesquels sont actuellement les plus répandus à travers le monde.

En 1982, après une décennie de perturbations des prix du pétrole, celui-ci repart à la baisse. En parallèle, l'industrie électronucléaire française prend forme, en mobilisant tous les moyens financiers et humains. Les réacteurs sont un succès économique.

Le programme nucléaire français a ainsi permis de passer d'une production de moins de 5 TWh d'électricité nucléaire en 1975 à environ 400 TWh en 2005, accompagnant une croissance forte de la consommation d'électricité, de moins de 200 TWh en 1975 à plus de 500 TWh en 2005.

À la recherche de l'indépendance énergétique

À l'après-guerre, le gouvernement français crée le monopole d'État, EDF, en nationalisant les entreprises de production, de transport et de distribution d'énergie électrique, et dont la mission première est de reconstruire le réseau de transport et de créer des infrastructures de production d'énergie afin d'accompagner la demande croissante en électricité. Les investissements dans l'hydroélectricité s'accélèrent, ce qui se traduit par la construction de plus d'une centaine de barrages entre la fin de la guerre et les années 1960.

Le choc pétrolier et ses conséquences immédiates

À retenir

Dans les années 1970, deux chocs pétroliers successifs forcent la France à se reposer la question de son indépendance énergétique :

» **1973 : les membres de l'Organisation des pays exportateurs de pétrole (OPEP) quadruplent le prix du baril qui bondit de 2,59 dollars à 11,65 dollars. Et ils** décrètent l'embargo sur les pays qui soutiennent alors Israël dans la coalition menée par l'Égypte et la Syrie durant la guerre de Kippour en octobre 1973. Les Européens se tournent alors vers la recherche de gisements dans d'autres zones, notamment en mer du Nord. La France se lance quant à elle dans un vaste programme de construction de centrales nucléaires ;

» **1978** : sur fond de Révolution iranienne et de guerre Iran-Irak, le prix du baril de pétrole est multiplié par trois en raison de la baisse drastique de la production iranienne.

En huit ans, le prix du pétrole est multiplié par 12 !

La crise économique massive due à l'augmentation du prix du pétrole engendre un ralentissement de la croissance mondiale et un accroissement de l'inflation. Ses effets se feront sentir jusqu'en 1982. La crise traumatise, révélant la vulnérabilité des pays importateurs de pétrole, et entraîne une réflexion sur la diversification d'approvisionnement en Amérique, Europe et Asie. La réponse au premier choc a été prompte. L'Europe s'est rapidement tournée vers le nucléaire et les énergies fossiles classiques (particulièrement le charbon) afin d'accroître son indépendance énergétique. Les pays industrialisés sont obligés d'investir dans de nouvelles énergies. Les membres de l'OPEP, pour leur part, profitent de la reprise de la consommation de pétrole, successive à la hausse des prix, pour investir dans le tourisme (hôtellerie…) et la finance.

La croissance des pays surpeuplés d'Asie

Les années 1970 marquent un boom démographique mondial, surtout en Asie. La population asiatique passe de 2 milliards d'habitants environ, vers 1970, à 3,7 milliards en 2000. Plus de croissance signifie plus de production, on assiste donc à une augmentation massive de la demande d'énergie, notamment de la Chine et de l'Inde, qui privilégient les énergies fossiles, car moins coûteuses.

Le développement de programmes de recherche sur les énergies renouvelables

Après les chocs pétroliers, les gouvernements souhaitent diversifier leurs sources d'approvisionnement. Les énergies renouvelables deviennent un enjeu politique, symbole d'autonomie par rapport à l'OPEP. De plus, parallèlement au Sommet de la Terre, la dépendance aux sources d'énergies fossiles, jugée dangereuse, est dénoncée. En France, les années 1970 voient la naissance d'un Commissariat à l'énergie solaire (COMES), la construction de la centrale solaire Thémis dans les Pyrénées orientales et le développement de Photowatt, longtemps leader mondial dans la production de panneaux photovoltaïques. Aujourd'hui encore, les dépenses publiques annuelles de recherche et développement françaises avoisinent les 1,1 milliard d'euros, dont plus de la moitié sur le nucléaire et un gros tiers sur les nouvelles technologies de l'énergie[1].

La lutte contre le réchauffement climatique initiée par l'Union européenne

Les premières politiques énergétiques ont donc été mises en place en premier lieu pour des raisons géostratégiques et d'indépendance énergétique. La question du changement climatique n'est intervenue que dans un second temps. La combustion d'énergies fossiles génère de grandes quantités de CO_2 qui participent au dérèglement climatique. Les énergies renouvelables quant à elles émettent peu ou pas de gaz à effet de serre, ont un impact moins nocif sur la biodiversité et sur la santé, et les sources d'énergie qui les alimentent sont inépuisables.

Qui dit énergies renouvelables, dit stabilité climatique, économique, environnementale, sociale, et indépendance politique.

Cette prise de conscience n'intervient véritablement qu'à la fin des années 1990, en Europe, avec l'Union européenne qui veut s'imposer comme leader de la lutte contre le changement climatique.

En 1997, la Commission européenne publie un Livre blanc sur les énergies renouvelables. L'UE se fixe comme objectif d'utiliser des sources d'énergies renouvelables pour satisfaire 12 % des besoins de consommation d'énergie et 22,1 % des besoins de consommation d'électricité à l'échéance de 2010 (directive 2001/77/CE). Mais les piètres résultats vont entraîner un renforcement du cadre réglementaire en la matière.

La directive Efficacité Énergétique de 2012 instaure de nouveaux objectifs (non contraignants) pour tous les États membres, encouragés à redoubler d'efforts. La Directive de 2018 relative aux énergies renouvelables, inscrite dans le paquet « une énergie propre pour tous les Européens » prévoit de porter la part des énergies renouvelables à au moins 32 % de l'énergie consommée en Europe en 2030. Elle fixe également l'amélioration de l'efficacité énergétique d'au moins 32,5 %. Les États membres doivent publier tous les deux ans un rapport national sur les progrès accomplis.

1 Chiffres du gouvernement : https://www.statistiques.developpement-durable.gouv.fr/chiffres-cles-de-lenergie-edition-2020-0

Grandes tendances pour le futur de l'énergie

En chiffres

Aujourd'hui, environ 21 % de l'énergie consommée dans le monde est d'origine renouvelable, dont :

» **la moitié de biomasse traditionnelle ;**

» **1/4 d'électricité renouvelable ;**

» **1/4 de chaleur renouvelable moderne (géothermie, bois énergie).**

Il est devenu plus rentable d'investir dans les énergies solaires et éoliennes que dans les combustibles fossiles. Parallèlement, le rythme d'innovation est également en pleine croissance. Selon le think tank financier Carbon Tracker, près de la moitié des centrales au charbon ne seront pas rentables en 2020 : « 46 % auront un flux de trésorerie négatif », précise-t-il. Ce chiffre « passera à 52 % d'ici à 2030, car les énergies renouvelables et le gaz, moins cher, surpassent le charbon ».

En chiffres

167 GW de capacités supplémentaires en énergies renouvelables devraient être installés en 2020, et ce, malgré la crise de la Covid-19, un volume en augmentation de 6 %.

L'Agence internationale pour les énergies renouvelables (IRENA) a établi que les énergies renouvelables ont représenté près des trois quarts des ajouts de capacité en 2019. Leur croissance totale, multipliée par 2,6, a dépassé celle des fossiles. Le solaire et l'éolien ont contribué à 90 % de la capacité renouvelable totale ajoutée en 2019.

Avec le plan de relance post-Covid-19, les énergies renouvelables ont leur part à prendre et devraient booster les emplois et la production. En outre, elles ont un rôle important à jouer concernant l'autonomie stratégique de l'UE, avec la relocalisation de la production en Europe.

Trois questions à François Gemenne

Chercheur, enseignant et auteur, François Gemenne est un spécialiste des questions de géopolitique de l'environnement. Il est notamment directeur de l'observatoire Hugo, à l'université de Liège en Belgique, directeur du domaine Développement durable aux presses de Sciences Po et codirecteur de l'Observatoire Défense et Climat du ministère des Armées.

Pouvez-vous nous expliquer le lien entre réchauffement climatique et réfugiés ?

De tout temps, les hommes et les femmes se sont déplacés pour des raisons liées à leur environnement : soit qu'ils cherchaient des terres fertiles, soit qu'ils fuyaient des climats hostiles. Aujourd'hui, le changement climatique donne une amplitude nouvelle et inédite à ces migrations – des populations vont devoir se déplacer à cause de la hausse du niveau de la mer, d'autres quittent les campagnes parce qu'ils ne peuvent plus tirer un revenu suffisant de l'agriculture, et beaucoup fuient des catastrophes naturelles. En 2019, les catastrophes naturelles ont déplacé 25 millions de personnes, c'est trois fois plus que les conflits et les violences. Et l'on sait que le changement climatique augmentera à la fois la fréquence et l'intensité de ces catastrophes.

Est-ce nécessaire de mobiliser et diriger la finance vers les énergies renouvelables ?

Il est en tout cas absolument nécessaire de la détourner des énergies fossiles ! Chaque année, c'est environ 7 % de la richesse mondiale qui est engloutie par les énergies fossiles, soit via des subventions des gouvernements, soit via des investissements financés par les banques. C'est absolument délirant, et c'est un des premiers leviers de la lutte contre le changement climatique, qui reste pourtant souvent ignoré. Ce qui est remarquable, c'est que les énergies renouvelables soient si concurrentielles aujourd'hui, malgré un marché qui est à ce point biaisé en faveur des énergies fossiles. Aujourd'hui, en France, pour un euro qui finance les énergies renouvelables, il y a encore deux euros qui financent les énergies fossiles. Ça laisse entrevoir ce qui serait possible si l'on remettait les compteurs à zéro...

Que nous a appris la crise de la Covid-19 sur la gestion de la crise climatique ?

Plein de choses. D'abord, qu'il nous était malgré tout possible de prendre des mesures radicales et extraordinairement coûteuses face à un danger immédiat – ce qui implique de nous demander sérieusement pourquoi nous ne percevons pas le changement climatique comme un danger immédiat. Ensuite, que nos sociétés étaient beaucoup plus solidaires et moins individualistes qu'on ne le pensait : on a tout mis à l'arrêt pour protéger les plus fragiles. Enfin, que les déterminants des émissions de gaz à effet de serre dans l'économie étaient structurels, et non individuels : malgré le confinement, les émissions n'ont baissé que de 7 à 8 % en 2020. Ce sont trois formidables leçons pour organiser l'action contre le changement climatique.

DANS CE CHAPITRE

La consommation d'énergie primaire dans le monde

•

Les investissements dans les énergies renouvelables

•

Les emplois dans les énergies renouvelables

•

Les principaux pays producteurs d'électricité renouvelable

Chapitre 5
État des lieux de l'énergie dans le monde

La consommation d'énergie primaire dans le monde

L'INSEE définit l'énergie primaire comme « l'ensemble des produits énergétiques non transformés, exploités directement ou importés ». À savoir, les énergies fossiles (pétrole brut, schistes bitumineux, gaz naturel, combustibles minéraux solides), la biomasse, le rayonnement solaire, ainsi que les énergies hydraulique, éolienne, nucléaire et la géothermie.

En chiffres

Depuis la seconde moitié du XXe siècle, la consommation d'énergie primaire a quasiment quadruplé pour atteindre actuellement plus de 60 000 térawattheures. Cette hausse provient essentiellement de l'essor des pays en développement, en particulier la Chine, l'Inde, ainsi que les pays du Moyen-Orient. De ce fait, si après la Seconde Guerre mondiale, l'Amérique du Nord et l'Europe représentaient environ les deux tiers de la consommation d'énergie primaire, leur poids est descendu d'un tiers en 2018, alors que la zone Asie-Pacifique, tirée par la Chine et l'Inde, représente désormais plus de 44 % de la consommation d'énergie primaire contre seulement 12 % en 1965.

Figure 5-1

Consommation d'énergie primaire par région (en térawattheure)

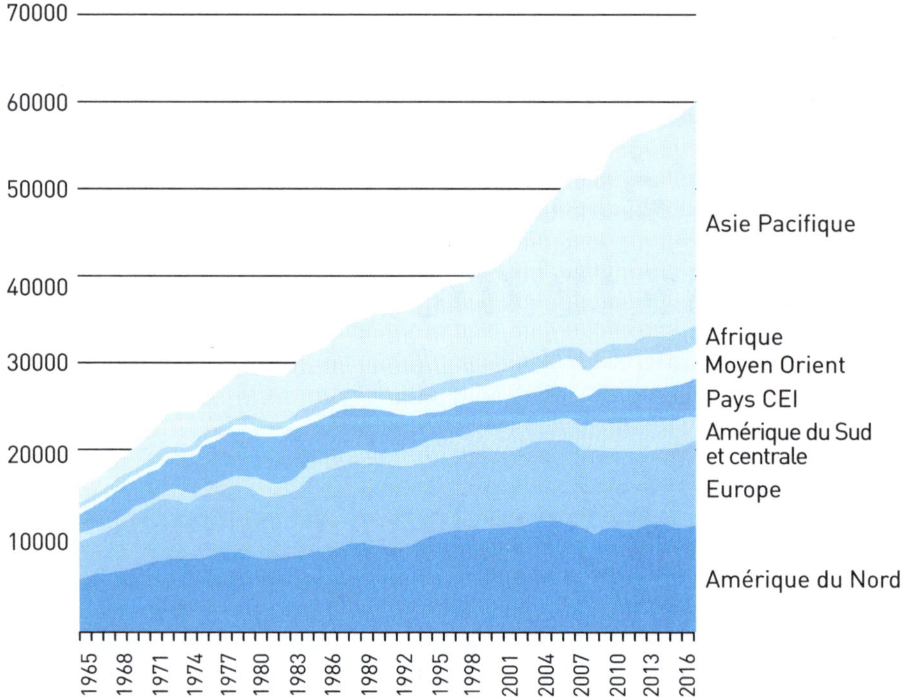

Données pour la réalisation du graphique : BP statistical Review of Energy.

En chiffres

Par ailleurs, le mix énergétique a considérablement évolué. En 1965, le pétrole représentait plus d'un tiers de la consommation d'énergie primaire, le charbon plus de 30 %, et le gaz naturel plus de 12 %. Alors que la part des énergies renouvelables (hors biofioul traditionnel, le bois essentiellement) comptait pour moins de 5 %, un chiffre à multiplier par deux aujourd'hui.

Figure 5-2
Consommation d'énergie primaire par source d'énergie (en térawattheure)

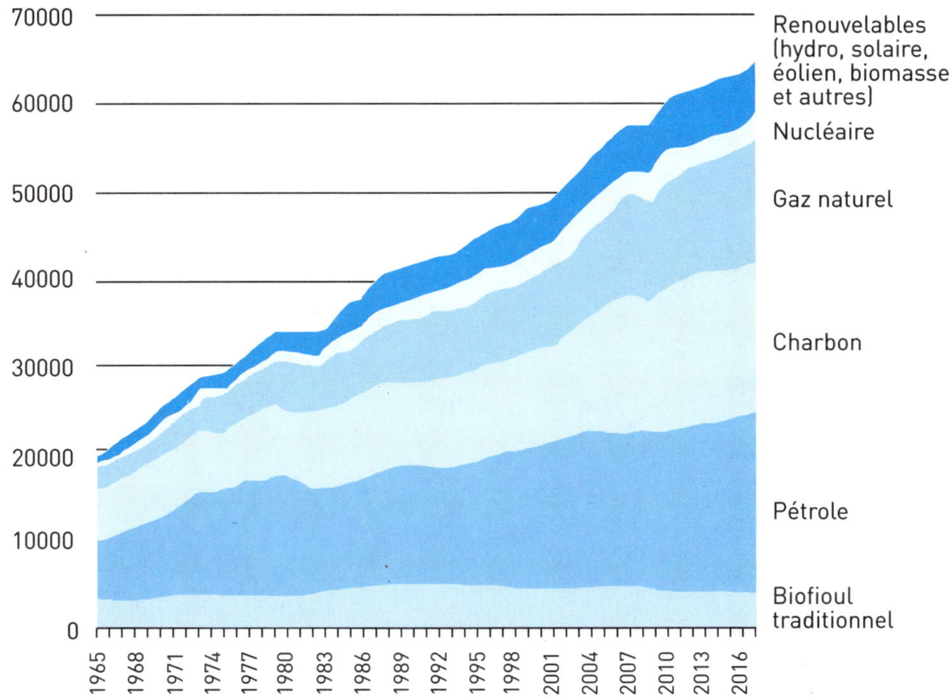

Données pour la réalisation du graphique : BP statistical Review of Energy, Vaclav Smil.

Le mix énergétique par région du monde

Par zone géographique, c'est l'Amérique du Sud et centrale qui a la part d'énergies renouvelables la plus importante au niveau de son mix énergétique. En Europe, c'est la Norvège qui est lauréate : les énergies renouvelables représentent 68 % du total de son mix énergétique grâce à son potentiel hydroélectrique. Côté consommation, c'est en Allemagne que la consommation d'énergies renouvelables, hors hydroélectricité, est la plus importante, 14,6 % en 2018.

Figure 5-3
Consommation d'énergie primaire dans le monde (2018)

	Pétrole	Gaz naturel	Charbon	Nucléaire	Hydro électricité	Autres renouvelables	Total renouvelables
Amérique du Nord	39 %	31 %	12 %	8 %	6 %	4 %	10 %
Amérique centrale et du Sud	45 %	21 %	5 %	1 %	24 %	5 %	29 %
Europe	36 %	23 %	15 %	10 %	7 %	8 %	15 %
CEI (Russie…)	21 %	54 %	14 %	5 %	6 %	0 %	6 %
Moyen-Orient	46 %	53 %	1 %	0 %	0 %	0 %	1 %
Afrique	41 %	28 %	22 %	1 %	7 %	2 %	8 %
Asie Pacifique	28 %	12 %	47 %	2 %	6 %	4 %	10 %
Monde	34 %	24 %	27 %	4 %	7 %	4 %	11 %

Données calculées à partir de BP statistical Review of Energy.

La consommation finale d'énergie

Malgré la forte augmentation de la consommation d'énergie dans les pays en développement, il reste encore d'importantes différences s'agissant de la consommation d'énergie par habitant.

Figure 5-4

Consommation d'énergie par capita par pays (en tep)

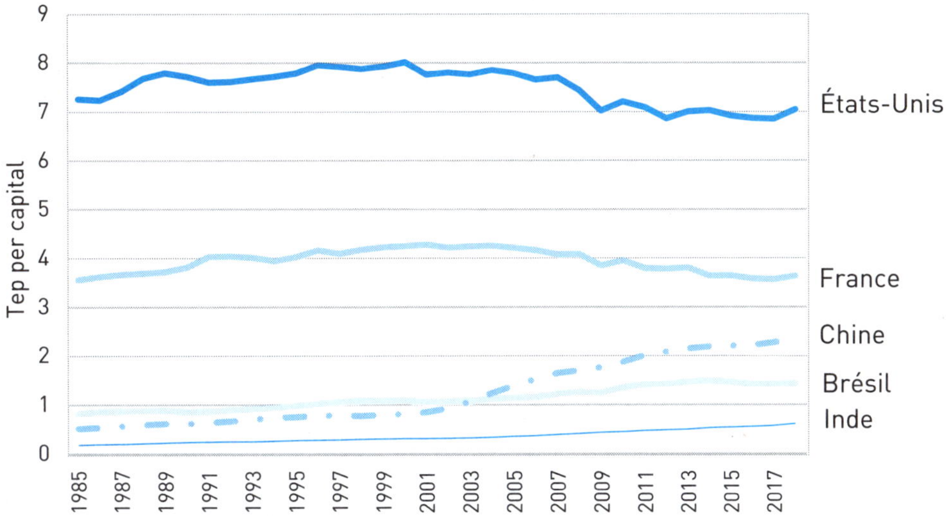

NB : tep : tonnes équivalent pétrole

Données pour la réalisation du graphique : Banque mondiale, BP statistical Review of Energy.

À retenir

Selon Eurostat, la consommation finale d'énergie représente « le total de l'énergie consommée par les utilisateurs finals tels que les ménages, l'industrie et l'agriculture. C'est l'énergie qui est livrée au consommateur final pour tous les usages énergétiques, à l'exclusion de l'énergie consommée par le secteur énergétique lui-même, y compris aux fins de la livraison et de la transformation. Elle exclut également le combustible transformé dans les centrales électriques des autoproducteurs industriels et le coke transformé en gaz de hauts-fourneaux, qui n'entrent pas dans la consommation totale de l'industrie, mais dans celle du secteur de la transformation. La consommation finale d'énergie de la catégorie « ménages, services, etc. » recouvre les quantités consommées par les ménages, le commerce, les administrations publiques, les services, l'agriculture et la pêche ».

En chiffres

Selon l'Agence internationale de l'énergie, d'un point de vue sectoriel, l'industrie reste le principal secteur de consommation d'énergie (37 % en 2017) devant le transport (29 %) et le résidentiel (22 %).

Les investissements dans les énergies renouvelables

Depuis 2010, les investissements dans les énergies renouvelables ont représenté plus de 200 milliards de dollars en moyenne par an. Mais cela représente moins de 0,5 % du produit intérieur brut (PIB) mondial.

Figure 5-5
Investissements dans les énergies renouvelables au niveau mondial

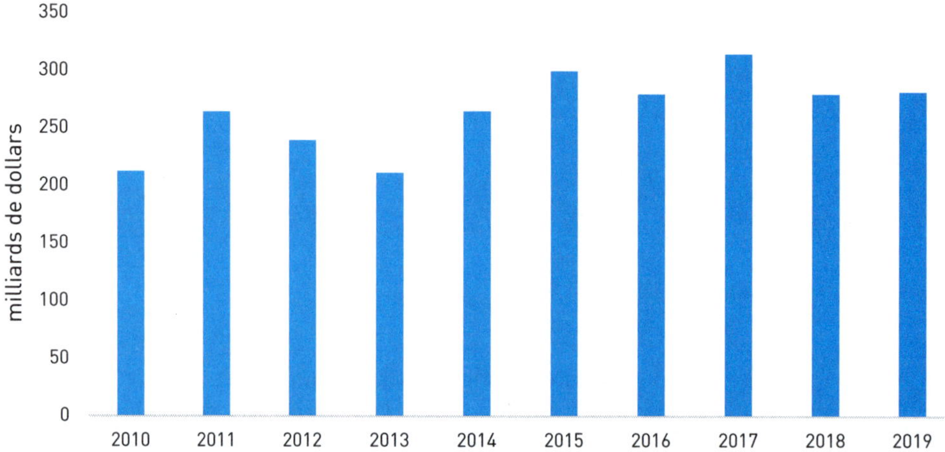

Données pour la réalisation du graphique : BNEF.

Selon le rapport Stern sur l'économie du changement climatique, rédigé par l'économiste Nicholas Stern pour le compte du gouvernement britannique en 2006, 700 millions de dollars sont dépensés chaque année pour stabiliser les émissions de CO_2.

Or, l'économiste indiquait que les investissements nécessaires pour réduire les émissions de gaz à effet de serre (dans le scénario de stabilisation de la concentration CO_2 dans l'atmosphère entre 500 et 550 ppm [partie par million], mesure utilisée par les scientifiques pour évaluer le taux de pollution dans l'air) s'élevaient à 1 % du PIB mondial par an, soit plus de 500 milliards de dollars par an (sur la base du PIB en 2006) d'ici à 2050… On est loin du compte.

Au niveau de la production d'électricité, les énergies renouvelables ont connu la plus forte croissance sur la période 2000-2018, avec une progression de plus de 130 %. En 2018, elles représentaient 35 % du total de la production mondiale d'électricité contre 18,5 % en 2000.

Fait important, depuis 2016, la production mondiale d'électricité à partir des énergies renouvelables est supérieure à la production d'électricité à partir de gaz naturel.

Figure 5-6
Production d'électricité au niveau mondial

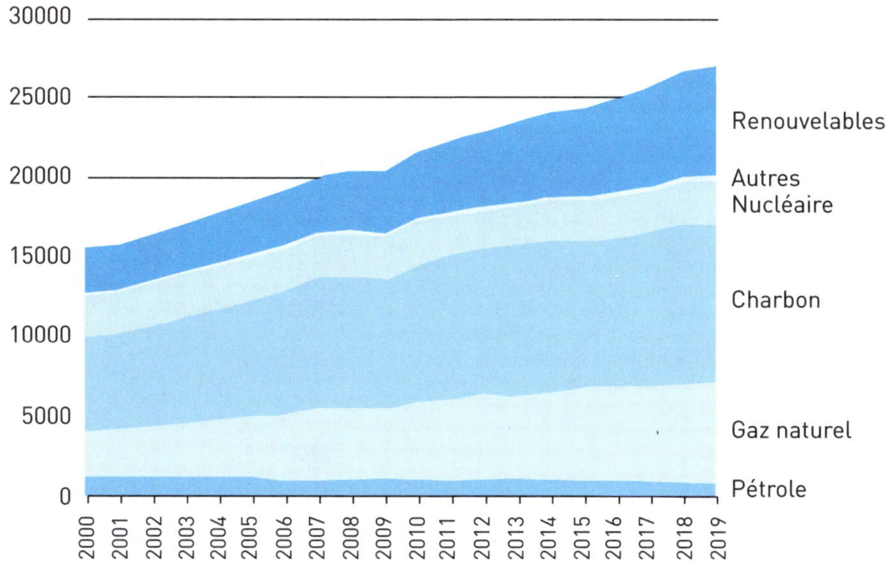

Données pour la réalisation du graphique : BP statistical Review of Energy.

Parmi les énergies renouvelables, la production hydroélectrique reste prédominante dans le mix, néanmoins le solaire et l'éolien ont connu un fort développement entre 2010 et 2018 : l'énergie solaire a été multipliée par 16, et l'éolien par trois.

Figure 5-7
Production d'électricité renouvelable au niveau mondial

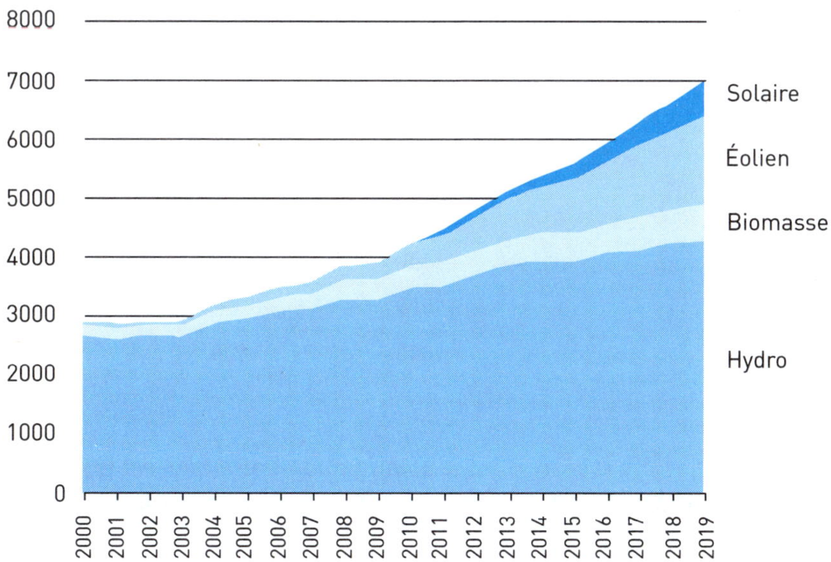

Données pour la réalisation du graphique : BP statistical Review of Energy.

En chiffres

Selon, l'IRENA, en termes de capacités installées, les énergies renouvelables représentaient fin 2019 plus de 2 350 gigawatts (GW), soit un triplement par rapport à 2000.

Figure 5-8

Capacités installées des énergies renouvelables

GW (capacités installées)	2019
Hydroélectricité	1189
Éolien (*onshore* et *offshore*)	623
Solaire	586
Bioénergie (dont la biomasse)	124
Autres	15
Total	**2537**

La production d'électricité renouvelable *off-grid*

En chiffres

L'IRENA estimait en 2016 que 133 millions de personnes environ avaient accès à l'électricité via des solutions « *off-grid* » (hors réseau), c'est-à-dire des centrales de production d'énergie non reliées au réseau. Cette énergie a connu un accroissement spectaculaire, passant de 2 GW en 2008 à 6,5 GW en 2017, notamment dans le secteur industriel.

Figure 5-9

Utilisation finale des réseaux *off-grid*

Secteur	MW	%
Industrie	2920	44
Commercial	450	7
Résidentiel	350	5
Agriculture, forêt	240	4
Mini-grid	1150	17
Autres	1500	23
Total	**1610**	**100**

Données pour la réalisation du tableau : IRENA, 2017.

Cette énergie hors réseau, dont le solaire photovoltaïque, est utilisée dans le secteur public afin de fournir de l'électricité pour, en premier lieu, les infrastructures des télécommunications, puis les écoles, l'éclairage public, les centres de santé et les pompes à eau.

Figure 5-10 Utilisations commerciales et publiques du solaire photovoltaïque hors réseau (en MW).

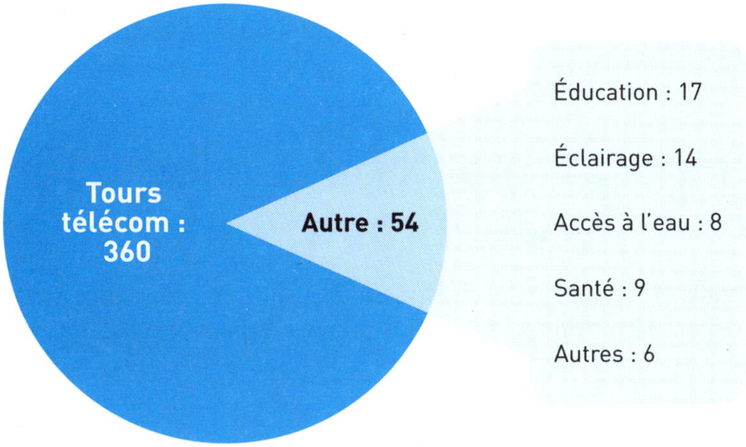

Données pour la réalisation du graphique : IRENA, 2016

Le stockage dans le monde

Selon l'Agence internationale de l'énergie, les capacités de stockage de l'électricité (hors pompage-turbinage qui est une technique de stockage de l'électricité consistant à remonter de l'eau pour la placer dans des bassins d'accumulation et de la turbiner) ont représenté environ 7 GW. En tête des pays « stockeurs », la Corée du Sud, suivie de la Chine, des États-Unis et de l'Allemagne.

Un secteur créateur d'emplois

En chiffres

Selon l'agence internationale des énergies renouvelables (IRENA), le secteur de la production d'énergies renouvelables employait, en 2019, 11 millions de personnes directement et indirectement dans le monde. Depuis 2012, 3,7 millions d'emplois ont été créés. Les leaders sont la Chine, les États-Unis et l'Union européenne.

En ce qui concerne les énergies renouvelables électriques, le solaire photovoltaïque reste le secteur qui emploie le plus de personnes et représente près d'un tiers des emplois. L'Asie (Chine, Inde et Asie du Sud-Est) se positionne en tête du marché avec 3 millions d'emplois (85 % du total), suivie de près par l'Amérique du Nord et latine, l'Afrique et l'Europe.

L'éolien (surtout terrestre) mobilise, quant à lui, plus de 2 millions d'emplois.

L'hydroélectricité, qui a la plus grande capacité installée de production d'énergie, emploie 2,1 millions de personnes, dont les trois quarts travaillent sur l'opération et la maintenance.

Les principaux pays producteurs d'électricité renouvelable

Depuis 20 ans, les capacités installées sont en croissance partout. La zone Asie a dépassé l'Europe, qui avait jusqu'alors le parc le plus important de production d'électricité renouvelable.

Figure 5-11 Capacité installée des énergies renouvelables dans le monde (en GW)

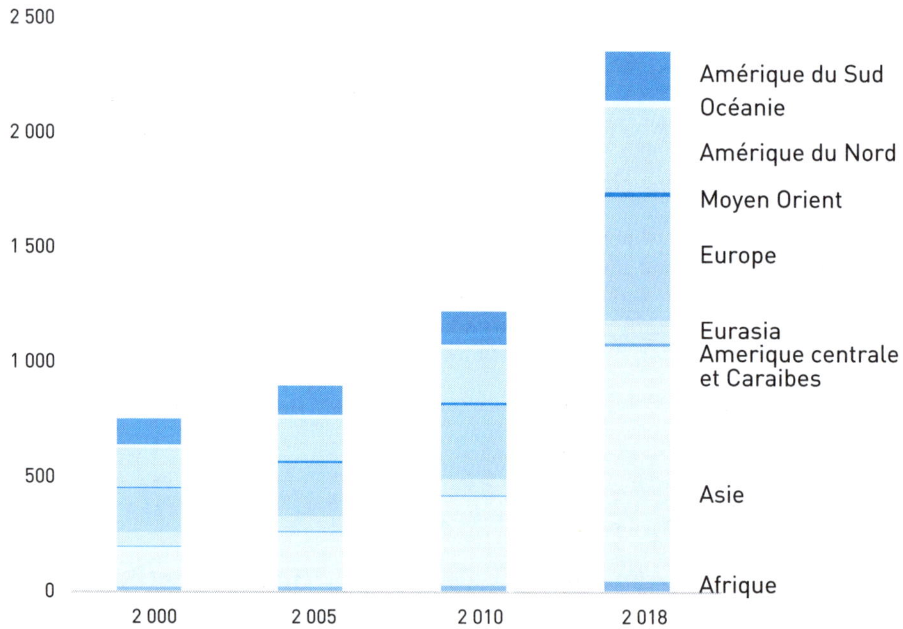

Gigawatt par zone géographique en 2018 selon l'IRENA.
Données pour la réalisation du graphique : IRENA.

En chiffres

La production d'électricité issue des énergies renouvelables représente désormais 25 % de la production totale dans le monde. Grâce à son potentiel hydroélectrique, la zone Amérique du Sud et centrale génère 68 % de cette production, devant l'UE (34 %).

Au sein de l'Union européenne, plusieurs pays produisent d'ores et déjà plus de 50 % de l'électricité à partir de sources renouvelables. C'est le cas notamment du Luxembourg, de l'Autriche, de la Lituanie, de la Croatie et du Danemark. Précisons que le Danemark est le seul pays où la part de la production d'électricité renouvelable hors hydroélectricité atteint plus de 50 % de la production totale, grâce à un parc éolien important.

Figure 5-12
Le mix énergétique de la production d'électricité par région

	Pétrole	Gaz naturel	Charbon	Nucléaire	Autres	Hydroélectricité + autres énergies renouvelables
Amérique du Nord	1,2 %	33,7 %	24,5 %	17,7 %	0,3 %	22,6 %
Amérique centrale et du Sud	6,9 %	17,5 %	5,9 %	1,7 %	0,0 %	68,0 %
Europe	1,4 %	17,9 %	21,2 %	23,0 %	2,1 %	34,4 %
CEI	1,0 %	48,4 %	18,3 %	14,6 %	0,3 %	17,5 %
Moyen-Orient	25,1 %	70,8 %	1,7 %	0,6 %	0,0 %	1,8 %
Afrique	9,1 %	39,7 %	30,0 %	1,3 %	0,6 %	19,3 %
Asie-Pacifique	1,5 %	12,1 %	59,4 %	4,5 %	0,3 %	22,1 %
Monde	3,0 %	23,2 %	38,0 %	10,2 %	0,6 %	25,1 %

Chiffres à fin 2018.
Données pour la réalisation du tableau : BP

Trois questions à Sandrine Dixson-Decleve

Sandrine Dixson-Decleve est une experte en politique européenne et internationale des questions de changement climatique, de croissance verte, d'énergie renouvelable et de finance durable. Elle est notamment présidente du Club de Rome, occupe plusieurs postes consultatifs pour la Commission européenne et est membre du corps professoral du *Cambridge Institute for Sustainability Leadership* (CISL).

L'avènement des énergies renouvelables se fera-t-il au niveau local ou international ?

La réponse à la question ci-dessus n'est pas si simple, car cela dépendra essentiellement de ce que nous voulons obtenir de notre futur système énergétique, de l'endroit où nous désirons que notre énergie soit produite et, enfin, de l'endroit où nous voulons qu'elle soit utilisée. Il est clair qu'un système énergétique décentralisé répondant aux besoins des communautés et au développement économique local s'avère de plus en plus fondamental et intéressant dans les pays en voie de développement, ainsi que dans les pays développés. Répondre aux besoins énergétiques

»

»

Trois questions à Sandrine Dixson-Decleve *(suite)*

des citoyens et non seulement au besoin industriel pousse à un système d'énergie renouvelable plus localisé.

Cependant, maintenant que le prix de l'énergie renouvelable est compétitif par rapport à celui des énergies fossiles et que, depuis l'Accord de Paris, il y a un désir d'avoir un système énergétique à faible émission de carbone et accessible à tous les pays et communautés, nous devons également veiller à renforcer un système énergétique transnational, en prenant en considération les particularités de la dépendance des énergies renouvelables aux conditions météorologiques. Cela nécessite l'optimisation de la production d'énergies renouvelables dans les territoires les plus naturellement productifs, parallèlement à l'amélioration de la distribution et de l'utilisation efficiente afin de garantir l'accès à tous.

Les défis d'aujourd'hui exigent un modèle énergétique résilient, valorisant les accès plus décentralisés, à zéro émission, donc décarboné et moteur d'une économie saine orientée vers le bien-être équitable plutôt que vers une croissance à tout prix.

Avons-nous encore besoin d'innovation dans le secteur des énergies renouvelables ? Si oui, lesquelles et pourquoi ?

La recherche, le développement et l'innovation ont alimenté la transformation du système énergétique mondial et ont réduit considérablement le prix de la technologie des énergies renouvelables. Les solutions de production d'électricité sont certainement à l'avant-garde, mais plus d'efforts, d'innovation et d'investissement sont nécessaires concernant la flexibilité du système électrique et d'autres applications possibles pour l'énergie renouvelable. Comme les systèmes intégrés combinant électricité, chauffage/refroidissement dans les bâtiments et dans le secteur de la mobilité.

Les programmes d'innovation sur les marchés dominants se concentrent donc maintenant sur des solutions permettant d'obtenir une flexibilité maximale du système électrique. L'électrification croissante des transports, des bâtiments et de l'industrie peut également faciliter l'adoption de l'énergie solaire et éolienne si des approches intelligentes sont adoptées.

L'accent doit désormais être mis sur l'optimisation de notre système énergétique, en vue de dissocier la croissance économique des émissions de gaz à effet de serre et autres impacts environnementaux. Il faut garantir que tous les investissements dans les infrastructures énergétiques s'inscrivent dans cet objectif de création de communautés urbaines et rurales décarbonées, prospères et résilientes après la Covid-19. Maintenir une croissance continue après la pandémie sans reprendre les investissements dans les énergies fossiles est devenu primordial.

Dans le secteur de l'électricité, en particulier, une analyse récente publiée par l'IRENA montre que des innovations se développent actuellement pour accroître la flexibilité du système énergétique et permettent notamment une plus grande intégration des énergies renouvelables.

L'Europe peut-elle devenir un leader dans les énergies renouvelables ?

Non seulement l'Europe peut, mais doit continuer à faire preuve de leadership dans le domaine de l'énergie propre et de la décarbonisation dans tous ses secteurs. Fin 2019, la Banque européenne d'investissement a été la première banque multilatérale de

»

développement au monde à prendre la décision fondamentale de ne plus soutenir les investissements dans les énergies fossiles. Cette décision pionnière a donné le ton à la Commission européenne, à la BCE et à la BERD (Banque européenne pour la reconstruction et le développement) pour qu'elles abordent la question et examinent de plus près leurs portefeuilles énergétiques. Ce fut le signal aux États membres et aux opérateurs historiques de combustibles fossiles que l'Europe prenait au sérieux la décarbonisation du secteur énergétique.

La baisse des émissions de gaz à effet de serre aujourd'hui dans l'Union européenne est largement due à la croissance de la production renouvelable et à l'abandon des énergies fossiles. D'après le rapport spécial de l'Agence internationale de l'énergie (AIE – 2020), les émissions de gaz à effet de serre de l'UE en 2019 étaient de 23 % inférieures à celles de 1990, ce qui signifie que le bloc européen a déjà atteint son objectif d'une baisse de 20 % en 2020. Une électricité plus propre a été le principal moteur de la réduction, l'intensité en carbone de la production d'électricité européenne maintenant étant bien en deçà de celle de la plupart des autres régions du monde.

Bien que de nombreux autres pays (États-Unis, Costa Rica, Inde, Chine, Kenya, Uruguay, etc.) progressent assez rapidement dans le développement des énergies renouvelables, l'UE reste dans le peloton de tête, notamment dans le domaine de l'énergie éolienne offshore, *et nombre de ses États membres ont mis en place des politiques pour éliminer le charbon de leur production d'électricité. Cela dit, peu de progrès ont été réalisés dans les domaines du transport, du logement et du bâtiment, qui dépendent toujours fortement des combustibles fossiles. L'Europe pourrait perdre son leadership si elle ne continue pas à augmenter ses objectifs et le calendrier d'adoption des énergies renouvelables nécessaires, au-delà du secteur électrique.*

L'Europe est à la croisée des chemins : soit elle continue sur la voie de l'énergie propre à mesure qu'elle sortira de la Covid-19, en portant un plan ambitieux via le Pacte vert européen et en favorisant l'adoption en continu des énergies renouvelables ; soit elle revient au « Business as Usual » en soutenant des investissements en énergies fossiles dans les secteurs de l'énergie et des transports, comme le montrent les principaux programmes de sauvetage des secteurs de l'électricité, de l'aviation et de l'automobile, sans conditionnalités environnementales. De nombreux gouvernements nationaux affirment actuellement que la récession économique justifie la nécessité de ces plans de sauvetage.

Il est donc impératif que l'Europe fasse preuve de leadership en cette période cruciale et démontre que des investissements continus et encore plus importants dans les énergies renouvelables par les différents États membres stimuleront leurs économies nationales et, ce faisant, l'économie européenne.

DANS CE CHAPITRE

La part des énergies renouvelables dans la production et la consommation

•

Les emplois dans les énergies renouvelables en France

•

Les énergies renouvelables et le marché de l'électricité

Chapitre 6
État des lieux en France

La part des énergies renouvelables dans la production et la consommation

En chiffres

En 2017, la production d'énergie d'origine renouvelable en France avait atteint les 25,9 Mtep (millions de tonnes équivalent pétrole, soit la quantité d'énergie contenue dans un million de tonnes de pétrole brut). Selon la Cour des comptes, « le déploiement des énergies renouvelables observé au cours de la dernière décennie est significatif : leur volume dans le mix français a progressivement augmenté, passant de 9,2 % dans la consommation finale d'énergie en 2005 à 15,7 % fin 2016 ». Quant à la consommation d'énergie renouvelable de la France, la moitié l'est sous forme de chaleur (50,6 %), devant l'électricité (34,2 %) et les transports (13,2 %).

Une répartition par filière très hétérogène

Il est possible de distinguer trois catégories d'utilisation des énergies renouvelables : la production thermique (production de chaleur pour les bâtiments et pour les procédés industriels), la production électrique (pour l'éclairage et le fonctionnement des équipements) et la production de biocarburants (pour le transport).

Figure 6-1

Les sources d'énergies renouvelables

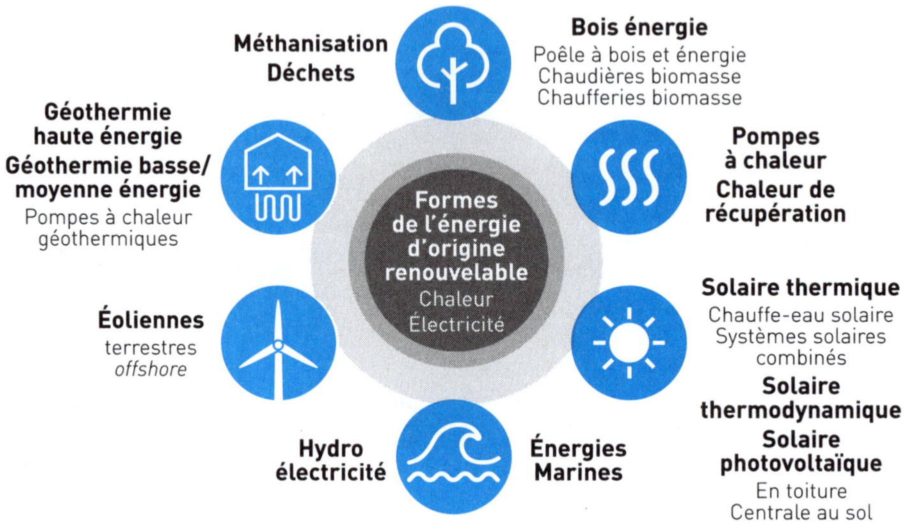

Source : Cour des comptes.

Ainsi, la production d'énergie d'origine thermique regroupe plusieurs filières : la filière bois-énergie, la filière biogaz, la biomasse, la chaleur cogénération, la géothermie, les pompes à chaleur individuelles et le solaire thermique. Selon le ministère de la Transition écologique, en 2017, la part des énergies renouvelables thermiques dans la production primaire d'énergies renouvelables s'élevait à 61,8 %.

De la même manière, plusieurs filières permettent la production électrique d'origine renouvelable : l'énergie solaire, l'énergie éolienne, l'énergie hydraulique, la biomasse... En 2017, la part de l'hydraulique, de l'éolien et du photovoltaïque s'élevait à 28 % de la production primaire d'énergies renouvelables en France. Et celle des biocarburants était d'environ 10 %.

La valorisation des déchets (5,4 % de la production d'énergies renouvelables en 2017), les résidus de l'agriculture et des industries agroalimentaires (2,3 %), ainsi que la production de biogaz (3,5 %) sont quant à eux utilisés pour la production thermique, électrique ou de biocarburants.

Figure 6-2

Production primaire d'énergies renouvelables par filière (2017)

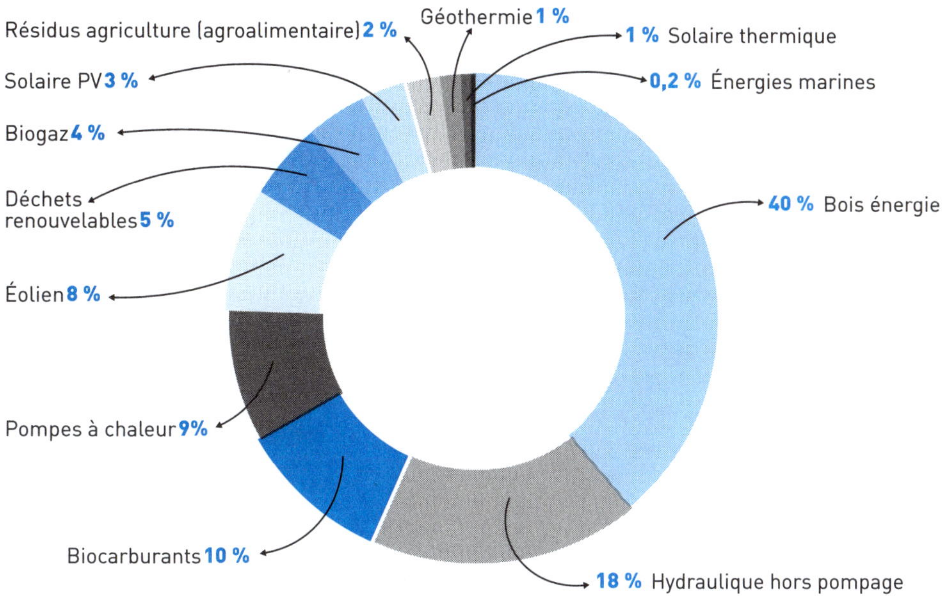

Données utilisées pour réaliser le graphique : Service de la donnée et des études statistiques (SDES), « Chiffres clés des énergies renouvelables », édition 2019.

Depuis 2005, la production d'énergie issue de sources renouvelables s'est accrue de façon significative. En effet, depuis quelques années, la part des énergies renouvelables dans le bouquet énergétique de la France est telle que ce type d'énergie constitue désormais la quatrième source d'énergie primaire (10,7 %), après l'énergie d'origine nucléaire (40 %), les produits pétroliers (28,9 %) et le gaz (15,7 %).

De la même manière, en fonction des secteurs d'activité, on constate une augmentation globale de l'utilisation des sources renouvelables.

La part des énergies renouvelables dans la consommation finale brute d'énergie

La part des énergies renouvelables dans la consommation finale brute s'élevait à 17 % en 2019. Néanmoins, la directive européenne « énergies renouvelables » de 2009 prévoit de porter cette part à 23 % en 2020, objectif qui ne sera pas atteint. Cet objectif ambitieux a été repris dans la Programmation pluriannuelle de l'énergie (PPE) dans le cadre de la Stratégie française pour l'énergie et le climat[2] et porté à 33 % à l'horizon 2030.

---

2 À consulter sur https://www.ecologique-solidaire.gouv.fr

Les objectifs de la Programmation pluriannuelle de l'énergie (PPE) pour le développement des énergies renouvelables

Pour l'électricité issue de sources renouvelables :

- Pour le **solaire photovoltaïque** : la PPE fixe un objectif de 20,1 GW de puissance installée en 2023, et de 35,1 à 44,0 GW en 2028. Pour y arriver, il faudrait d'ici 2023 raccorder chaque année une puissance additionnelle de 2400 MW. Entre 2024 et 2028, il faudrait raccorder chaque année près de 4000 MW. À titre de comparaison, seuls 873 MW ont été raccordés en 2018, soit trois fois moins que l'ambition annuelle 2019-2023 ;
- Pour l'**hydroélectricité** : l'objectif est d'augmenter le parc de 200 MW entre 2019 et 2023, et de 900 à 1200 MW entre 2019 et 2028. Ainsi, le parc s'établirait à 25,7 GW en 2023 et entre 26,4 et 26,7 GW en 2028 ;
- Pour **l'éolien terrestre** : passer d'un parc de 11,7 GW en 2016, à 24,1 GW en 2023, pour atteindre un parc de 33,2 à 34,7 GW en 2028. Soit un parc de 14200 à 15500 éoliennes en 2028, contre 8000 fin 2018, ce qui consiste presque à doubler le nombre d'éoliennes d'ici à 2028 ;
- Pour **l'éolien en mer** : passer d'un objectif de 0,5 GW en 2018, à 2,4 GW en 2023, pour atteindre 5,2 à 6,2 GW en 2028.

Pour la production de chaleur :

- Pour la **biomasse solide** : passer d'une production de 120 TWh à 145 TWh en 2023 et 157 à 169 TWh en 2028 ; soit près de 4 millions de ménages supplémentaires chauffés au bois en 2028 ;
- **Pompes à chaleur** : passer d'une production de 27 TWh à 39 TWH en 2023 et 44 à 52 TWh en 2028 (soit un doublement du parc de pompes à chaleur installées) ;
- Pour la **géothermie profonde** : passer de 1,18 TWh en 2017 à 2,9 TWh en 2023, pour atteindre entre 4 et 5,2 TWh en 2028 ;
- Pour le **solaire thermique** : passer de 1,18 TWh en 2017 à 1,75 TWh en 2023, pour atteindre entre 1,85 et 2,5 TWh en 2028 ;
- Pour le **biogaz** : une production de biogaz à hauteur de 24 à 32 TWh en 2028, sous l'hypothèse d'une baisse des coûts ; augmentation de la consommation de biométhane qui passe de 5,4 TWh PCS (Pouvoir calorifique supérieur : énergie dégagée par la combustion en récupérant la chaleur latente de la vapeur d'eau produite par la combustion) en 2016 à 14 TWh PCS en 2023, pour atteindre entre 24 et 32 TWh PCS en 2028. Le biogaz devra constituer 7 % de la consommation de gaz en 2030.

La puissance installée et la part des énergies renouvelables dans la production d'électricité

En chiffres

Selon RTE, gestionnaire du Réseau de transport d'électricité, fin 2019, la puissance installée des énergies renouvelables s'élève à 53608 MW, soit environ 40 % de la puissance totale du parc installé. L'hydraulique représente la plus grande part avec 25557 MW. Viennent ensuite l'éolien (16494 MW), le solaire (9435 MW) puis les bioénergies (2122 MW).

Les énergies renouvelables constituent plus de 21 % de la production d'énergie électrique totale en 2019, contre environ 20 % en 2018 et 16 % en 2017. Cette hausse dans le mix électrique intervient malgré une baisse de la production hydraulique de 12 % par rapport à 2018. Elle s'explique par l'augmentation importante de la production éolienne (+ 21,2 %) et de la production solaire (+ 7,8 %) par rapport à 2018.

Les énergies renouvelables : un fort potentiel de développement

Selon la PPE, le potentiel maximum d'offre des énergies renouvelables, soit un potentiel technique qui ne tient pas forcément compte des contraintes économiques et environnementales, est le suivant :

- Biomasse : 72 TWh selon la Stratégie nationale de mobilisation de la biomasse ;
- Pompe à chaleur : 75 TWh dans le résidentiel et 40 TWh dans le tertiaire à horizon 2050 ;
- Géothermie profonde : 5,8 TWh ;
- Solaire thermique : 6 TWh à horizon 2050 ;
- Hydraulique : 2090 MW supplémentaires pour les concessions ;
- Éolien terrestre : 170 GW pour les éoliennes standard, et 120 GW pour les éoliennes de nouvelle génération dites « toilées » ;
- Éolien en mer : 90 GW ;
- Solaire photovoltaïque sur toiture : 350 GW, soit 350000 ha.

Les emplois dans les énergies renouvelables en France

En 2018, les filières des énergies renouvelables et de récupération emploient 90 120 équivalents temps plein (ETP), soit une hausse de 14 % par rapport à 2016. Ces emplois recouvrent les activités liées à la production, à la fabrication, l'installation ou la maintenance des équipements, mais aussi ceux associés à la vente d'énergie et à l'export.

Les emplois se concentrent principalement dans les filières thermiques, et notamment le bois énergie qui représente 24 % des emplois. Les filières des pompes à chaleur domestiques et de la géothermie collective représentent 27 % des emplois. Les filières électriques affichent des effectifs moindres, mais en augmentation : 15 220 ETP en éolien (une augmentation de 15 % par rapport à 2016), 11 880 ETP en hydroélectricité (une augmentation de 2 %) et 6 210 ETP en photovoltaïque (une augmentation de 35 %).[3]

Les énergies renouvelables et le marché de l'électricité en France

Depuis l'ouverture du marché de l'électricité à la concurrence, la France est passée d'un marché régulé à un marché entièrement libéralisé en 2007.

Lorsque le marché était régulé, l'électricité était exclusivement vendue aux consommateurs par EDF, l'opérateur historique, et par des entreprises locales de distribution (ELD).

Depuis l'ouverture du marché, on retrouve un marché de gros et un marché de détail.

Le marché de gros de l'électricité

C'est le marché où l'électricité est négociée, à savoir achetée ou vendue, avant d'être livrée aux clients (particuliers ou entreprises). Ainsi, les producteurs d'électricité négocient et vendent l'électricité produite par leurs centrales à un fournisseur qui s'approvisionne en énergie, avant de la revendre aux clients pour la consommation finale. Plus rarement, des consommateurs industriels énergivores peuvent venir s'approvisionner directement auprès des producteurs sur le marché de gros.

En amont, l'électricité injectée sur le réseau provient des centrales de production de toutes les technologies (95 %), mais aussi des importations en provenance des États frontaliers. En aval, l'électricité est soutirée du réseau pour satisfaire la demande des consommateurs (75 %) et les exportations. Une partie est perdue lors du transport de l'électricité ou utilisée pour le pompage.

Comment le prix de l'électricité est-il établi sur le marché de gros ?

Un peu de technique

La puissance appelée par le réseau électrique varie à chaque instant, en fonction de la demande. L'électricité étant un bien qui ne se stocke pas (à bas coût et à très grande

3 « Marchés et emplois concourant à la transition énergétique », ADEME, juillet 2020

échelle en dehors des stockages hydrauliques gravitaires), l'enjeu consiste donc à anticiper la demande. C'est le rôle du gestionnaire du réseau de transport (RTE).

Tout producteur d'électricité fait face à des coûts fixes, qui ne varient pas – ou très peu –, en fonction de la quantité produite par la centrale. Ceux-ci dépendent principalement de l'investissement engagé lors de la construction de l'installation et des autres dépenses de maintenance fixes et non liées à la quantité d'électricité produite.

Le coût marginal correspond à la dépense engagée pour produire un kWh supplémentaire. Il dépend donc de la partie variable du coût de production (les dépenses liées au combustible nécessaire pour produire l'électricité), mais aussi des émissions de CO_2 qui devront être compensées par le producteur d'électricité sur le marché des EUA[4]. Selon la Commission Européenne, le système d'échange de quotas d'émission de l'UE repose sur « un principe de plafonnement et d'échange des droits d'émission. Un plafond est fixé pour limiter le niveau total de certains gaz à effet de serre pouvant être émis par les installations couvertes par le système. Ce plafond diminue progressivement afin de faire baisser le niveau total des émissions. Dans les limites de ce plafond, les entreprises reçoivent ou achètent des quotas d'émission qu'elles peuvent échanger avec d'autres entreprises en fonction de leurs besoins. [...] À la fin de l'année, chaque société doit restituer un nombre suffisant de quotas pour couvrir toutes ses émissions, sous peine de s'exposer à des amendes ». La condition pour que le producteur d'électricité génère du profit est donc d'être rémunéré *a minima* à son coût marginal de production. Celui-ci diffère en fonction des différentes sources d'énergie utilisées pour produire de l'électricité.

À retenir

Le prix auquel s'échange l'électricité sur le marché de gros est ainsi déterminé à la fois par le coût marginal de production et par le niveau de demande qui varie à chaque instant. Sur cette courbe, les moyens de production d'électricité sont classés par ordre croissant en fonction de leur coût marginal : s'il est moins coûteux de produire à partir de la source X plutôt qu'à partir de la source Y, la capacité de production de la source X sera placée avant la capacité de production de la source Y dans l'ordre de préséance économique (l'ordre de préséance économique consiste à appeler au fur et à mesure les installations des productions d'électricité en fonction de leur coût marginal de production). Les moyens de production sont ainsi « empilés » pour atteindre le niveau de demande appelé sur le réseau électrique. Les centrales de base fournissent une grande quantité d'électricité et font généra-

4 *European Union Allowances* : certificat échangé sur les marchés européens permettant à un producteur d'électricité de compenser 1 tonne de CO_2 émise lors du fonctionnement de son actif de production d'électricité.

lement référence aux centrales nucléaires. Les centrales de semi-base, qui peuvent démarrer en quelques heures, fournissent une quantité moins importante d'électricité et l'on qualifie de centrales de pointe les centrales permettant de fournir de l'électricité très rapidement afin de répondre aux pics de consommation.

Figure 6-3

Principe de l'ordre de préséance économique

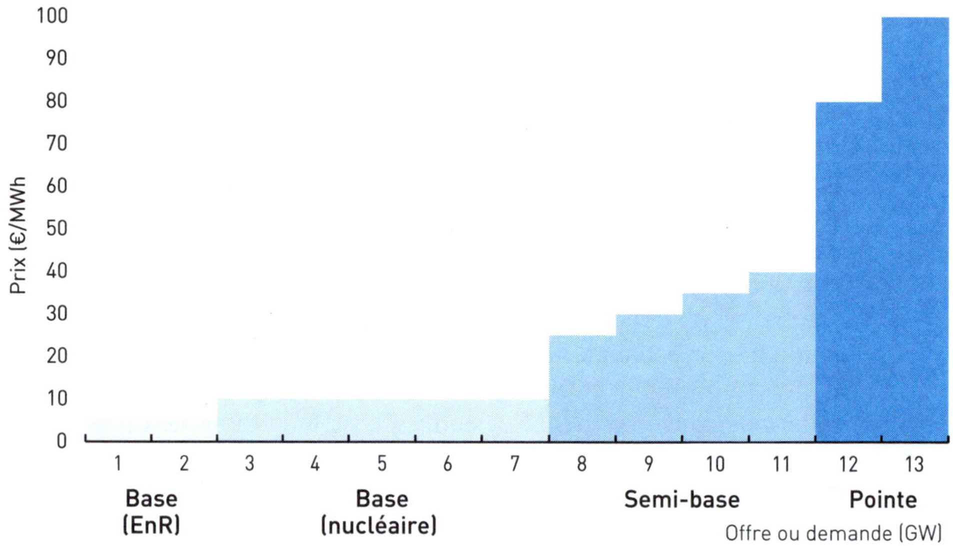

Données issues du ministère de la Transition écologique.

De plus en plus de centrales à faible coût marginal de production intègrent donc le mix de production, contribuant ainsi à la baisse des prix de l'électricité sur le marché de gros sur le long terme. En effet, le coût marginal de production de l'électricité issue de sources renouvelables étant inférieur à celui des autres sources d'origine thermique, les énergies renouvelables sont donc logiquement placées à gauche de la courbe de préséance.

En augmentant la part des énergies renouvelables dans le mix électrique, la production totale mobilisée pour satisfaire la demande d'électricité a donc un coût marginal plus faible. Ceci contribue ainsi à baisser le prix de l'électricité sur le marché de gros.

Le marché de détail de l'électricité

Le marché de détail, ou marché des particuliers, organise la rencontre entre l'offre d'électricité des fournisseurs d'énergie et la demande du consommateur final. Avec la libéralisation du marché de l'électricité, les consommateurs finaux sont libres de choisir leur fournisseur d'énergie (EDF, ENGIE, Total, Direct Énergie, Plüm Énergie...).

Ils peuvent opter pour :

- **Les offres à tarif réglementé** qui sont fixées par la Commission de régulation de l'énergie (CRE) après l'avis du gouvernement. Ces tarifs peuvent être appliqués uniquement par le fournisseur historique (EDF) et les entreprises locales de distribution (ELD).
- **Les offres de marché** qui sont fixées librement par les différents fournisseurs d'énergie. Néanmoins, la tendance de ces derniers est de s'aligner sur le tarif réglementé de vente sur lequel est appliquée une réduction.

Comment le prix de l'électricité sur le marché de détails se décompose-t-il ?

En France, la facture d'électricité des ménages se décompose en trois parties :

- **Les coûts de la fourniture :** ils représentent les frais dépensés par les fournisseurs auprès des producteurs, et s'approchent donc du prix de gros de l'électricité.
- **Les coûts liés à l'utilisation du réseau public d'électricité** : à savoir, à l'acheminement entre les différents lieux de production et le point de livraison. Cette composante est couverte par le tarif d'utilisation des réseaux publics d'électricité (TURPE), qui va permettre aux gestionnaires de réseaux de couvrir les charges engendrées par l'exploitation, le développement, mais aussi l'entretien de ses réseaux (coût des infrastructures). Son montant est proposé par les gestionnaires de réseaux et validé par la CRE. En France, on distingue deux gestionnaires de réseaux : celui du transport d'électricité est géré par RTE, tandis que les réseaux de distribution sont opérés par Enedis et des ELD.
- **Les coûts liés à la fiscalité :** ces coûts se décomposent en trois taxes spécifiques à l'électricité ainsi que la TVA :
  - La contribution tarifaire d'acheminement (CTA) : ce prélèvement a été mis en place en 2004 dans l'objectif de refinancer une partie des retraites du personnel des industries électriques et gazières ;
  - La contribution au service public de l'électricité (CSPE) : le prix de la contribution a été fixé à 22,5 €/MWh depuis janvier 2016. Cette taxe permet de prendre en charge divers coûts tels que les surcoûts liés aux obligations d'achat de l'électricité d'origine renouvelable ou à la péréquation tarifaire[5]. Elle est payée par tous les consommateurs finaux et recouvrée par les fournisseurs d'énergie qui en reversent le montant à l'État pour couvrir les dépenses susvisées ;

---

5 Ce principe garantit à des usagers du réseau au même profil de consommation d'électricité de bénéficier d'un tarif égal, malgré des coûts de production, de transport et de distribution de l'électricité différents selon la localisation géographique.

- **Les taxes sur la consommation finale d'électricité (TCFE) : cette taxe est payée par tous les consommateurs dont la puissance maximale souscrite est inférieure ou égale à 250 kVA. Elle est perçue par les collectivités territoriales aux échelons départemental et communal ;**
- **La taxe sur la valeur ajoutée (TVA).**

Ainsi, fin 2018, la facture d'électricité des ménages français se décomposait comme suit :

Figure 6-4
La facture d'électricité des ménages français

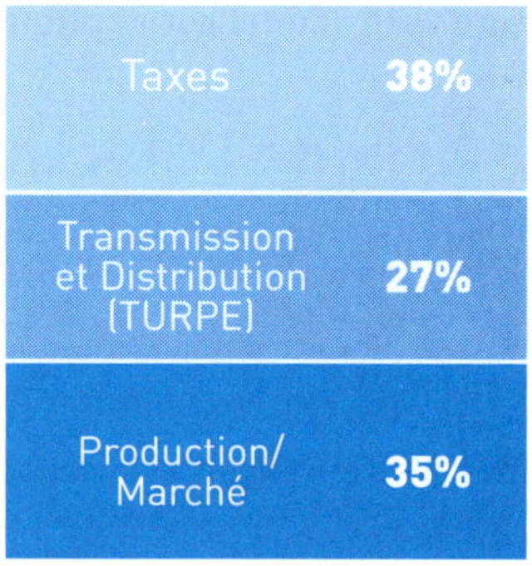

Données : Observatoire de l'Électricité.

De ce fait, les coûts de production de l'électricité représentent moins de 40 % de la facture payée par les consommateurs.

Des énergies de plus en plus compétitives

D'après l'Ademe, au cours des dernières années, les coûts de production des énergies renouvelables ont connu une forte baisse, portés par celle des coûts du solaire photovoltaïque au sol (45-81 €/MWh en 2019) et de l'éolien terrestre (50-71 €/MWh en 2019). Ces filières deviennent ainsi compétitives avec une centrale à gaz à cycle combiné (50-66 €/MWh). Grâce aux progrès technologiques et aux économies d'échelle, l'Ademe estime qu'à l'horizon 2050, les coûts de production des installations d'énergies renouvelables seront compris entre 24 et 25 €/MWh[1].

1 https://www.ademe.fr/sites/default/files/assets/documents/couts-energies-renouvelables-et-recuperation-donnees-2019-010895.pdf

Figure 6-5

Comparaison entre le coût de production complet de l'électricité renouvelable et celui des centrales à gaz

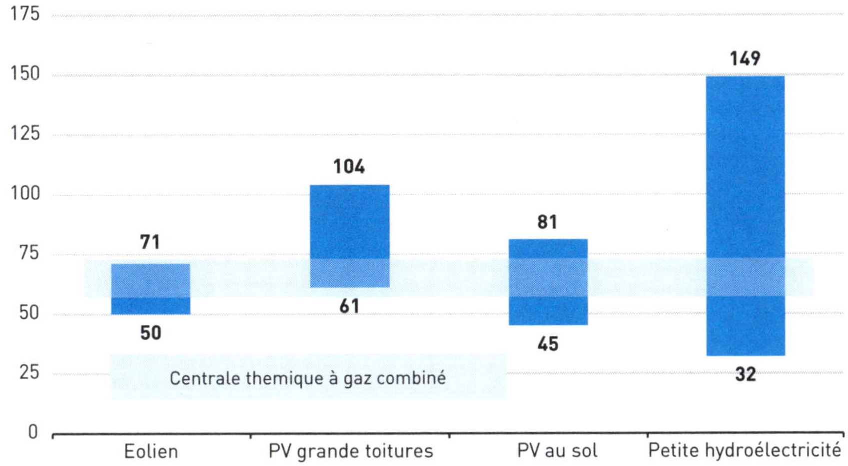

Données issues de l'Ademe.

Quel est l'impact de la baisse des coûts de production des énergies renouvelables sur la facture d'électricité ?

Depuis 2000, le développement des énergies renouvelables bénéficie d'un soutien via des obligations d'achat d'électricité à un tarif plus élevé que le prix de marché. Ce surcoût pour l'acheteur obligé et fournisseur historique (EDF) est notamment couvert par la part de la CSPE (Contribution au service public de l'électricité) dont une partie est consacrée à l'aide au développement des énergies renouvelables.

À partir de 2016, une nouvelle forme de soutien aux projets de production d'électricité d'origine renouvelable apparaît. L'électricité produite doit être vendue sur le marché de gros, et bénéficie d'un complément de rémunération égal à la différence entre un tarif assurant la rentabilité de l'installation et le prix de l'électricité sur le marché de gros. L'existence d'un tel complément s'explique par un coût de production de plus en plus faible des énergies renouvelables. Ce complément de rémunération remplace les tarifs d'obligation d'achat et est moins coûteux pour les pouvoirs publics.

Ainsi, la baisse récente et continue des coûts de production des énergies renouvelables devrait impliquer à long terme une baisse de ces subventions, et donc une baisse de la part de la CSPE réservée au soutien au développement des énergies renouvelables et, *de facto*, une baisse de la facture d'électricité.

Pour le moment, le montant de la CSPE reste élevé par rapport au montant de la facture globale d'électricité. Entre 2010 et 2016, il a augmenté régulièrement, passant de 4,5 €/MWh à 22,5 €/MWh. Il n'a toutefois pas augmenté depuis, les soutiens publics étant désormais complétés par le budget de l'État.

Figure 6-6
Évolution des charges de service public de l'énergie

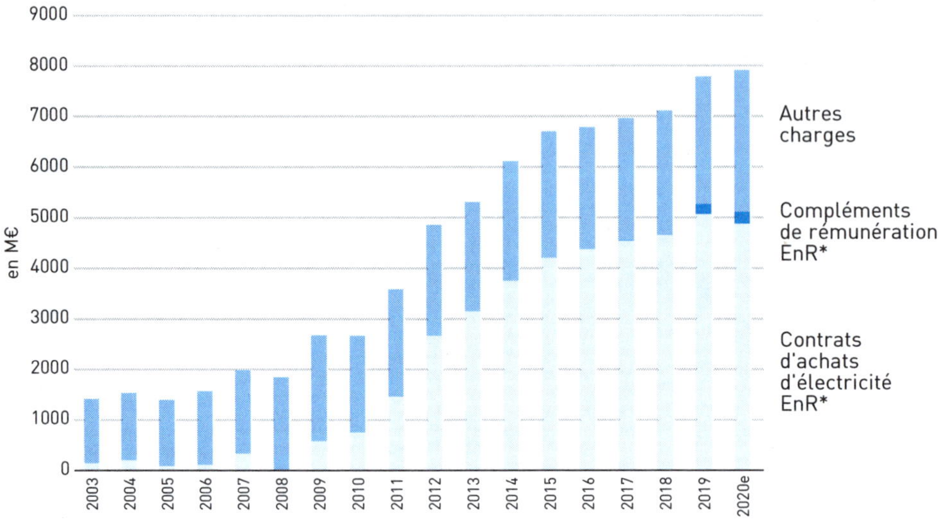

** EnR : énergies renouvelables*
Graphique réalisé à partir des données de la Comission Régulation de l'énergie

Il est important de souligner que, si l'enveloppe globale consacrée au soutien des énergies renouvelables électriques a augmenté depuis 2003, les prévisions tablent sur une baisse pour l'année 2020, en raison de la fin des premiers contrats d'achat d'électricité et de l'augmentation de la compétitivité des énergies renouvelables.

Partie 3

Panorama des différentes technologies

Dans cette partie...

Il existe plusieurs filières d'énergies renouvelables qui fournissent chaleur et/ou électricité : le solaire thermique et photovoltaïque, l'éolien, l'hydraulique, la géothermie et la biomasse. Pas toujours facile de s'y retrouver. Chapitre par chapitre, cette partie brosse le « portrait » de chacune d'elles, leurs atouts, leurs inconvénients et comment les stocker.

DANS CE CHAPITRE

Chapitre 7
Le solaire

Le Soleil est notre grand – et presque unique – pourvoyeur d'énergie sur Terre. Il nous chauffe et nous éclaire. Il crée les vents et les courants marins.

Toutes les 50 minutes, l'énergie solaire fournit de quoi répondre à la consommation annuelle des habitants de la planète. En une année, l'humanité entière consomme 10 milliards de tonnes équivalent pétrole (TEP). Cette quantité représente moins de 3 % de ce que le Soleil nous envoie gratuitement chaque jour.

Cette énergie est économique, facilement disponible, renouvelable et aisément transformable, et ce, tant que le Soleil brillera, soit encore 4,5 milliards d'années.

Comment capter cette énergie ?

Deux grandes technologies ont été développées pour transformer l'énergie solaire :

» **Le solaire photovoltaïque,** qui transforme le rayonnement solaire en électricité.

» **Le solaire thermique,** consistant à produire de la chaleur ou de l'eau chaude à partir de capteurs solaires.

Les centrales solaires peuvent prendre la forme d'installation grande puissance, dont la production d'énergie est généralement intégrée dans le réseau, ou d'installations du plus petites tailles destinées aux particuliers, entreprises et collectivités.

Le solaire passif

Il s'agit d'utiliser le Soleil pour réchauffer les habitations. Les pièces orientées au sud sont conçues avec de grandes baies vitrées qui laissent entrer le rayonnement solaire. Ce chauffage appelé passif est utilisé dans les bâtiments bioclimatiques aux parois bien isolées.

Faites l'essai en vous plaçant derrière une vitre qui reçoit bien les rayons du Soleil. Rapidement, vous ressentirez une chaleur très agréable.

Le solaire thermique

En 2019, les trois sources d'énergies renouvelables prépondérantes dans le monde sont l'énergie éolienne, le solaire photovoltaïque et le solaire thermique.

Comment ça fonctionne ?

Les panneaux solaires thermiques permettent de produire de l'eau chaude grâce à la conversion du rayonnement global (direct et diffus) du Soleil.

Un peu de technique

Le principe utilisé est celui du tuyau d'arrosage qui est resté au soleil, combiné à l'effet de serre ; ou encore, du corps noir qui s'échauffe au soleil. Par exemple, si vous êtes dans votre voiture en plein soleil toutes vitres fermées, l'air intérieur se réchauffera rapidement. Les longueurs d'ondes émises par le corps noir constitué de vos sièges qui absorbent le rayonnement solaire sont piégées et ne peuvent plus retraverser la vitre. Le phénomène a tendance à s'emballer jusqu'à trouver un équilibre où les pertes thermiques égalent les apports thermiques. C'est ce principe qui est développé et perfectionné pour les chauffe-eau solaires.

Le chauffe-eau solaire

Dans le cas du chauffe-eau solaire, un panneau solaire thermique dans lequel circule un liquide caloporteur capte le rayonnement solaire. Le liquide chauffé transite ensuite vers le chauffe-eau qu'il traverse : il diffuse sa chaleur dans ce ballon grâce à un échangeur thermique. L'eau contenue dans le ballon se réchauffe, et le liquide calorifère se refroidit. Le liquide repart ensuite vers le panneau solaire pour se recharger en chaleur et reprendre le même circuit.

Les chauffe-eau solaires individuels (CESI)

Les chauffe-eau solaires individuels, ou CESI, permettent de répondre aux besoins d'un foyer de 3 ou 4 personnes de 60 à 80 %. Ils doivent être complétés par un autre système pour les jours où l'ensoleillement est minime. Les CESI sont efficaces aussi bien au Sud qu'au Nord de la France, l'efficacité dépendant essentiellement de l'angle d'orientation des panneaux solaires. Ce sont des équipements fiables et robustes qui ont fait leurs preuves et ne cessent de s'améliorer.

L'installation d'un chauffe-eau électrique individuel est éligible à un crédit d'impôt pour la transition énergétique (CITE) de 30 %.

Les chauffe-eau solaires collectifs (CESC)

Ils comportent un ou plusieurs ballons collectifs de stockage de l'énergie solaire. Dans ce cas, il sera nécessaire d'installer un système de comptage pour permettre l'individualisation des charges le cas échéant.

Il est possible également d'ajouter un appoint à accumulation ou semi-instantané dans chaque logement. Dans ce cas, l'individualisation des charges est réalisable par compteurs d'eau individuels.

Les chauffe-eau solaires collectifs individualisés (CESCI)

Le chauffe-eau solaire collectif individualisé (CESCI) présente une production centralisée et un stockage solaire décentralisé dans chaque logement. L'énergie solaire est distribuée dans les logements, avec un stockage où l'appoint assure le complément à la préparation d'eau chaude sanitaire. L'appoint est électrique et commandé par un bouton poussoir situé dans le logement. L'habitant choisi d'actionner ou non cet appoint, ce qui lui permet de décider s'il souhaite fonctionner uniquement à l'énergie solaire ou utiliser le complément électrique.

La production de chauffage et d'eau chaude sanitaire

Outre la production d'eau chaude sanitaire, l'énergie solaire peut aussi couvrir une partie des besoins de chauffage des bâtiments. On parle alors de systèmes solaires combinés (SSC). Les installations sont plus importantes que pour les CESI : la surface des capteurs est entre 8 et 12 m^2 (pouvant aller jusqu'à 15 m^2 pour les maisons non isolées) ; un système solaire combiné peut couvrir entre 10 % et 50 % des besoins de chauffage.

Le décalage entre besoins et consommation est plus important qu'avec des chauffe-eau solaires (la durée d'ensoleillement est plus longue en été, les besoins en chauffage sont en hiver…). De ce fait, le stockage sera plus important (et, par voie de conséquence, les besoins de refroidissement du système en période estivale sont également plus importants).

Le plancher solaire

Un peu de technique

Le plancher solaire est une déclinaison des technologies SSC. Il utilise le même principe d'extraction de l'énergie thermique que le chauffe-eau. Le fluide caloporteur chauffé à 25-30 °C est ici directement injecté dans un réseau de tubes installés dans le sol des bâtiments. Cette technique éprouvée permet de couvrir jusqu'à la moitié des besoins en énergie de chauffage d'un foyer.

Pour fournir un chauffage relativement constant tout au long de la journée malgré l'intermittence du rayonnement solaire, la dalle de béton assure le stockage de l'énergie et permet une diffusion de la chaleur au cours de la nuit. Les autres systèmes solaires combinés font intervenir un ballon de stockage et des émetteurs basse température.

Le rafraîchissement solaire

Un peu de technique

Une installation de rafraîchissement solaire permet de produire du froid à partir de chaleur issue des capteurs solaires haute température (> 90°C), le plus souvent à tubes sous vide ou capteurs plans double vitrage en zone suffisamment ensoleillée, par le biais d'une machine à absorption ou à adsorption.

Par rapport aux systèmes de climatisation classiques, le rafraîchissement solaire possède plusieurs avantages :

- **il permet une meilleure gestion de l'énergie, avec une réduction des pointes de consommation sur le réseau électrique et une économie d'énergie primaire ;**
- **il présente moins d'impact sur l'environnement qu'un climatiseur classique, réduisant les émissions de CO_2, l'emploi des fluides frigorigènes ; il est aussi moins bruyant ;**
- **il permet une réduction des coûts, avec une durée de vie importante et une faible maintenance des équipements.**

Le solaire thermodynamique

Le solaire thermodynamique désigne l'ensemble des techniques visant à transformer l'énergie du rayonnement solaire en chaleur pour la convertir en énergie électrique, au moyen d'un cycle thermodynamique moteur couplé à une génératrice électrique (une turbine et un générateur, par exemple).

Un peu de technique

Il consiste à concentrer le rayonnement solaire (on parle d'énergie solaire concentrée – ESC) à l'aide de collecteurs réfléchissant les rayons du soleil pour chauffer un fluide caloporteur (gaz, huiles, sels fondus...) à haute température (> 110 °C) sous forme de vapeur. Pour ce faire, les miroirs réfléchissants doivent suivre le mouvement du soleil afin de capter et de concentrer les rayonnements tout au long du cycle solaire quotidien. La vapeur produite fait tourner une turbine (énergie mécanique) qui produit de l'électricité.

La collecte du rayonnement solaire est assurée dans de grandes centrales composées de miroirs plans ou paraboliques, disposés sur de vastes espaces.

Le solaire thermodynamique se prête bien au stockage d'énergie grâce à un système thermique tampon, moins onéreux que des batteries, qui permet à la centrale de produire pendant les périodes où l'ensoleillement est faible ou nul. Son rendement moyen de production d'électricité, qui varie fortement selon la température, est de l'ordre de 8 à 10 % pour les plus basses températures et peut dépasser 30 % pour les plus hautes. Concrètement, plus le rayonnement solaire est élevé, plus la température générée sera élevée et plus il sera efficace de produire de l'énergie.

La production électrique solaire thermodynamique est particulièrement adaptée aux régions à fort ensoleillement.

Figure 7-1
Le solaire thermodynamique

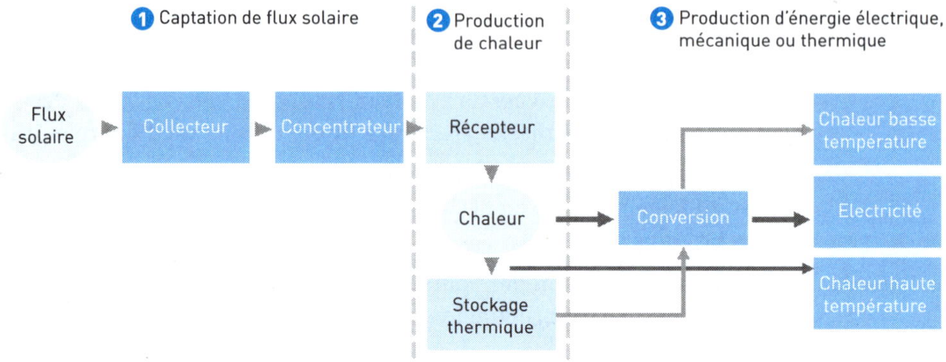

Les différents types de centrales

Il existe quatre grands types de centrales solaires thermodynamiques.

Centrales à miroirs cylindro-paraboliques

Installées essentiellement dans des zones désertiques, ces centrales sont aujourd'hui les plus répandues dans le monde.

Un peu de technique

Les réflecteurs cylindro-paraboliques, la technologie la plus éprouvée, suivent la course solaire selon un seul axe et concentrent le flux solaire sur des tubes récepteurs horizontaux liés aux réflecteurs. Le fluide caloporteur circule dans ces tubes. Les centrales de ce type comportent des rangées parallèles de longs miroirs.

Andasol, une des plus puissantes centrales thermodynamiques d'Europe, est située en Espagne (elle produit 150 MW) ; aux États-Unis, Nevada Solar One produit 64 MW.

Centrales solaires à miroirs de Fresnel (linéaires)

Relativement peu utilisées, ces centrales ont l'avantage d'être moins onéreuses que celles à miroirs incurvés.

Un peu de technique

Les réflecteurs linéaires de Fresnel utilisent des miroirs plans pour concentrer le flux solaire sur un tube, récepteur fixe. La forme parabolique du collecteur est reproduite par cette succession de miroirs plans, moins coûteux que les miroirs paraboliques. Chaque miroir peut pivoter pour suivre la course du soleil.

Exemples : Puerto Errado en Espagne (31,4 MW), Kimberlina en Californie (5 MW). En 2020, la centrale Llo dite eLLO, en Cerdagne, devrait se positionner comme la première centrale thermodynamique de France, avec 9 MW, et assurer la consommation en électricité de plus de 6 000 ménages.

Centrales à tour (par foyer)

Un peu de technique

Les héliostats, des réflecteurs dotés d'un système de suivi du soleil sur deux axes, concentrent le flux solaire sur un récepteur au sommet d'une tour fixe.

Centrales à miroir parabolique Dish-Stirling

Un peu de technique

Les disques (ou coupoles) paraboliques suivent la course solaire selon deux axes et concentrent le flux solaire en leur point focal. Chaque coupole fonctionne de façon autonome et s'oriente automatiquement. Au point focal, une enceinte fermée contient un gaz qui entraîne un moteur Stirling, technologie capable de convertir cette énergie solaire thermique en électricité.

À retenir

L'électricité produite grâce à l'énergie solaire thermodynamique devrait être compétitive économiquement face aux énergies fossiles dans une dizaine d'années. La durée de vie d'une installation est estimée entre 25 et 40 ans.

Faisant l'objet d'une bonne dynamique de développement au niveau mondial dans les années 2010, les technologies solaires thermodynamiques souffrent d'une concurrence forte avec le photovoltaïque, dont les coûts ont baissé beaucoup plus vite.

Le solaire photovoltaïque

Pour transformer l'énergie solaire en électricité, on utilise des modules photovoltaïques qui sont constitués d'un matériau semi-conducteur : dans la plupart des cas, il s'agit de cellules photovoltaïques en silicium.

Ce matériau semi-conducteur possède la propriété de générer de l'électricité quand il reçoit la lumière du soleil : c'est l'effet photovoltaïque.

Un peu d'histoire

L'effet photovoltaïque est découvert en 1839 par le physicien français Alexandre Edmond Becquerel, qui remarqua que certains matériaux généraient une certaine quantité d'électricité lorsqu'ils étaient exposés à la lumière. Il est mis en œuvre notamment dans les cellules photovoltaïques qui utilisent l'énergie des photons pour libérer les électrons du noyau de leur atome et créer une différence de potentiel entre les bornes de la cellule qui génère un courant électrique continu. La première installation photovoltaïque en toiture fut réalisée à partir de cellules de sélénium par l'inventeur Charles Fritts, en 1884, sur les toits de New York.

En 1905, Albert Einstein se penche à son tour sur le potentiel de production d'électricité à partir de la lumière du soleil. Mais c'est seulement à partir de la deuxième moitié du XXe siècle que l'on développe réellement les cellules photovoltaïques en silicium.

En 1954, les laboratoires Bell présentent la première cellule photovoltaïque en silicium qui alimente des appareils électriques domestiques. Cette « batterie solaire » reste un effet d'annonce, car elle est trop coûteuse à produire pour se diffuser à grande échelle.

Les premières applications ont lieu dès 1958 avec l'équipement de satellites spatiaux. Vanguard I est le premier satellite alimenté en énergie par des panneaux photovoltaïques. Embarqués à bord des lanceurs puis déployés en orbite autour de la Terre, ils démontrent leur robustesse et leur fiabilité.

À partir des années 1970, ils se développent sur des applications terrestres et maritimes. Ils permettent de fournir de l'énergie à des sites isolés non desservis par un réseau électrique, comme les balises en mer, les relais de télécommunication en plein désert, les refuges de montagne, les cabines téléphoniques... Les panneaux photovoltaïques sont utilisés dans les conditions les plus extrêmes. En mer, ils sont exposés aux tempêtes et à la corrosion saline. Dans les déserts, ils subissent des températures extrêmes et des cycles thermiques très exigeants avec des nuits très froides suivies de fortes chaleurs le jour.

Sous l'effet de la diminution des coûts de production des cellules solaires et de la première crise pétrolière en 1973, l'énergie solaire connaît un nouvel élan. Quand le prix du pétrole augmente de façon spectaculaire, les panneaux solaires photovoltaïques sont utilisés pour la première fois dans les maisons, même si, pendant longtemps, ils sont considérés comme des sources d'énergie alternatives. Le premier bâtiment alimenté uniquement par l'énergie solaire voit le jour à Albuquerque au Nouveau-Mexique en 1974.

Avec le nouveau millénaire, l'énergie solaire est à nouveau en plein essor en raison de la pénurie des énergies fossiles, de la lutte contre le réchauffement de la planète et de la montée des prix de l'énergie.

La fabrication des cellules et modules photovoltaïques

Les cellules photovoltaïques sont fabriquées avec des matériaux semi-conducteurs principalement produits à partir de silicium. Elles sont de deux sortes : les cellules monocristallines et les cellules multicristallines.

Un peu de technique

On obtient le silicium par raffinage de la silice, opération qui consiste à séparer les atomes de silicium et d'oxygène dans un four, étape fortement consommatrice d'énergie et émettrice de gaz à effet de serre. Le silicium ainsi obtenu est liquide et qualifié de « métallurgique ». Il est ensuite purifié par des procédés chimiques pour fournir le silicium polycristallin.

L'étape suivante consiste à cristalliser le silicium afin d'obtenir des lingots solides. Lorsque le lingot est composé d'un seul cristal, on parle de silicium monocristallin, et lorsqu'il est composé de plusieurs cristaux de différentes tailles, on parle de silicium polycristallin ou multicristallin. D'une manière générale, les panneaux obtenus à partir de cellules monocristallines ont un meilleur rendement de conversion du rayonnement solaire en électricité.

Les lingots sont ensuite découpés en tranches, appelées « wafers », lesquelles reçoivent différents traitements pour en modifier les propriétés puis assemblées afin de former des cellules. Les cellules sont ensuite reliées les unes aux autres pour former un module. Les cellules sont protégées par différentes couches de matériaux, le plus souvent d'un verre transparent et, en face arrière, d'un film en matériau polymère.

Les modules photovoltaïques ont une durée de vie d'au moins 25 ans.

Figure 7-2 Phases de transformation du silicium

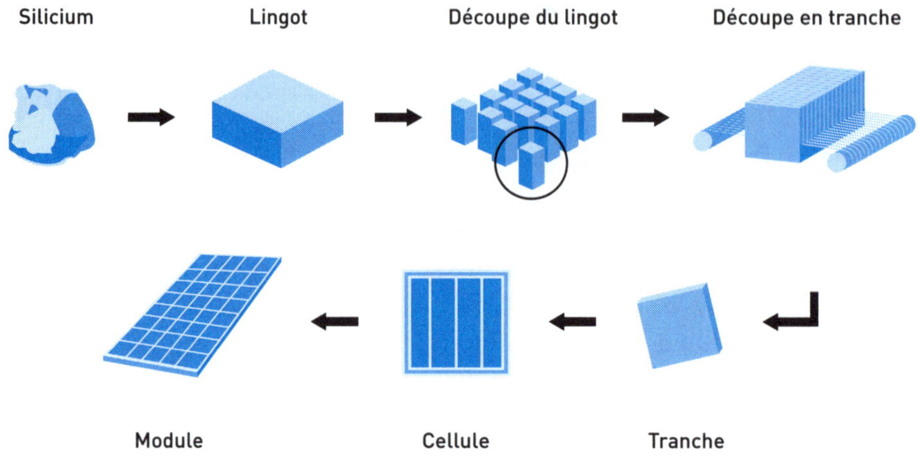

Les cellules monocristallines

Lorsque le silicium utilisé pour fabriquer des cellules est obtenu à partir d'un seul cristal, on parle de cellules monocristallines.

Les cellules multicristallines

Lorsque le silicium utilisé pour fabriquer des cellules est obtenu à partir de plusieurs cristaux, on parle de cellules multicristallines.

Polycristallin ou multicristallin ?

Attention, on utilise souvent abusivement le terme polycristallin pour parler des modules multicristallins. Or, le silicium polycristallin n'intervient qu'au début pour ensuite être transformé en silicium monocristallin ou multicristallin.

Les technologies à base de silicium constituent plus de 90 % du marché photovoltaïque mondial. Des avancées technologiques permettent aujourd'hui de développer d'autres filières, comme les couches minces ou le photovoltaïque organique, qui consomment moins de silicium.

Les technologies « couches minces »

Si les technologies cristallines à base de silicium (multicristallin et monocristallin) sont de loin les plus utilisées aujourd'hui, les technologies « couches minces » se développent de plus en plus sur le marché. Avec des cellules d'une épaisseur de l'ordre de quelques micromètres, ces technologies présentent un certain nombre d'avantages, dont des coûts de production moins élevés.

Plusieurs types de modules en couches minces sont actuellement disponibles dans le commerce : à partir de silicium amorphe hydrogéné (a-Si:H), de composés polycristallins de diséléniure de cuivre-indium/sulfure de cadmium (CIS/CdS et CIGS avec du gallium en plus), de composés polycristallins de tellurure de cadmium/sulfure de cadmium (CdTe/CdS), de matériaux tels que l'arséniure de gallium (GaAs) ou d'un absorbant fait de cuivre, de zinc, d'étain, de soufre et de sélénium (CZTS).

Ces technologies présentent quelques inconvénients :

» **rendement plus faible que la technologie silicium ;**

» **industrialisation moins avancée ;**

» **matières premières limitées et en concurrence avec d'autres usages ;**

» **toxicité des matériaux ;**

» **recyclage plus complexe.**

Le photovoltaïque organique

Depuis le début des années 1990 sont mises au point des cellules solaires organiques mettant en jeu des procédés chimiques sur le principe de la photosynthèse.

Les cellules photovoltaïques organiques peuvent être déposées sur des supports flexibles, ce qui ouvre de nombreuses possibilités sur des surfaces aussi variées que des toits d'automobiles, des chargeurs de téléphones portables, ou encore des bâtiments.

Avec des rendements de l'ordre de 3 à 5 %, le point faible des cellules organiques reste aujourd'hui encore leur durée de vie limitée. De nombreux instituts de recherche en Europe visent aujourd'hui à combiner les cellules organiques aux cellules en silicium afin de dépasser la limite théorique du rendement de ces dernières, qui est d'environ 30 %. Ces nouvelles cellules se nomment cellules tandem.

Les trackers

Les trackers solaires, ou suiveurs, permettent d'améliorer le rendement de production et la compétitivité du photovoltaïque. L'orientation des panneaux suit la course du soleil afin d'optimiser leur exposition. Selon que le tracker est mono-axial ou bi-axial, les panneaux pivotent sur un ou deux axes : d'est en ouest, et en hauteur.

Les trackers sont programmables, la trajectoire du soleil étant connue pour un lieu donné. Ils ont l'avantage de pouvoir être utilisés avec tout type de panneaux solaires. L'énergie nécessaire à leur fonctionnement est minime. La seule contrainte est leur entretien, qui doit être régulier.

La technologie hétérojonction (HJT)

Avec l'hétérojonction, on met en contact deux matériaux différents, le silicium monocristallin et le silicium amorphe - alors que l'homojonction repose sur un seul matériau, le silicium monocristallin.

L'hétérojonction favorise la circulation des électrons vers les zones de collecte. Le transport latéral des photons est assuré par l'oxyde transparent conducteur qui recouvre les couches. Les photons sont piégés par les pyramides micrométriques qui texturent les surfaces actives de la cellule. La surface texturée piège jusqu'à deux fois plus de photons qu'une surface non texturée.

Les cellules à HJT présentent de nombreux avantages. Elles sont des cellules bifaces : elles peuvent capter les rayons à l'arrière de la cellule. Elles sont plus résistantes à la dégradation induite par la montée en température. Enfin, leur empreinte carbone lors de leur construction et en fin de vie est moindre que celle des cellules à homojonction. Alors que les cellules photovoltaïques du marché ont un rendement de conversion de 19 à 20 %, la technologie hétérojonction permettra d'atteindre très prochainement 25 %, tel qu'estimé par les meilleurs laboratoires mondiaux. Ainsi, les centrales solaires produiront encore plus d'énergie pour un même espace occupé !

Les innovations pour limiter les conflits d'usage

L'intérêt du photovoltaïque est de pouvoir se déployer sur les bâtiments, ce qui permet de limiter les conflits d'usage et l'artificialisation des sols. Toutefois les centrales au sol sont plus compétitives.

Les centrales photovoltaïques au sol nécessitent une certaine surface (de 1 à 2 ha pour 1 MW), ce qui peut entraîner des conflits d'usage, notamment avec des terres agricoles ou forestières. Afin de prévenir ces conflits, le choix d'implantation d'une centrale doit se porter en priorité sur des surfaces dégradées et impropres à d'autres usages (friches industrielles, anciennes carrières, sites présentant une pollution antérieure, zones industrielles ou artisanales...). En particulier, il convient d'éviter les zones forestières et agricoles.

L'agrivoltaïsme

L'agrivoltaïsme permet de coupler une production photovoltaïque secondaire à une production agricole principale tout en assurant une synergie de fonctionnement entre ces deux activités (l'une apporte à l'autre et inversement). Il regroupe notamment les serres photovoltaïques et les ombrières photovoltaïques, fixes ou dynamiques (mobiles et pilotées), à condition de tenir compte des besoins des cultures sur les terrains concernés (pour la production végétale ou animale).

Important

La mise en place de modules photovoltaïques sur une serre ou sur un champ (par le biais d'ombrières photovoltaïques), même s'ils n'occupent pas complètement la surface considérée, génère une baisse de l'intensité lumineuse qui peut impacter les rendements de production. Si les modules ne sont pas mobiles et pilotables, il convient donc d'adapter la culture en sous-face en privilégiant notamment des cultures avec des besoins en lumière réduits. Si les modules photovoltaïques sont mobiles et pilotables, ils peuvent fournir une ombre salutaire pour les cultures lors de périodes de forte chaleur et de grand soleil, voire protéger les cultures lors d'épisodes climatiques particuliers, comme la grêle. Dans tous les cas, les cultures et les chemins techniques doivent être anticipés et étudiés avant la réalisation de l'installation photovoltaïque. Des travaux de recherche sont toujours en cours pour déterminer les meilleurs compromis pour parvenir à un co-bénéfice pour la production solaire et agricole.

L'agriculteur dispose, quant à lui, d'un outil performant puisque ses cultures sont soustraites aux aléas climatiques, et d'une opportunité de complément de revenu en fonction du modèle d'affaire qui est conclu avec le développeur du projet photovoltaïque (notamment grâce à la revente de l'électricité produite).

Le photovoltaïque flottant

Et pourquoi ne pas installer des panneaux photovoltaïques sur un plan d'eau inexploité ? L'idée peut sembler étonnante, mais elle est réaliste techniquement et offre de nouveaux potentiels de développement du fait de la diversité des plans d'eau disponibles : bassins d'irrigation ou industriels, lacs d'anciennes carrières ou de barrages, réservoirs d'eau ou bassins d'orage.

Les modules photovoltaïques sont généralement posés sur des flotteurs en plastique reliés entre eux pour former un « radeau », puis l'ensemble est raccordé au réseau électrique. Cette structure modulaire en plastique reste à la surface tout en suivant les ondulations et le marnage du plan d'eau.

L'avantage de cette application est que la zone d'implantation des modules n'est jamais à l'ombre et qu'elle dispose donc d'un ensoleillement maximal. De plus, la fraîcheur de l'eau permet d'éviter la surchauffe des capteurs photovoltaïques et d'en améliorer le rendement (gain énergétique de 2 à 3 % de production). Néanmoins, du fait de leur accès limité, ces installations doivent être bien dimensionnées et monitorées afin d'éviter les défauts de fonctionnement et les pertes de production, et pour permettre d'intervenir rapidement en cas de besoin.

Important

Les impacts environnementaux de ces structures ne sont pas encore suffisamment connus, il est donc préférable de les installer sur des bassins abritant peu de faune et de flore. Toutefois, il ressort de cela que ces structures limitent l'évaporation de l'eau et la prolifération des algues.

Quelque 60 parcs solaires flottants (de plus de 1 MW) étaient installés dans le monde début 2018. La capacité totale de ces parcs est encore très modeste, à savoir moins de 200 MW (soit l'équivalent d'un grand parc solaire au sol, de quoi alimenter en électricité environ 200 000 habitants). Cependant, elle a plus que doublé en un an.

Le Japon dispose du parc le plus important, avec près de 80 % des fermes solaires flottantes en service. Leur puissance se compte désormais en centaines de MWc (mégawatt crête), mais c'est en Chine que les plus grandes centrales se construisent.

Le site de Huainan, le plus grand parc solaire flottant au monde

Les 160 000 panneaux du site de Huainan, en Chine, ont été installés en 2017 sur un vaste plan d'eau qui recouvre une ancienne mine de charbon. Le parc, qui s'étend sur 800 000 m^2, soit 110 terrains de football, n'est pas en concurrence avec une activité agricole, industrielle ou touristique. Les eaux très minéralisées sont impropres à tout usage d'irrigation. Les panneaux sont fixés à quelques centimètres au-dessus de l'eau, sur des structures rectangulaires en plastique d'un mètre de long, qui s'accrochent les unes aux autres pour former un vaste tapis modulaire. L'ensemble est ancré au fond du plan d'eau pour ne pas dériver sous l'effet du vent.

En France, Akuo Energy a construit en 2019 une centrale flottante à Piolenc, dans le Vaucluse. O'MEGA 1 est la plus grande centrale solaire flottante d'Europe et la première en France. Équipé de panneaux solaires flottants, ce projet de 17 MWc (mégawatt-crête)permettra d'alimenter plus de 6 000 foyers en électricité et la valorisation d'un plan d'eau artificiel de 50 hectares sur 4 îlots.

L'intégration au bâti

Beaucoup pensent que les panneaux solaires photovoltaïques se superposent forcément au toit. Ce n'est pas toujours le cas. Dans le cas d'une « intégration au bâti », les panneaux solaires se substituent à l'enveloppe du bâtiment : aux tuiles, aux fenêtres...

La tuile solaire

Plutôt que de faire poser un panneau solaire standard par-dessus une couverture de toit, il est possible d'utiliser un panneau solaire intégré qui va venir remplacer l'élément de couverture (souvent la tuile) en devenant ainsi un élément multifonctionnel.

La tuile solaire permet en effet de produire de l'électricité sur une surface déjà existante et ne nécessite donc pas d'espace additionnel. De plus, une toiture solaire ne pose pas de problème d'étanchéité et, ainsi, protège durablement le bâtiment des intempéries. Enfin, l'intérêt de la tuile solaire est esthétique, les nuanciers de couleurs, notamment proposés par certains fabricants, permettant de s'adapter aux souhaits esthétiques et à la toiture de se fondre harmonieusement dans le paysage dans le respect des traditions architecturales locales.

La tuile solaire est une invention qui est encore récente et qui continue de se développer.

On distingue plusieurs tuiles solaires :

» **les tuiles dans lesquelles sont insérées des panneaux solaires. Elles peuvent être en en terre cuite, et la taille du panneau solaire, dans ce cas, est réduite, ou plus larges en ardoise avec des panneaux plus grands, et donc avec un meilleur rendement ;**

» **les tuiles solaires, qui imitent la terre cuite.**

À retenir

La pose de tuiles solaires doit être réalisée par un artisan couvreur (comme pour n'importe quelle couverture de toit « classique »).

Une tuile solaire produit généralement moins d'électricité qu'un module photovoltaïque standard (du fait de ses dimensions et de ses spécificités).

Elle est particulièrement adaptée aux bâtiments neufs puisqu'elle peut ainsi être utilisée dès la conception de la toiture et ainsi permettre une diminution des coûts globaux (produit multifonctionnel avec production d'énergie). En rénovation, elle nécessite de retirer le revêtement de toiture actuel, voire de renforcer la structure d'accueil, ce qui peut entraîner des frais plus élevés.

Des vitres photovoltaïques

Voilà déjà quelques années que le prototype de vitres photovoltaïques est sorti, et des bâtiments sont désormais équipés de ce type de matériau qui a l'avantage d'être transparent. De tels produits sont ainsi des solutions de choix pour obtenir des bâtiments à énergie positive. Côté rendement, la puissance de cette vitre innovante varie entre 10 et 90 Wc/m^2 contre 200 Wc/m^2 pour le panneau photovoltaïque. Les vitres servent généralement à compléter l'installation de panneaux photovoltaïques, notamment dans des zones urbaines où la surface de toit est limitée.

Les possibilités d'usage du vitrage solaire photovoltaïque sont nombreuses et font rêver les utilisateurs. Par exemple, un smartphone avec une autonomie grandement améliorée grâce à son écran qui produit de l'électricité dès qu'il est exposé à la lumière. Ou bien des véhicules électriques qui fournissent eux-mêmes une partie du courant par leurs vitres, etc.

En outre, chez le particulier, tout ce qui est vitré ou possiblement vitré peut devenir une petite centrale électrique !

Le panneau solaire souple

Les panneaux souples ont la particularité d'être de petits panneaux de faible puissance (entre 20 W et 200 W pour la plupart des modèles).

Leur atout majeur est leur flexibilité. Les panneaux souples sont toujours utilisés en autoconsommation, car leur production est limitée. Ils sont parfaitement adaptés aux applications nomades nécessitant une petite autonomie (petits appareils électriques mobiles consommant peu d'électricité) ou plus simplement pour recharger les batteries d'appareils électriques (smartphone, tablette...). Ils sont également utilisés sur des surfaces non planes comme le toit des camping-cars, caravanes ou bateaux.

À retenir

Les technologies solaires, on le voit, sont en progrès constant. Avec des équipements de plus en plus fiables et faciles à installer, des dimensions modulables, un fonctionnement sans intervention ou presque, la production d'énergie est de plus en plus simple à mettre en œuvre. Nombre d'entreprises françaises notamment font travailler leur département Recherche et développement sur des innovations en la matière. Décentralisée, accessible et modulable, l'énergie solaire est adaptée tant aux particuliers qu'aux industries et aux services. Elle est très appréciée des développeurs, pour toutes ces raisons, mais aussi parce qu'elle est l'énergie la plus disponible et la plus fiable : sur une année, la variation de production est connue, et donc la volatilité des revenus liés à cette production peut être anticipée.

L'énergie solaire est celle qui monte le plus en puissance dans le monde entier.

DANS CE CHAPITRE

Chapitre 8
L'éolien

L'éolien en France

En chiffres

En France, au 31 mai 2020, l'éolien représente :

- 5,8 % de la production d'électricité (puissance éolienne totale raccordée : 17 300 MW, équivalent de la consommation électrique de plus de 6,2 millions de foyers) ;
- la deuxième source d'électricité renouvelable la plus utilisée (25,6 %) après l'hydraulique.

Ses avantages :

- limite les émissions de gaz à effet de serre ;
- sécurise la production d'électricité et la diversification du mix électrique ;
- diminue la dépendance énergétique ;
- stabilise les prix et atteint même des coûts compétitifs ;
- participe au développement local et territorial puisque la production est décentralisée (l'éolien représente en France 1 000 entreprises et 18 000 emplois) et permet un financement participatif et citoyen, opportunité à part entière.

Ses défis :

- » gérer la variabilité de la production ;
- » se concerter en amont des projets avec les parties prenantes pour une acceptation maximale ;
- » simplifier les démarches administratives et réduire les délais de délivrance d'autorisation tout en exigeant un standard de développement propre à la filière.

La petite histoire

Les premières éoliennes réservées à la production d'électricité datent de la fin du XIXe siècle aux États-Unis. En 1888, l'inventeur Charles Brush parvient à alimenter sa maison avec un moulin en bois de 18 mètres de haut (puissance 12 kW).

En 1891, s'inspirant de Brush, le Danois Poul La Cour construit un prototype, la première éolienne dite industrielle. Et dès 1918, 3 % de l'énergie produite au Danemark provient déjà de l'éolien.

Comment produit-on de l'électricité avec le vent ?

Le vent (énergie cinétique) :

- » met en mouvement un rotor. La vitesse de rotation du rotor peut être accélérée par un multiplicateur ou pas selon les technologies ;
- » l'énergie mécanique est transmise au générateur qui la transforme en énergie électrique. La tension du courant électrique est élevée grâce à un transformateur ;
- » l'électricité est injectée dans le réseau électrique.

Exactement comme une dynamo de vélo, mais c'est le vent qui pédale.

Figure 8-1 Découpe d'une éolienne

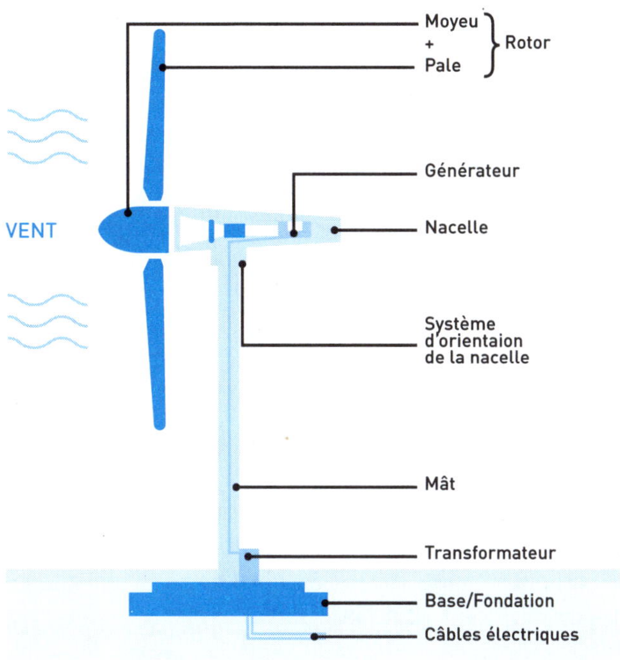

Un parc éolien est composé de plusieurs éoliennes espacées d'une distance minimum et reliées par un réseau souterrain ou sous-marin (pour l'éolien *offshore*).

Le facteur de charge

À retenir

Les éoliennes fournissent de l'énergie selon la vitesse du vent, mais elles produisent de l'électricité plus de 90 % du temps (entre 75 et 95 % selon l'Ademe).

Pour définir la notion de productibilité, on utilise un indicateur appelé facteur de charge qui correspond au rapport entre l'énergie effectivement produite sur une période par une éolienne et l'énergie qu'elle aurait pu produire à sa puissance nominale ou maximale sur cette même période.

En chiffres

Par exemple, si une éolienne a une puissance nominale de 1,5 MW, sa production maximale sur une année s'élève à 1,5 × 8760 heures = 13140 MWh (mégawattheure). Si la production effective sur l'année ressort à 2900 MWh, alors le facteur de charge est de 2900/13140 = 22,1 %.

$$\text{Facteur de charge} = \frac{\text{énergie produite sur durée n}}{\text{énergie maximale pouvant être produite sur durée n}}$$

Les contraintes d'un site d'implantation d'éoliennes

Afin de délimiter la zone d'implantation d'un parc éolien, il faut auparavant réaliser une étude d'impact qui identifie notamment les servitudes du site (en plus de l'impact environnemental). Sont ainsi à prendre en compte les zones de vol à basse altitude sur lesquelles un développement éolien peut être problématique ; l'éloignement des habitations (à 500 m minimum) ; les enjeux de biodiversité, notamment les zones Natura 2000, ou les effets d'autres aspects tels que la loi Littoral ou la loi Montagne.

Les éoliennes terrestres

La majorité des éoliennes en France sont du type tripale à axe horizontal, d'une puissance moyenne de 2 à 4 MW. On note qu'une éolienne de 2 MW environ permet d'alimenter 1000 foyers en électricité (avec une consommation moyenne d'un foyer estimée à 4200 kWh/an).

Il existe d'autres technologies : les turbines se répartissent en deux catégories en fonction du type de génératrice électrique : génératrice asynchrone ou synchrone.

Les turbines asynchrones

Elles représentent aujourd'hui 75 % du marché.

Qui dit asynchrone dit un entraînement multiplié (multiplicateur de vitesse et de l'arbre, impliquant que la génératrice tourne plus vite).

Figure 8-2
Système éolien basé sur une machine à cage à vitesse fixe

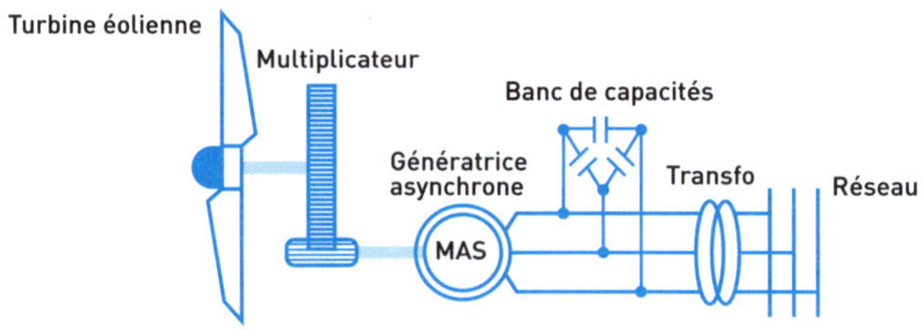

Les turbines synchrones

Cette technologie est moins utilisée.

Un peu de technique

Elle implique un entraînement mécanique direct entre le moyeu de l'éolienne et la génératrice qui fonctionne avec des aimants, mais pas nécessairement des aimants permanents. On peut aussi créer un champ magnétique ou aimant fictif par des bobines de fil dans lesquelles on fait passer un courant. Les technologies à aimant permanent ne représentent que 3 % du parc éolien installé français.

Son avantage : elle requiert moins de pièces en rotation et donc moins de maintenance.

Éoliennes bipales ou multipales ?

Les bipales conviennent aux puissances plus réduites, néanmoins les éoliennes tripales sont les plus utilisées pour une production industrielle.

Le compromis entre rendement et contrainte de fonctionnement vs. coûts de fabrication plaide en faveur de l'utilisation majoritaire de tripales.

Des turbines de plus en plus grandes et puissantes

La hauteur et le diamètre des éoliennes n'ont cessé d'augmenter au fil des années. De moins de 100 mètres de hauteur avant 2000, certaines éoliennes atteignent désormais 200 mètres, et les prévisions à moyen terme indiquent des tailles allant jusqu'à 300 mètres.

D'autres évolutions technologiques ont permis de faire passer la capacité des éoliennes de moins de 2 MW avant 2000 à désormais près de 10 MW pour l'éolien en mer, notamment.

Le *repowering*

Le *repowering* est le renouvellement d'un parc éolien existant afin de remplacer l'ensemble des éoliennes par d'autres, de technologie plus récente et souvent plus puissantes, voire plus grandes. En effet, la durée de vie moyenne d'une éolienne est de 25 ans.

Les avantages de cette technique :

- » **Concernant le site, les études ont déjà été réalisées – même s'il reste à conduire des études d'impact comparatives, si le renouvellement ne se fait pas à l'identique –, les infrastructures sont présentes et l'on a une meilleure connaissance du site (vent, biodiversité, etc.) ;**
- » **L'acceptabilité par les riverains est plus facilement acquise, si le retour d'expérience est positif, en raison de la présence passée du site ;**
- » **Les emplois locaux sont préservés ;**
- » **L'emprise spatiale et visuelle pourra être réduite : par exemple, un parc avec 10 éoliennes de 2 MW pourra être remplacé par 5 éoliennes de 4 MW ou bien doté d'une puissance plus importante en fonction de l'acceptabilité locale du parc.**

Recyclage en fin de vie

La loi impose à l'exploitant d'un parc éolien le démontage des éoliennes et la remise en état du terrain sur lequel elles ont été implantées, à la fin de leur exploitation. Les éoliennes sont démantelées et les matériaux (acier, béton, cuivre et aluminium) sont recyclés. Les pales d'éoliennes, constituées de composite (mélange d'une résine et de fibres de verre ou carbone), représentent 3 % environ du poids total de l'éolienne. La résine utilisée, appelée thermodurcissable, dispose de propriétés mécaniques intéressantes, mais ne peut pas être refondue ou réutilisée (contrairement aux résines thermoplastiques) : des recherches sont en cours pour employer les thermoplastiques au lieu des thermodurcissables dans la conception des pales d'éoliennes.

Aujourd'hui, elles sont majoritairement valorisées en cimenterie (valorisation énergétique et recyclage des résidus).

La question est la même pour les aimants permanents qui sont composés de terres rares : ils représentent moins de 0,001 % de l'éolienne, mais sont polluants.

On note que plus de 96 % de la masse des éoliennes sont recyclables, y compris les fondations.

Un secteur particulièrement innovant

Les solutions décrites précédemment représentent la majeure partie du marché et de la production industrielle aujourd'hui. Néanmoins, il existe d'autres types d'innovations dans l'éolien, encore sous forme de recherche et développement, de prototypes ou d'installations urbaines...

Les éoliennes à axes verticaux

Les éoliennes verticales présentent de nombreux intérêts, que ce soit en matière de captation du vent ou d'encombrement.

Type Savonius

Ces demi-cylindres reliés à un axe vertical fonctionnent selon le même principe que les moulins à vent, en utilisant la traînée du vent. Ils exploitent une vitesse de vent plus faible, mais ont aussi un rendement plus faible que les éoliennes à axe horizontal. Ils ont été conçus pour être intégrés en milieu urbain.

Ces éoliennes ne sont pas encore en production industrielle en raison notamment d'un coût de production électrique assez élevé.

Figure 8-3 Éolienne de type Savonius

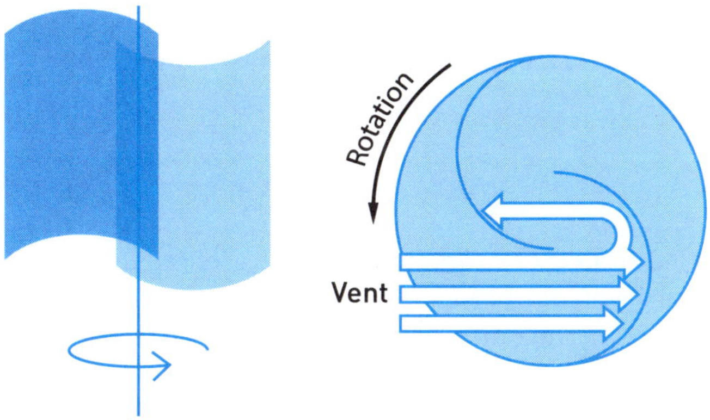

Type Darrieus

Ces éoliennes à pales verticales paraboliques ou hélicoïdales utilisent la force de portance du vent, comme des éoliennes classiques, mais elles bénéficient d'un encombrement plus faible.

Figure 8-4
Éolienne de type Darrieus

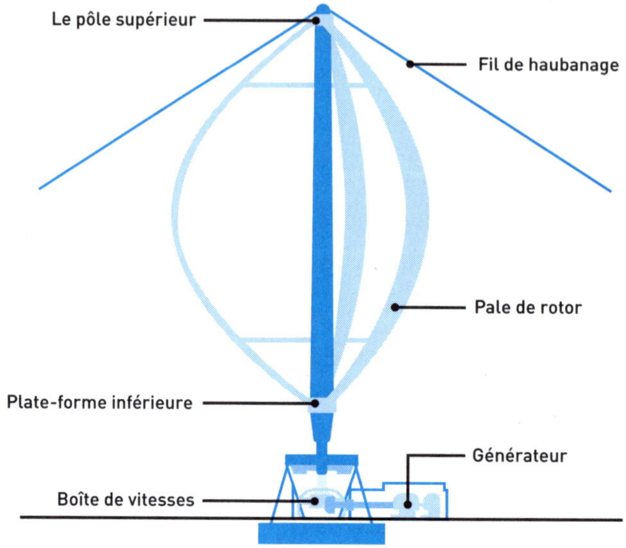

À retenir

Le développement d'éoliennes à axe vertical pour des applications terrestres ne constitue aujourd'hui plus un réel moteur d'innovation. Peu d'entreprises investiguent sur le sujet, à part pour des éoliennes en mer supportées par des fondations flottantes.

Les éoliennes sans mât, ça existe : les *wind kite* !

Éoliennes du futur ? Ces turbines flottantes fonctionnent de la même manière qu'un kitesurf, volant à plusieurs centaines de mètres. Une voile dans les airs, non reliée à un mât, permet de produire de l'électricité (microproduction).

Leurs avantages : elles ne mobilisent pas de surface au sol, produisent moins de nuisances, étant plus hautes que des éoliennes, elles ont plus de vent régulier et nécessitent moins de matériaux pour la construction.

À l'heure actuelle, elles sont encore en phase de Recherche et développement et de prototype.

Les éoliennes en mer, dites *offshore*

Ce type de technologie se développe principalement en Europe du Nord. Il n'existe pas de parc en France, mais plusieurs projets vont bientôt voir le jour dans la

Manche et sur la côte Atlantique. Le pays a un fort potentiel grâce à des conditions géographiques favorables, avec une large façade maritime.

Leurs points forts :

- les vents réguliers et plus puissants en mer sont à l'origine d'une puissance installée plus forte des éoliennes (6 à 9 MW, voire 12 MW pour les nouveaux modèles) ;
- une meilleure production (éoliennes souvent plus grandes, et rotor plus grand) ;
- un nouveau secteur d'activités créateur d'emplois.

Leurs points faibles et les défis à relever :

- l'installation est plus complexe, notamment en raison des conditions météo ;
- les contraintes sont différentes de celles des éoliennes terrestres : zones de pêche, parcs naturels marins, couloirs maritimes ;
- les conditions en mer : résistance des matériaux et maintenance plus régulière ;
- le raccordement (contraintes économiques et techniques, question de la sous-station qui pourrait être commune à plusieurs parcs ***offshore***) ;
- l'intégration paysagère ;
- le besoin de zone portuaire à proximité ;
- l'intervention pour la maintenance est plus complexe et liée aux conditions météorologiques en mer.

Figure 8-5
Évolution de la taille et de la puissance des nouvelles unités de production d'éolien *offshore*

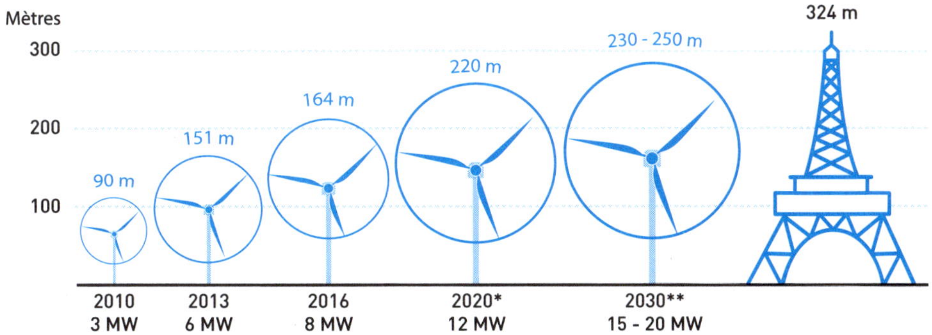

Vers la plus grande éolienne au monde

En 2008, le parc de Thorntonbank, installé au large d'Ostende, en Belgique, avait des turbines de 5 MW. Aujourd'hui, des éoliennes de 8 MW chacune sont développées. Demain, une éolienne de 12 MW devrait produire 67 GWh, soit 45 % de plus que la production annuelle des éoliennes d'aujourd'hui, et une éolienne de 260 mètres de haut est en projet.

Deux types d'éoliennes en mer

» Éolien en mer posé : les éoliennes sont implantées sur des fondations directement fixées au plateau continental (profondeur maximum : 50 mètres)

» Éolien en mer flottant : les éoliennes reposent sur des fondations flottantes, ancrées au sous-sol marin par des câbles

Figure 8-6
Éoliennes en mer

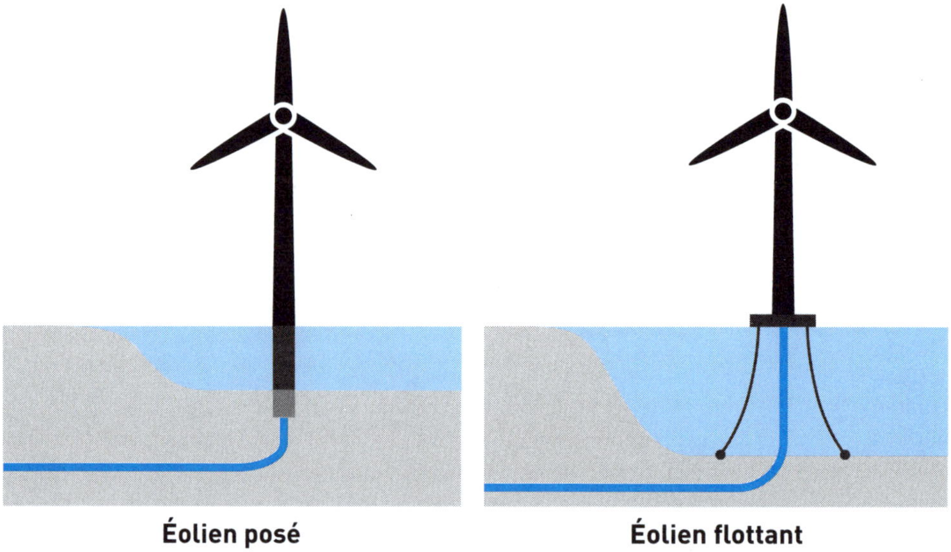

Les phases de développement d'un projet éolien

Avant sa mise en exploitation, un projet éolien fait l'objet d'un processus long regroupant des phases de développement, de financement et de construction qui s'étalent généralement de 3 à 5 ans. Une fois en exploitation, les centrales éoliennes produisent de l'électricité pendant au moins 20 ou 30 ans. Les étapes de la vie d'un projet :

» Analyses de préfaisabilité :
  - Identification des zones favorables ;
  - Identification des capacités de raccordement ;
  - Contact avec les exploitants, propriétaires agricoles et les administrations ;
  - Sécurisation du foncier avec propriétaires exploitants.

» Conception du projet :
  - Analyse environnementale, paysagère et patrimoniale ;
  - Mesure du productible (niveau du vent, ensoleillement, débit en eau...) ;
  - Choix de l'équipement ;
  - Dialogue et concertation avec les parties prenantes locales ;
  - Études techniques et analyse financière ;
  - Réalisation des études d'impact et du dossier d'autorisation environnementale.

» Autorisations :
  - Procédure d'autorisation environnementale ;
  - Enquête publique ;
  - Consultation de la Commission départementale nature, paysage et sites (CDNPS) ;
  - Obtention des autorisations administratives (permis...) ;
  - Possibilité de recours contentieux.

» Financement :
  - Mise en place d'un financement bancaire ;
  - Financement en fonds propres.

» Construction :
  - Contractualisation avec les contractants sélectionnés ;
  - Génie civil ;
  - Contrôle de conformité ;
  - Raccordement.

» Exploitation, mise en service :

- Production d'énergie renouvelable ;
- Exploitation et maintenance ;
- Inspections régulières.

» Démantèlement :

- Démontage de la centrale ;
- Remise en état du site ;
- Recyclage des matériaux.

Innovation et recherche et développement dans l'éolien

Avant 2010, les pôles d'innovation se concentraient principalement sur des sujets technologiques/type de turbine en tant que tels. En forte expansion depuis les années 2010, l'innovation et la recherche et développement dans l'éolien sont maintenant tirés par la réduction des impacts environnementaux, notamment. Les travaux se portent ainsi sur les systèmes de détection, l'effarouchement/bridage pour la faune volante, l'écoconception des pales (surtout pour favoriser leur recyclage), les solutions pour la cohabitation des éoliennes et des radars (radars fill-in ou autres), une meilleure maintenance et une optimisation de l'exploitation pour limiter l'usure des composants, une augmentation de la durée de vie, etc.

DANS CE CHAPITRE

La France, un important producteur
•
Les centrales hydroélectriques
•
Les différents types de barrages et de turbines

Chapitre 9

L'hydroélectricité

L'eau en mouvement contient une force considérable. Si elle est aujourd'hui moins présente dans l'espace médiatique que d'autres énergies renouvelables comme le solaire ou l'éolien, elle fait pourtant figure d'énergie renouvelable historique, dont le rôle a d'ailleurs été fondamental dans l'histoire industrielle. C'est une énergie propre, renouvelable, qui ne consomme pas d'eau, qui n'émet pas de CO_2 et qui n'utilise pas de métaux rares. Elle est utilisée depuis plus de 2000 ans par l'homme, d'abord pour l'industrie mécanique (scieries, moulins…), puis à partir du XIXe siècle pour produire de l'électricité.

La France, pays producteur majeur

Aujourd'hui, la France est l'un des principaux producteurs d'hydroélectricité de l'Union européenne, avec la Suède. En France, l'électrification du territoire est ainsi passée d'abord par l'énergie hydraulique, bien avant le développement massif du nucléaire à la fin du XXe siècle.

En chiffres

L'hydroélectricité est la première source d'électricité renouvelable française, avec 62 % de la production brute d'électricité renouvelable de la métropole (47 % des DOM). Le parc installé hydroélectrique est de 25000 MW (19 % du parc installé français) avec plus de 2300 ouvrages de tailles et puissances diverses.

En 2019, la production hydroélectrique a couvert 12 % de la consommation en France métropolitaine.

Ce type d'énergie a l'avantage d'être disponible en permanence, une fois la centrale mise en service, pour un coût très réduit. Elle dépend seulement de la pluviométrie et du débit des cours d'eau. Ainsi, en 2018, la production hydroélectrique a augmenté de plus de 20 % par rapport à 2017 grâce à une pluviométrie plus importante.

C'est aussi la première source d'électricité issue des énergies renouvelables dans le monde (18 % de la production mondiale).

L'histoire des concessions

L'eau présente un potentiel énergétique majeur, dont l'exploitation est, par conséquent, fortement réglementée.

Ce sont les difficultés d'approvisionnement en électricité de la France durant la Première Guerre mondiale qui mirent en évidence la dépendance dramatique du pays, aussi les pouvoirs publics décidèrent-ils la nationalisation du réseau hydraulique afin de mettre en valeur le potentiel hydroélectrique. La loi sur l'eau du 16 octobre 1919 commence ainsi : « Nul ne peut disposer de l'énergie des marées des lacs et des cours d'eau, quel que soit leur classement, sans une concession ou une autorisation de l'État. »

Depuis lors, en France, il est nécessaire de disposer d'une autorisation pour toute installation de moins de 4,5 MW, ou d'une concession au-delà de ce seuil, pour exploiter l'énergie des marées, lacs et cours d'eau. Dans le second cas, les concessions existantes ont généralement été accordées pour 75 ans, et sont renouvelables pour une durée de 30 à 40 ans.

Aujourd'hui, les principaux opérateurs de ces concessions sont EDF (80 % du parc hydroélectrique français) et Engie (12 %), via deux filiales : la Société hydroélectrique du Midi et la Compagnie nationale du Rhône.

Important

Le renouvellement quasi automatique des contrats par le système de « droit de préférence » a été chamboulé en 2010 par la Commission européenne, qui a exigé du gouvernement français la mise en concurrence de ses concessions. À ce jour, les discussions sont toujours en cours entre la France et Bruxelles.

La petite hydroélectricité

Aux côtés des grands barrages, la petite hydroélectricité continue de se développer dans tous les territoires français. Ces petits ouvrages, précurseurs d'un modèle de production décentralisé, fournissent une énergie en continu, dite « au fil de l'eau », en n'affectant quasiment pas le débit naturel du cours d'eau où ils sont implantés. Leur production annuelle moyenne est de l'ordre de 6 TWh.

La petite hydroélectricité en France

Par définition, les petites centrales hydroélectriques sont de puissance inférieure à 10 MW, essentiellement au fil de l'eau. En France, elles représentent 10 % de la production hydroélectrique globale. Elles peuvent venir équiper des ouvrages existants comme d'anciens moulins, des canaux, et s'insèrent facilement au paysage.

Les centrales hydroélectriques

Un peu de technique

Les centrales hydroélectriques reposent sur un principe simple : la force de l'eau, captée par une turbine, permet de produire de l'électricité qui est ensuite redistribuée par l'intermédiaire d'un transformateur. La production d'une centrale dépend du débit et de la hauteur de la chute d'eau. Plus ils seront importants, plus cette puissance sera élevée. Celle-ci peut se calculer avec la formule suivante :

$$P = r \times g \times Q \times H$$

Sachant que :

» **P** = puissance produite mesurée en kW

» **r** = rendement de la centrale (de l'ordre de 85 %)

» **g** = constante d'accélération de la gravité (9,8 m/s^2)

» **Q** = débit turbiné en m^3/s

» H = hauteur en m (différence d'altitude entre l'endroit où l'on prélève et l'endroit où l'on restitue l'eau). La chute peut varier de quelques mètres (2-5 mètres) sur les centrales de basse chute à plus de 1000 mètres (haute chute).

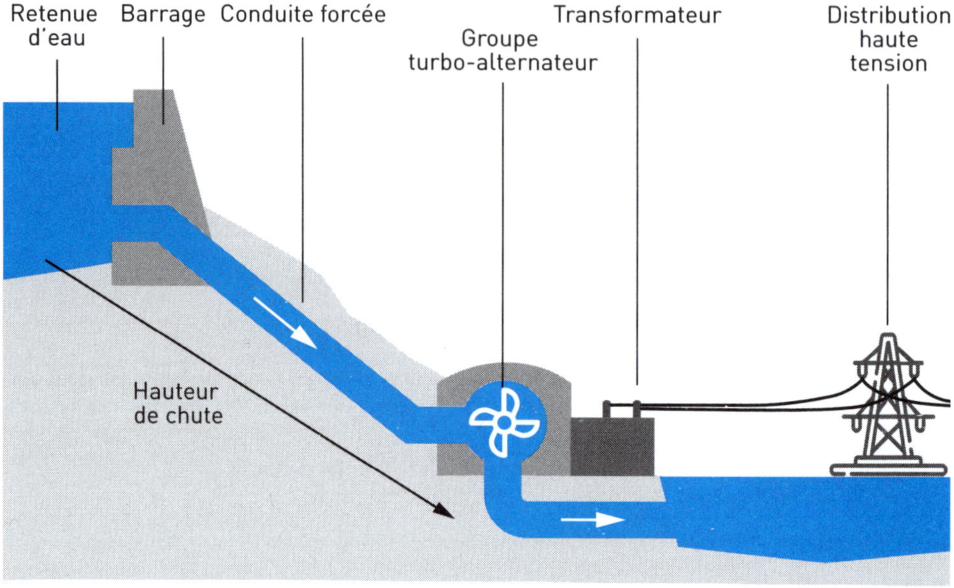

Figure 9-1 Centrale hydroélectrique

Une installation hydroélectrique est composée de plusieurs composants : barrage ou prise d'eau, ouvrages d'amenée reliant la prise d'eau à l'usine (canal, conduite forcée), celle-ci accueillant les équipements (turbines, alternateurs, équipements électriques).

Afin de protéger l'environnement aquatique et de réserver une part suffisante des ressources en eau à d'autres usages, un débit minimal d'eau, appelé débit réservé, est laissé par les gestionnaires de centrale hydroélectrique au cours d'eau entre la prise d'eau et l'usine. L'impact environnemental de ces centrales est donc minime.

Figure 9-2
Centrale hydroélectrique au fil de l'eau

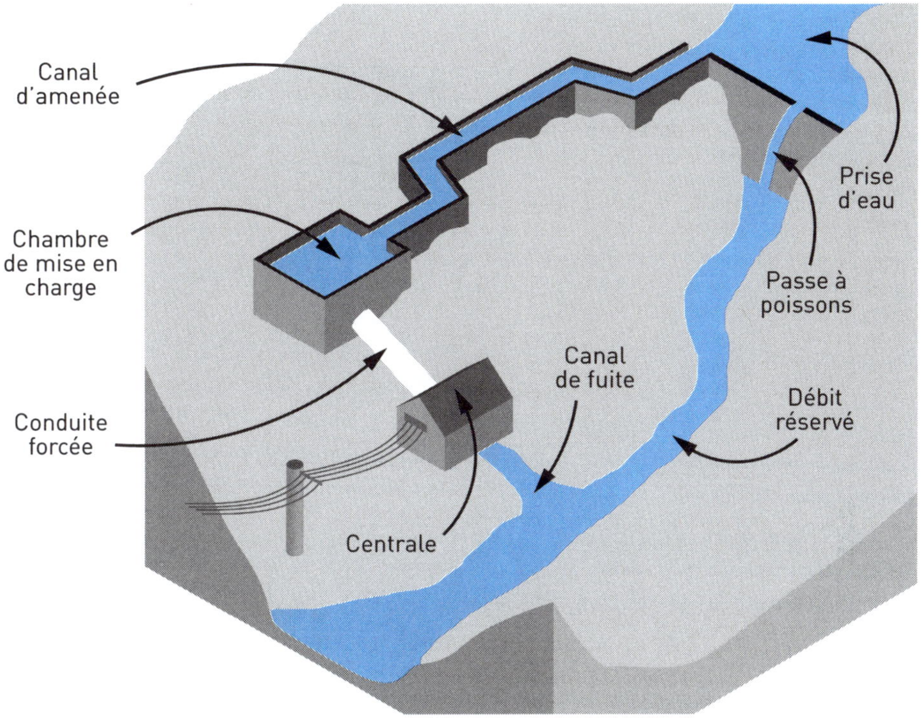

À retenir

Les centrales hydroélectriques produisent une électricité non intermittente. Aussi la production est-elle stockable et mobilisable rapidement. En venant ainsi compléter d'autres sources d'énergie, son rôle s'avère crucial dans le lissage de la production d'électricité à l'échelle nationale.

À titre d'exemple, le 4 novembre 2006, l'Europe, victime d'une panne d'électricité, fut plongée dans le noir entre 30 minutes et 1 heure à cause de la coupure d'une ligne à haute tension en Allemagne. Une puissance hydroélectrique de 5 000 MW fut immédiatement mobilisée et permit d'éviter une panne majeure.

Il existe plusieurs types d'installations hydrauliques selon le site d'implantation : avec réservoir (production de pointe), au fil de l'eau (production en continu), ou encore des STEP (Stations de transfert d'énergie de pompage).

Figure 9-3 Répartition des capacités hydrauliques sur le réseau de transport par type de centrale (France)

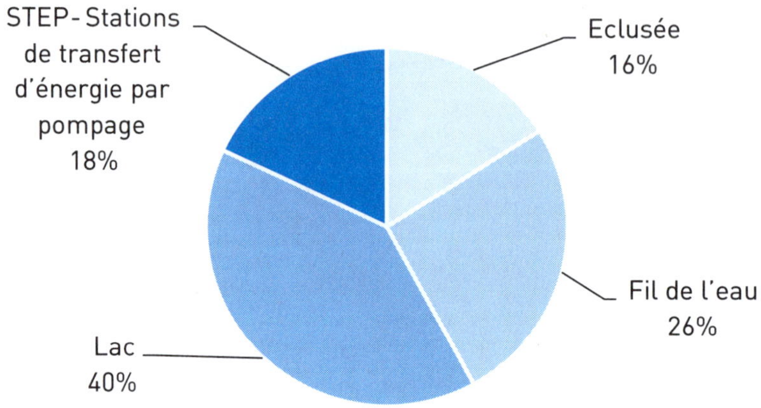

Données utilisées : Panorama de l'électricité renouvelable au 31 mars 2019.

Les centrales au fil de l'eau

Situées dans les plaines comme sur des territoires de montagne, ces centrales délivrent une énergie consommable localement. En conséquence, elles font pleinement partie du patrimoine local du territoire où elles sont implantées.

Il existe de petites ou très grandes installations de ce type. Elles ne disposent pas de réservoir et fournissent une énergie de base produite « au fil de l'eau », dépendante du débit des cours d'eau. D'une faible hauteur, la prise d'eau permet de maintenir son écosystème en l'état et ainsi de laisser circuler poissons et sédiments : on parle de continuité écologique du cours d'eau. On compte environ 2270 installations de ce type en France. Parmi les plus importantes, on peut citer celles situées sur le Rhin et le Rhône.

Les centrales éclusées

Ces installations sont, quant à elles, situées principalement dans les lacs en aval des moyennes montagnes, surtout dans le sud de la France. L'objectif est de reconstituer le stock durant les heures où la demande est faible et d'être disponible aux heures de pointe. La réserve d'eau correspond à une période d'accumulation assez courte correspondant à quelques centaines d'heures. Elles jouent un rôle important de modulation journalière, voire hebdomadaire, de la production, qui se voit ainsi lissée afin de s'adapter au mieux à la demande.

Les centrales de lac

Associées à une retenue d'eau créée par un barrage, ces centrales sont situées en aval des moyennes et hautes montagnes. L'eau est captée et retenue en amont derrière le barrage, puis amenée aux turbines de la centrale, installées en contrebas. La durée de remplissage, supérieure à 400 heures, permet un stockage saisonnier. Ces centrales permettent de fournir une énergie de base précieuse, mobilisable très rapidement, notamment en période de pointe.

Il existe une centaine de centrales de lac en France dans les Pyrénées, le Massif central et les Alpes.

Les stations de transfert d'énergie par pompage (STEP)

Ces installations sont conçues spécialement pour adapter la production d'électricité à la demande de marché globale, en garantissant ainsi l'équilibre sur le réseau électrique.

Elles sont constituées de deux réservoirs, un supérieur (qui peut être un lac de montagne) et un inférieur (une retenue artificielle par exemple). Elles fonctionnent avec des cycles, soit de pompage, soit de turbinage, avec des transferts entre les deux bassins. Ainsi, l'eau du réservoir supérieur est turbinée en période de forte demande pour produire de l'électricité. Puis, la STEP devient un outil de stockage – l'eau est pompée depuis le bassin inférieur vers le supérieur – dans les périodes de faible demande où l'énergie est bon marché.

Ces types de centrales permettent ainsi de réduire les coûts de production lors des pics de consommation.

Figure 9-4
Fonctionnement d'une STEP

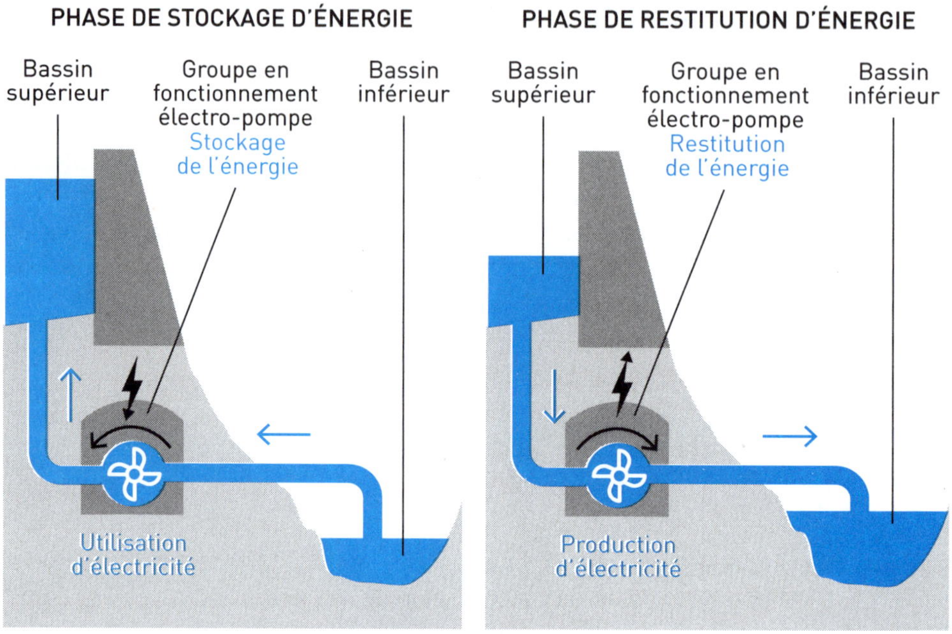

Les différents types de barrages

En retenant l'écoulement naturel de l'eau, le barrage permet de l'accumuler, jusqu'à former un lac de retenue. Une fois l'eau stockée, des vannes sont ouvertes et l'eau passe dans de longs tuyaux métalliques appelés conduites forcées jusqu'à la centrale hydraulique, située en contrebas. La force de l'eau fait tourner une turbine qui fait à son tour fonctionner un alternateur. Grâce à l'énergie fournie par la turbine, l'alternateur produit un courant électrique alternatif.

Les barrages-poids

Ce sont les barrages les plus anciens et les plus nombreux. On les appelle les barrages-poids, car construits en béton ou en pierre. Ils sont verticaux du côté de la retenue d'eau et inclinés par rapport à la vallée. Ils s'appuient sur le sol, ce qui permet d'opposer leur masse à la poussée de l'eau.

Le plus haut barrage-poids du monde est celui de la Grande Dixence, en Suisse, avec 284 mètres de hauteur au-dessus des fondations.

Les barrages-voûtes

Construits en béton, en forme d'arc de cercle, ils s'appuient sur les parois rocheuses et peuvent être soutenus par des contreforts. Ainsi, la poussée de l'eau est reportée sur les berges. On les retrouve le plus souvent dans les vallées étroites.

En France, le plus haut barrage-voûte est celui de Tignes, avec 180 mètres au-dessus des fondations. Le dernier en date est celui de Puylaurent, mis en eau en 1996.

Les barrages à contreforts

Ces édifices sont constitués d'un grand mur en béton s'appuyant sur des contreforts qui reportent la pression de l'eau sur le sol. Ils sont particulièrement légers : il faut quatre à cinq fois moins de béton pour un barrage à contreforts par rapport à un barrage-poids de la même hauteur.

L'un des plus beaux exemples en France est le barrage de la Girotte.

Les différents types de turbines

Quatre principaux types de turbines équipent historiquement les centrales hydroélectriques et permettent d'optimiser la production des centrales en fonction de la hauteur de chute et du débit de la rivière. Elles sont toujours fabriquées aujourd'hui.

Ces différents types de turbines sont :

- **la turbine Pelton (1879), adaptée aux centrales de haute chute (50 à 1000 mètres), également plébiscitée pour le turbinage de l'eau potable ;**
- **la turbine Banki-Mitchell (1903), adaptée aux centrales de moyenne chute (jusqu'à 150 m) et aux faibles débits d'eau (0,1 à 10 m3/sec) ;**
- **la turbine Francis (1820) pour les centrales de moyenne à haute chute (quelques mètres à 300 m) ;**
- **la turbine Kaplan (1912) pour les centrales de basse chute (inférieure à 30 m) et aux débits élevés (0,2 à 350 m3/sec).**

Des technologies de turbines plus récentes ont été développées pour répondre aux nouveaux enjeux et au respect de la continuité écologique : des turbines permettant d'équiper les seuils de très basse chute, des technologies de turbines au rendement optimisé dépassant les 80 %, mais également des turbines ichtyophiles qui permettent aux poissons de circuler, tout en continuant de produire de l'électricité, en s'affranchissant d'un plan de grilles fines et d'un dispositif de dévalaison.

Les turbines « très basse chute » VLH (*very low head*)

Sur le marché depuis 2007, elles sont adaptées aux très basses chutes : de 1,5 à 4,5 mètres. Elles présentent une configuration ichtyophile, c'est-à-dire compatible avec les poissons, grâce à une vitesse de rotation très lente qui laisse passer la faune aquatique.

Les vis hydrodynamiques

Elles sont construites sur le principe d'une vis sans fin. L'écoulement de l'eau fait tourner une vis d'Archimède raccordée à un bloc multiplicateur et un générateur électrique. Ces turbines sont adaptées aux très faibles puissances de basse chute.

L'hydraulique et l'environnement

Selon l'organisme public d'information Eaufrance, la continuité écologique garantit le passage des poissons et des sédiments à travers les cours d'eau et autres milieux aquatiques. En France, une politique de restauration de la continuité écologique est mise en œuvre pour garantir la stabilité des écosystèmes, notamment par l'aménagement de certains ouvrages en rivière.

Les nouveaux projets sont conçus pour garantir la continuité écologique en fonction des enjeux de chaque cours d'eau.

La libre circulation est nécessaire aux organismes vivants (aux poissons, comme aux autres espèces des milieux aquatiques) pour évoluer entre les différents habitats dont ils ont besoin pour s'alimenter, s'abriter et se reproduire.

Le passage des cailloux, graviers, sables et limons est qualifié de transit sédimentaire. Il permet le transfert de sédiments depuis des « zones de production » – l'amont des bassins, fortement soumis à l'érosion – vers des « zones de dépôt », qui se trouvent à l'aval. Il contribue par ailleurs au maintien des stocks de sédiments sur les littoraux (plages, dunes, etc.).

DANS CE CHAPITRE

Qu'est-ce-que la biomasse ?

•

Produire de l'énergie à partir de la biomasse

•

Les biocarburants

Chapitre 10

La biomasse

Qu'est-ce que la biomasse ?

La biomasse est « la fraction biodégradable des produits, déchets et résidus provenant de l'agriculture, y compris les substances végétales et animales, de la sylviculture et des industries connexes, ainsi que la fraction biodégradable des déchets industriels et ménagers » (Code de l'énergie).

Depuis la découverte du feu à la préhistoire, la biomasse est la forme d'énergie la plus ancienne utilisée par l'homme. C'est aujourd'hui la principale source d'énergie renouvelable en France : elle représente plus de 55 % de la production d'énergie finale et moins de 2 % de la production d'électricité.

Ses principales provenances sont :

» **l'agriculture ;**

» **la forêt ;**

» **les milieux marin et aquatique ;**

» **les haies, les parcs et jardins (déchets verts) ;**

» **les industries papetières, de transformation du bois, agroalimentaires, etc., générant des sous-produits (boues papetières, écorces, sciures, plaquettes, coques de tournesol, etc.).**

Produire de l'énergie à partir de la biomasse

La matière organique constituant la biomasse peut être transformée en produits énergétiques : combustibles, biogaz et biocarburants, ou brûlée afin de produire du mouvement, de la chaleur et de l'électricité dans des installations de cogénération.

Elle se présente donc sous forme solide (produits et sous-produits de l'industrie du bois, paille, bagasse, déchets animaux et végétaux, les algues...), liquide (huiles, alcools) ou gazeuse (biogaz).

Enjeux et contraintes

Le développement des usages de la biomasse répond à de nombreux enjeux, mais se heurte à différentes contraintes.

Des enjeux d'ordre :

- **Environnementaux** : la biomasse permet une production continue qui en fait une bonne alternative aux énergies fossiles sur des usages de production de chaleur et d'électricité ; elle permet ainsi, sous certaines conditions, de réduire les émissions de gaz à effet de serre tout en préservant l'eau, le sol et la biodiversité ;
- **Économiques** : le gisement est très diversifié et donc répandu sur l'ensemble du territoire. Le valoriser permet de soutenir l'économie locale via la production d'une énergie peu onéreuse et la création d'emplois locaux ;
- **Géopolitiques** : contribution à l'autonomie énergétique ;
- **Aménagement du territoire :** soutien de la filière bois, contribution à une gestion durable des forêts.

Mais aussi des contraintes :

- La préservation de la biodiversité et la qualité des écosystèmes, une condition nécessaire au maintien de la durabilité de la ressource ;
- La disponibilité régulière des ressources à un coût économique acceptable n'est pas toujours aisée ;
- Le coût de l'acheminement des ressources, qui, de surcroît, utilise des énergies fossiles ;

» Produire de l'énergie à partir de biomasse peut entraîner des conflits d'usage. Ainsi, une même parcelle de terre peut produire aussi bien du blé alimentaire que du blé que l'on transformera en bioéthanol ;

» La rentabilité économique de certaines installations ou filières nécessite d'être encore améliorée pour assurer un développement pérenne ou accélérer le développement.

En chiffres

La France compte plus de 2 GW de capacité de production énergétique par biomasse en 2018. Au niveau domestique, environ 9 millions de foyers se chauffent au bois en France.

Zoom sur le bois énergie en France

Le bois constitue une part importante de la biomasse. En France, la forêt couvre environ 16 millions d'hectares en métropole (c'est la quatrième surface boisée européenne, selon un rapport de la FAO 2011), soit près de 31 % du territoire national.

Les trois quarts sont situés sur des propriétés privées, et le reste est composé de forêts domaniales et publiques gérées par l'Office national des forêts (ONF). En France, le volume de prélèvement annuel de bois représente environ 50 % de l'accroissement naturel de la forêt. .

Le bois recèle de multiples avantages : une ressource locale abondante et compétitive ; et la filière concerne plus de 400 000 emplois.

La production de chaleur est la principale voie de valorisation du bois énergie. Elle est obtenue par la combustion du bois.

Le débat concernant la biomasse face aux moyens pour lutter contre le changement climatique

L'usage du bois contribue à la réduction des émissions de CO_2 par deux mécanismes distincts :

» La substitution énergie, soit la quantité d'émissions de CO_2 évitée en produisant de l'énergie à partir de bois en remplacement d'autres sources énergétiques de référence (fioul, gaz, charbon, etc.). Selon un rapport de l'Ademe, « un m^3 de bois utilisé pour la production de chaleur dans l'industrie et le secteur collectif en substitution d'énergies fossiles permet d'éviter environ 0,5 tonne de CO_2 ». Ces calculs correspondent à une situation d'équilibre sans augmentation des prélèvements, avec le principe d'une neutralité carbone.

» La substitution matériau, soit la quantité d'émissions de CO_2 évitée en utilisant du bois plutôt qu'un produit traditionnel (béton, acier, plâtre, aluminium). Le cabinet-conseil Carbone 4 a estimé que « construire en bois plutôt qu'en béton permet de diminuer jusqu'à 60 % l'empreinte carbone du gros œuvre. Cela correspond à un gain de 30 % sur les émissions liées à la construction traditionnelle ».

La filière bois énergie : énergie propre ou non ?

Il existe aujourd'hui de nombreux débats sur le bilan carbone de la filière bois énergie, et donc son intérêt dans la lutte contre le changement climatique, en raison du décalage entre le moment de la combustion où le carbone est relâché dans l'atmosphère, dans le cas d'une coupe sèche, et le temps d'absorption du carbone lors de la croissance des arbres (en dizaines d'années).

Aussi, des scientifiques et ONG alertent sur le fait que l'augmentation du recours au bois énergie pourrait contribuer à augmenter à court terme le taux de carbone dans l'atmosphère, alors que le délai pour réduire la concentration de CO_2 dans l'atmosphère est réduit. Des travaux scientifiques sont aujourd'hui en cours pour mieux apprécier le bilan carbone du bois énergie.

Certaines voix mettent également en avant le rôle de puits de carbone de la forêt, qui serait menacé par les prélèvements croissants de bois afin de répondre aux besoins énergétiques.

En France métropolitaine, selon l'Institut national de l'information géographique et forestière, la surface forestière ne cesse d'augmenter depuis 1985, en dépit du développement du bois énergie (les superficies forestières sont également en progression au niveau de l'Europe). Néanmoins, les études scientifiques montrent qu'une augmentation importante des prélèvements de bois réduirait le puits de carbone forestier, qu'il faut alors prendre en compte dans le bilan global.

Soulignons également qu'une forêt, gérée de manière durable, joue un rôle important notamment en termes de préservation de la biodiversité. Il est donc essentiel de s'assurer que l'augmentation des prélèvements de bois intègre bien la préservation de la qualité des écosystèmes.

Technologies de production d'énergie à partir de biomasse

Une installation biomasse permet de fournir de la chaleur, mais peut également produire de l'électricité grâce à la vapeur d'eau dégagée par la combustion de matières végétales ou animales, qui actionne une turbine reliée à un alternateur.

Les chaufferies biomasse

Les chaufferies biomasse permettent de répondre à un large panel de besoins thermiques, aussi bien dans le secteur collectif/tertiaire qu'industriel. Elles sont notamment utilisées en France pour fournir la vapeur et la chaleur utile aux process industriels, mais aussi pour l'eau chaude et le chauffage des piscines et centres aquatiques, des espaces culturels, des écoles, des hôpitaux, des entreprises et autres bâtiments collectifs, par l'intermédiaire notamment de réseaux de chaleur.

Les appareils de chauffage au bois pour les particuliers

Pour leur chauffage principal ou en appoint de leur chauffage central, les particuliers peuvent recourir au bois avec plusieurs équipements ; le traditionnel foyer ouvert ou cheminée, l'insert, le poêle à bûches, plaquettes ou granulés. Plus de 9 millions de foyers se chauffent aujourd'hui au bois.

Les centrales de cogénération

Un peu de technique

La biomasse est brûlée dans une chambre de combustion de matières végétales (bois énergie par exemple). La combustion de biomasse dans la centrale permet de chauffer l'eau qui dégage de la vapeur. Cette vapeur peut être en partie utilisée pour des besoins en chaleur et, couplée à un alternateur, pour produire de l'électricité via une turbine.

Produire simultanément de la chaleur et de l'électricité, c'est ce qu'on appelle la cogénération. Le rendement de ces centrales est meilleur que si la vapeur était utilisée uniquement pour la production électrique. Les centrales cogénération peuvent atteindre un rendement de 85 %.

Il existe deux types de turbines à vapeur pour la cogénération.

Les turbines à condensation avec extraction

Un peu de technique

La quantité de vapeur requise est soutirée entre l'entrée et l'échappement de la turbine au niveau de pression souhaité. Cette vapeur est envoyée au procédé pour couvrir les besoins thermiques. Le reste de la vapeur poursuit sa détente dans la turbine jusqu'à une pression très basse (se rapprochant du vide). La vapeur à l'échappement est alors condensée dans un condenseur. L'eau ainsi formée est pompée et renvoyée à la chaudière.

Figure 10-1
Schéma de principe d'une centrale avec turbine à condensation

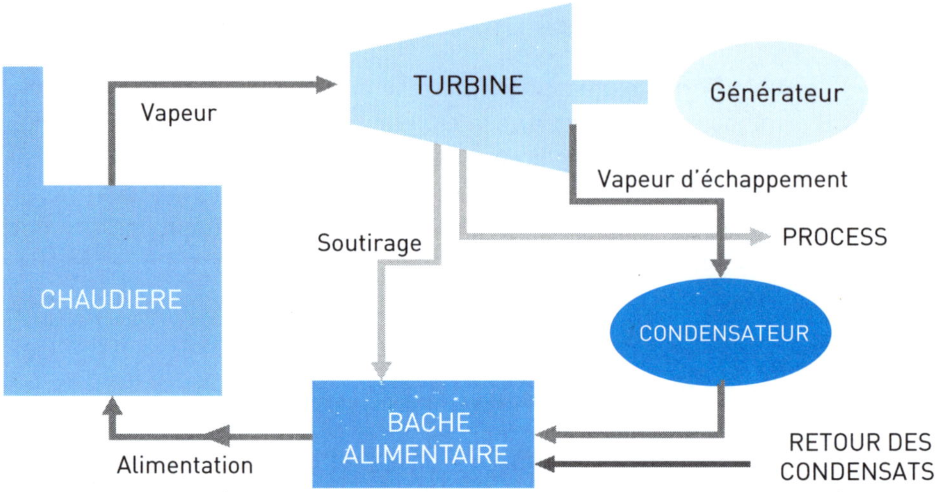

Les turbines à contre-pression

La vapeur sort de la turbine à une certaine pression qui est imposée par le procédé en aval et est mise à la disposition de l'utilisateur final. La vapeur dans la turbine est donc détendue jusqu'à une pression supérieure à la pression atmosphérique, puis envoyée directement au procédé (ou via un échangeur pour des besoins en eau chaude) qui sert donc de condenseur. La détente de la vapeur est moins poussée et le rendement électrique est, par conséquent, plus faible.

Les centrales à pyrolyse et à gazéification

Dans ces centrales, le combustible solide et séché (10 ou 15 % d'humidité) est placé dans une cuve et chauffé à haute température. Les chaînes d'atomes se désagrègent et forment un gaz ou un liquide. Les produits sont valorisés en dehors de la cuve.

Le saviez-vous

Au Moyen Âge, les drakkars des Normands étaient enduits de goudron afin de les imperméabiliser. Pour le produire, des branchages étaient brûlés dans des fours fermés et le goudron était récupéré sous la cuve (selon le même principe).

Un peu de technique

Plus précisément, la pyrolyse des déchets consiste à les chauffer à des températures généralement comprises entre 350 et 650 °C en l'absence d'oxygène. Il en résulte la production d'un gaz combustible, d'un liquide (huile ou mélange d'hydrocarbures) et d'un sous-produit (souvent désigné « coke » ou « char » ou « biochar » si les déchets sont de la biomasse) qui contient la fraction minérale du déchet entrant, ainsi que le « carbone fixe », c'est-à-dire le carbone présent dans le déchet qui ne s'est pas transformé en gaz ou liquide.

Quant à la gazéification des déchets, elle consiste à les chauffer à des températures comprises généralement entre 900 et 1200 °C en présence d'une faible quantité d'oxygène. En dehors de la fraction minérale du déchet et d'une petite quantité de carbone fixe non converti qui constituent le résidu solide, l'ensemble du déchet est ainsi converti en un gaz que l'on appelle gaz de synthèse (également désigné par syngas ou syngaz). Il contient aussi une faible quantité de chaînes hydrocarbonées longues appelées goudrons, dont il est nécessaire de débarrasser le gaz pour certaines applications telles que l'utilisation en moteurs à gaz ou la conversion chimique du syngaz en méthane ou mélange d'hydrocarbure.

La gazéification à travers l'histoire

Avant que les communes ne soient équipées en gaz de ville, il existait des usines à gaz dans les villes périurbaines qui produisaient du gaz à partir de bois, charbon, coke ou houille. Puis le gaz était envoyé en ville par des pipelines. Abandonné par la suite, ce procédé est aujourd'hui à nouveau étudié en raison de son haut rendement.

Durant la Seconde Guerre mondiale, des voitures circulaient équipées de gazogène en raison des pénuries de carburant.

Enjeux et freins de la gazéification et de la pyrolyse

Les principaux enjeux de ces deux procédés sont d'ordre environnemental, technique et économique :

- **Environnementaux, car lorsque les déchets entrant dans ces procédés sont d'origine renouvelable, l'utilisation des combustibles gazeux ou liquides ainsi produits permet de réduire l'usage de combustibles fossiles ;**
- **Économiques, car l'activité de conversion en liquide ou gaz est génératrice d'emplois et cela a un impact favorable sur la balance commerciale nationale.**

Les principaux freins et leviers du développement de ces techniques sont d'ordre technique, économique et réglementaire :

- **Aspects techniques : il importe qu'elles fassent leurs preuves afin de passer du stade de pilote industriel à celui d'une réalisation à grande échelle ;**

- Leur viabilité économique dépend de la performance des procédés, de l'évolution des coûts des énergies fossiles ;
- Ces techniques sont soumises aux directives sur les procédés d'incinération des déchets.

Les unités de méthanisation

Le biogaz est produit naturellement par la fermentation de nombreuses matières organiques, animales ou végétales. Des installations captent ce biogaz dans les décharges ou dans des unités de méthanisation et exploitent cette énergie insoupçonnée de nos déchets, riche en gaz valorisable en chaleur, électricité et carburant.

À retenir

Le biogaz se produit avec la fermentation anaérobie (sans oxygène).

Il existe trois sous-filières pour cette technique :

- la méthanisation agricole de déchets non dangereux ou de matières végétales brutes ;
- le biogaz des installations de stockage de déchets non dangereux (biogaz de décharge) ;
- la méthanisation de boues de stations d'épuration des eaux usées.

La méthanisation agricole

Selon Eurostat, le biogaz de méthanisation des déchets non dangereux et de matières brutes végétales représente désormais 75 % de la production de biogaz.

Ce procédé présente un double avantage :

- il contribue à la réduction des émissions de gaz à effet de serre par le remplacement des énergies fossiles et le captage du méthane (gaz à effet de serre) qui s'échappe naturellement lors de la décomposition des matières organiques ;
- il permet la valorisation des déchets.

Le biogaz est utilisé comme combustible dans une chaudière, en cogénération (dans un moteur à piston), en carburant pour les véhicules ; purifié, il peut être injecté dans le réseau de gaz naturel (via une étape de séparation supplémentaire).

Quant au digestat, il est utilisé comme fertilisant pour nourrir les cultures, ou comme amendement pour l'équilibre des sols.

Figure 10-2
Méthanisation agricole

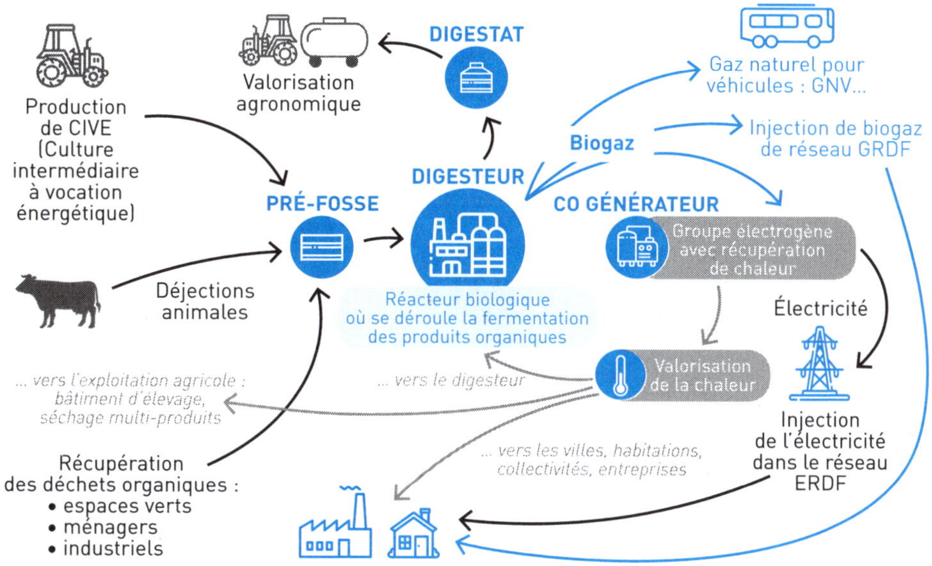

Le biogaz de décharge

Ce biogaz est produit par la fermentation, en l'absence d'oxygène, des matières biodégradables stockées dans les installations de stockage des déchets (ISDND). C'est un phénomène naturel et spontané, dû aux bactéries méthanogènes présentes dans l'environnement.

Le gaz de décharge est un mélange de trois gaz : biogaz, air et composés volatils. C'est cette composition hétérogène qui rend complexe la valorisation du gaz. Il existe plusieurs procédés différents pour purifier le gaz.

Les biocarburants

Le ministère de la Transition écologique définit les biocarburants comme des carburants liquide, solide ou gazeux, produits à partir de biomasse, et destinés à une valorisation énergétique dans les transports. Ils sont utilisés sous forme d'additifs ou de compléments aux carburants fossiles.

L'utilisation des biocarburants a pour but de répondre à des enjeux essentiels :

» **la réduction des émissions de gaz à effet de serre du transport (premier secteur émetteur en France) ;**

- la réduction de la dépendance au pétrole ;
- créer des débouchés supplémentaires aux filières agricoles ;
- la création d'une filière de valorisation des déchets.

Les biocarburants dans l'histoire : ça ne date pas d'hier !

Dès le XIXe siècle, les biocarburants sont utilisés par des ingénieurs dans les moteurs à combustion, que ce soit Rudolf Diesel (1858-1913) qui faisait fonctionner son moteur à l'huile d'arachide, ou Nikolaus Otto (1832-1891) qui avait conçu un moteur fonctionnant à l'éthanol.

Par ailleurs, les passionnés d'automobile savent peut-être que la mythique Ford T roulait, au début du XXe siècle, à l'éthanol.

Les carburants issus de matières agricoles furent abandonnés lorsque le pétrole arriva sur le marché, il était moins cher et on le considérait comme inépuisable. Mais le choc pétrolier et la prise de conscience climatique leur ont donné un nouvel essor et ils bénéficient désormais du soutien des politiques publiques.

Les filières de biocarburants

Il existe deux grandes filières de production des biocarburants : la filière des biocarburants « gazole » (biodiesel, biohydrogène, biogaz), et celle des biocarburants « essence » (éthanol et dérivés).

Le biodiesel

Le biodiesel (issu d'huiles de colza, tournesol et soja) est obtenu par transestérification (transformation en ester d'acide gras, afin de pouvoir être utilisé) des lipides avec l'alcool. Il est incorporé au gazole sous forme de carburant banalisé (pas d'obligations de marquage à la pompe).

Figure 10-3
Biodiesel

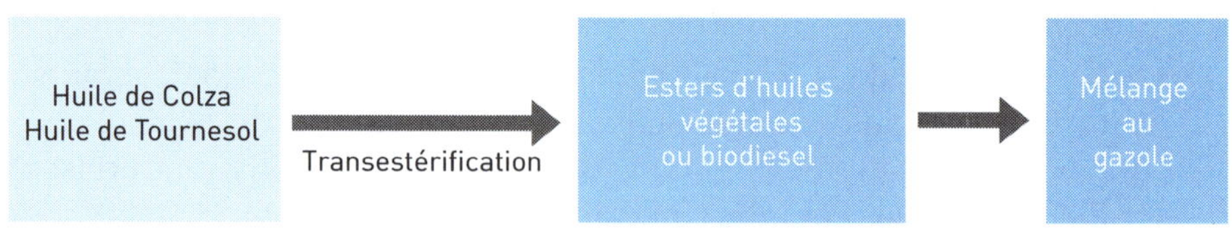

L'éthanol

L'éthanol (issu de la betterave, la canne à sucre, du blé ou du maïs) est incorporé jusqu'à 10 % en volume à l'essence (SP 95, SP 98 et SP 95-E 10).

Les premiers producteurs mondiaux sont le Brésil et les États-Unis. En France, en 2017, 7,5 % de l'énergie contenue dans les essences était d'origine renouvelable.

Figure 10-4
Éthanol

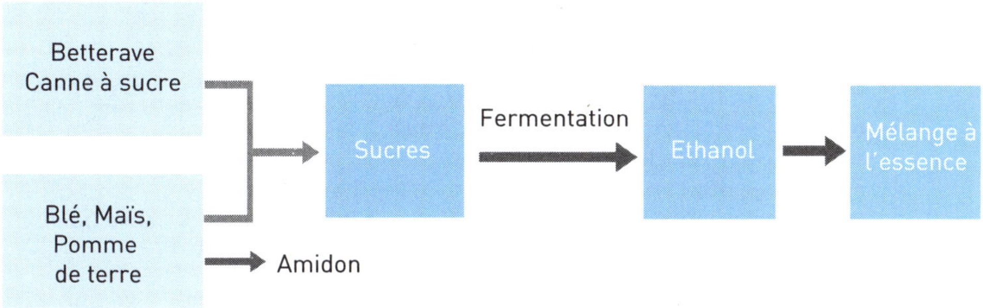

Le biométhane carburant

Le biogaz est issu du processus de méthanisation (voir plus haut). Il est ensuite épuré pour pouvoir être injecté dans les véhicules fonctionnant au gaz naturel. On parle aussi de bioGNV.

En chiffres

Selon la Cour des comptes, sur le plan mondial, la production de ces biocarburants était de l'ordre de 68 à 70 Mtep en 2015, soit six jours de production de pétrole.

Le programme Proalcool au Brésil

En 1975, à la suite du premier choc pétrolier, le Brésil lance le programme Proalcool pour promouvoir les carburants verts, notamment celui produit à partir de sucre de canne (mélangé à l'essence à proportion de 22 %).

1979 : deuxième choc pétrolier, le Brésil édite la première automobile à moteur à alcool. Il produit un carburant vert non mélangé.

Durant les années 1980, les conditions s'inversent : avec le contre-choc pétrolier, les coûts du pétrole baissent alors qu'augmentent les prix du sucre.

Avec les premières décennies des années 2000 s'ouvrent de nouvelles perspectives. 80 % des automobiles vendues aujourd'hui au Brésil sont « flex fuel » (marchent à l'essence ou à l'alcool). Un véritable succès. Le Brésil est devenu exportateur mondial, et ce, grâce à une détermination forte et au soutien des pouvoirs publics.

Une expérience riche d'enseignements pour les autres pays, émergents, notamment.

Quid de la durabilité des biocarburants en Europe ?

La directive européenne 2009/30/CE, dite « qualité des carburants », concerne les spécifications relatives à l'essence, au carburant diesel et aux gazoles. Elle fixe un objectif de réduction des émissions de gaz à effet de serre produites sur l'ensemble du cycle de vie des carburants ou de l'énergie utilisée pour le transport de 10 % (dont 6 % pour les carburants) en 2020.

Selon cette directive, seuls les biocarburants consommés dans l'UE, répondant à des critères conformes aux exigences du développement durable – « critères de durabilité » –, pourront être pris en compte pour évaluer le respect de ces objectifs et bénéficier d'une aide financière pour leur consommation.

En 2015, la directive 2015/1513 dite « CASI » (Changement d'affectation des sols indirect) modifie les directives énergies renouvelables et 2009/30/CE et précise notamment les modalités d'application suivantes :

- » elle confirme l'objectif de 10 % d'énergies renouvelables dans les transports en 2020, avec un plafond de 7 % pour les biocarburants en concurrence alimentaire et un objectif indicatif de 0,5 % en 2020 pour les biocarburants avancés ;
- » elle définit la liste des matières premières qui permettent d'élaborer des biocarburants avancés.

La révision de la directive 2018/2001, appelée Énergies renouvelables2, publiée le 21 décembre 2018 :

- » fixe un objectif d'énergie renouvelable de 14 % dans les transports en 2030, en confirmant le plafond de 7 % pour les biocarburants de première génération ;
- » reprend et renforce les critères de durabilité définis dans la première directive énergies renouvelables ;
- » vise à limiter l'effet de CASI (voir plus loin).

Les objectifs d'incorporation de biocarburants avancés dans les carburants sont définis dans la Programmation pluriannuelle de l'énergie, à savoir :

- » pour la filière essence : 1,2% en 2023 et 3,8 en 2028 ;
- » pour la filière gazole : 0,4% en 2023 et 2,8% en 2028.

La production de biocarburants en France

La France est un des pays européens où les biocarburants sont le plus développés. C'est le quatrième pays producteur mondial de biocarburants (5 % de la production mondiale) après les États-Unis, le Brésil et l'Allemagne, avec plus de 2 millions de tonnes.

Il existe plusieurs critères de durabilité des biocarburants.

Les critères quantitatifs liés aux émissions de GES

Le CO_2 dégagé lors de leur combustion est compensé par celui absorbé durant la croissance des végétaux. Tout biocarburant doit prouver une réduction des émissions de GES d'au moins 50 % par rapport à l'équivalent fossile (60 % pour les unités les plus récentes). L'effet de CASI (Changement d'affectation des sols indirect) crée des émissions non intentionnelles de carbone en raison de l'utilisation de terres cultivées existantes aux fins de la production de biocarburant et du déplacement consécutif de la production alimentaire vers de nouvelles terres arables, ce qui peut entraîner de la déforestation et la disparition de réservoirs de carbone. Cet effet, très difficile à quantifier, pourrait dégrader le bilan carbone global des biocarburants de première génération. C'est pourquoi la révision de la directive énergies renouvelables confirme le plafond à 7 % des biocarburants conventionnels et prévoit de caractériser les matières premières les plus à risque et de les éliminer progressivement jusqu'en 2030, tout en mettant l'accent sur le développement de biocarburants de deuxième génération.

Les critères qualitatifs liés aux terres

Les biocarburants ne doivent pas être produits à partir de terres riches en biodiversité et de terres présentant un important stock de carbone ou de tourbières. En outre, les conditions d'attribution des aides de la politique agricole commune et les bonnes conditions agroenvironnementales doivent être respectées pour la production de matières agricoles.

Ces critères s'appliquent également aux biocarburants produits à partir de matières premières en provenance de pays tiers, pour toute la chaîne de production et de distribution des biocarburants. En cas de mélange de lots de matières premières, de produits semi-finis ou de biocarburants, les opérateurs économiques doivent mettre en œuvre un système de bilan massique. Ils doivent démontrer que les critères de durabilité ont été respectés, que les informations sont fiables et qu'un contrôle indépendant des informations a été mis en œuvre. À cette fin, ils ont le choix entre trois systèmes :

- **un système national mis en place par chaque État membre ;**
- **un système volontaire, mis en place généralement par les opérateurs économiques, qui doit faire l'objet d'une validation par la Commission européenne. Ces systèmes peuvent couvrir une partie ou la totalité des critères de durabilité ;**
- **un accord bilatéral ou multilatéral conclu par l'Union européenne avec des pays tiers. À ce jour, il n'existe pas de tels accords.**

L'ensemble de ces nouvelles dispositions constitue le régime général de durabilité, appelé « système de durabilité ».

Figure 10-5 Tableau récapitulatif des biocarburants

Générations de carburant	Source	Avantages	Inconvénients
1re génération	Végétaux alimentaires et plantes cultivées (ex. : betteraves, colza, tournesol, soja, céréales). Ils représentent la quasi-totalité du marché aujourd'hui.	Réduction de la dépendance énergétique (carburants fossiles) ; sécurité d'approvisionnement ; diversification des activités agricoles ; valorisation des coproduits.	Enjeux forts vis-à-vis de la disponibilité des terres arables : incertitudes sur le changement d'affectation des sols, du mode de culture (rejets NOx, ammoniac), même si ça n'est pas spécifique aux biocarburants, mais à l'agriculture en général.
2e génération	Utilisation des parties non comestibles des plantes et déchets agricoles (ex. pour l'éthanol : utilisation de la biomasse lignocellulosique, soit le bois ou la paille. Cela impose des étapes de transformation supplémentaire.	Diversifier les ressources en matières premières ; résoudre la concurrence alimentaire : les déchets verts utilisés permettent d'éviter les conflits d'usage.	Toujours la contrainte du sol.
3e génération	Les filières du futur : fabriquer des biocarburants à partir de microalgues (organisme unicellulaire) et macroalgues (multicellulaires).	Ne mobilise pas de surfaces agricoles ou forestières comme le font les 1re et 2e générations ; par rapport à une culture classique, la production de micro-organismes sur une même surface est plus importante (cultures en étages, cultures aquatiques...).	Encore sous forme de Rrecherche et développement ou de prototypes.

DANS CE CHAPITRE

Qu'est-ce que la géothermie

•

La géothermie de surface

•

La géothermie profonde

Chapitre 11

La géothermie

Des profondeurs de la Terre

Du grec *gêo* (terre) et *thermos* (chaud), la géothermie désigne, selon la directive européenne sur les énergies renouvelables, « l'exploitation de la chaleur contenue dans les sous-sols ».

Cette chaleur provient de celle accumulée dans le noyau lors de la formation de la Terre et de celle dégagée par la radioactivité naturelle des roches de la croûte terrestre.

Elle est essentiellement utilisée pour :

» **produire de l'électricité ;**

» **produire du chauffage ;**

» **rafraîchir par « géocooling » ;**

» **stocker de la chaleur.**

La géothermie, ça date !

Les sources d'eaux chaudes sont utilisées par les hommes depuis la préhistoire. On a découvert sur le site de Niisato, au Japon, des pierres volcaniques taillées pour le bain datant de 15000 à 20000 ans.

Pendant l'Antiquité, les Étrusques, puis les Grecs et les Romains se retrouvaient aux thermes, lieux de rencontres et d'échanges, dont certains étaient alimentés en eau chaude naturelle.

En France, les archives font mention, dès le XIVe siècle, à Chaudes-Aigues, dans le Cantal, d'un réseau de chaleur alimenté par la source du Par (émergeant en surface à 82 °C) avec des tuyaux en bois distribuant l'eau géothermale à quelques maisons, et pour l'entretien duquel le seigneur local prélevait une taxe. Cette source servait même, déjà, à quelques usages « industriels », comme le lavage de la laine et des peaux.

De même, dans la région de Volterra, en Toscane. C'est d'ailleurs là qu'un Français entreprend la première véritable exploitation industrielle. Il invente une technique permettant de capter la vapeur à une température suffisante pour alimenter des machines.

Plusieurs types de géothermie

L'utilisation de la géothermie dépend de la source de chaleur : aquifère et sous-sol.

Figure 11-1
Les différents types de géothermie

	Très basse énergie	Basse énergie	Moyenne énergie	Haute énergie
Température du fluide	10 à 30 °C	30 à 90 °C	90 à 180 °C	Plus de 180 °C
Profondeur	10 à 200 m	200 à 2500 m	500 à 1000 m ou 2000 à 5000 m	1000 à 2000 m
Utilisation	Chauffage et/ou climatisation avec assistance de pompes à chaleur (PAC) ou production de froid direct (géocooling).	Chauffage direct (bâtiments, serres agricoles, bassins de pisciculture, aqualudisme...).	Production d'électricité et/ou de chaleur (pour des usages industriels).	Production d'électricité.

Plus communément, on distingue deux grands types de géothermie : la géothermie de surface, c'est-à-dire l'exploitation de ressources géothermiques à moins de 200 m de profondeur, et la géothermie profonde, pour une profondeur au-delà de 200 m.

En chiffres

En 2015, plus de 80 pays exploitaient leurs ressources géothermiques de très basse ou de basse énergie, avec une puissance totale installée de 70 GW et une production annuelle de chaleur de 167 TWh. Après la biomasse, la géothermie est aujourd'hui l'énergie renouvelable thermique la plus utilisée dans le monde.

Concernant l'électricité, le nombre de pays est plus restreint et se limite à 26 ; mais de nouveaux pays envisagent leurs premières centrales dans les dix années à venir. En 2015, on recensait 612 installations totalisant une puissance installée de 12 640 MW et une production annuelle de 73 TWh.

À retenir

La France dispose d'un gisement géothermique très favorable. Elle se situe au 3e rang européen en termes de capacité géothermique installée pour la production de chaleur, et la Programmation pluriannuelle de l'énergie (PPE) met l'accent sur un développement ambitieux de cette source d'énergie.

» **En 2015, en France, la géothermie de très basse énergie (assistée par pompe à chaleur) assurait le chauffage de plus de 300 000 logements (ou équivalents) pour une puissance totale installée de 2 250 MW.**

» **La géothermie de basse énergie (pour un usage direct) produisait 1 368 800 MWh, dont 1 143 000 MWh en Île-de-France et assurait du chauffage et de l'eau chaude sanitaire pour 500 000 habitants.**

» **Quant à la géothermie de haute énergie, il existe en France trois centrales : deux à Bouillante, en Guadeloupe, d'une puissance totale de 15 MW qui, en 2017, ont produit 112 000 MWh, soit environ 6 % de la consommation locale d'électricité, et une petite unité de 1,7 MW à Soultz-sous-Forêts, en Alsace.**

Avantages et défis

La géothermie présente de nombreux avantages :

» **C'est une ressource renouvelable, si l'on respecte bien l'équilibre entre prélèvement et recharge naturelle (réinjection de la totalité des fluides) ;**

» **C'est une énergie peu émettrice de CO_2. Elle émet en moyenne 55 g de CO_2, soit environ 10 fois moins qu'une centrale thermique fonctionnant au gaz naturel pour produire de l'électricité ;**

» Elle est disponible en tout lieu, 24h/24 ;
» C'est une ressource locale : elle ne nécessite ni transport ni stockage ;
» C'est une énergie de base avec un taux de disponibilité très élevé ;
» L'impact visuel des installations est très limité, l'essentiel des équipements se trouvant en sous-sol, de même que leur emprise au sol.

Mais il reste des défis à relever :

» Son coût d'installation est élevé, bien qu'il soit compensé, comme pour la plupart des énergies renouvelables, par un faible coût d'exploitation/maintenance ;
» La géothermie profonde présente un défi technique supplémentaire dans la mesure où il est particulièrement difficile de capter la chaleur emmagasinée dans la roche (avec des températures pouvant atteindre 200 °C).

Il fait chaud, très chaud, sous nos pieds

Un peu de technique

Plus on s'enfonce sous terre, plus la température augmente, c'est ce qu'on appelle le gradient géothermique. Ce phénomène est bien connu des mineurs de fond. En France, il est en moyenne de 3,3 °C par 100 mètres. Dans des zones de volcanisme actif ou récent, comme les Antilles, il peut atteindre quelques dizaines de degrés Celsius par 100 mètres en raison de remontées de magma à quelques kilomètres de la surface.

L'Islande, pays de la géothermie

Il y a un millier d'années, Ingólfur Arnarson colonise l'Islande et baptise la future capitale du pays du nom de Reykjavik, ou « baie des fumées », à cause des vapeurs provenant des sources d'eau chaude qui parsèment l'île.

Aujourd'hui, cette énergie thermique permet de produire de l'électricité et de se chauffer grâce à la chaleur prélevée directement dans le sous-sol. Environ 90 % des habitations et bâtiments sont ainsi chauffés, tandis que la géothermie satisfait aussi 30 % des besoins électriques de l'île (en 2012). Dans le sud de l'île, on fait pousser différents fruits, légumes et fleurs dans des serres grâce à l'énergie géothermique, et même des bananes et des tomates !

La géothermie de surface

Elle concerne des horizons géologiques superficiels (profondeur inférieure à 200 m). À ces profondeurs, la température n'est pas suffisante pour valoriser la chaleur présente. On recourt donc à des pompes à chaleur qui permettent de relever le niveau de température. Plusieurs techniques sont possibles. Le captage en boucle ouverte consiste à exploiter une nappe d'eau souterraine (aquifère) via deux forages (dits aussi « doublet de forages »). Un premier forage est utilisé pour le pompage de l'eau souterraine et transmet l'énergie à une pompe à chaleur ; un second forage assure la réinjection de l'eau souterraine dans son milieu d'origine. Le captage en boucle fermée consiste à installer des capteurs enterrés (verticaux ou horizontaux) en polyéthylène, dans lesquels circule, en circuit fermé, de l'eau contenant du glycol afin de résister au gel. Ce type de géothermie vise principalement le chauffage et le refroidissement de bâtiments : maisons individuelles, immeubles de logements collectifs, bâtiments tertiaires de tous types.

D'autres techniques existent, comme le puits climatique qui revient à faire circuler l'air dans une conduite enterrée dans le sol (aussi appelée puits canadien ou puits provençal), ou encore les fondations géothermiques qui reviennent à intégrer le tube dans lequel circule l'eau directement dans les fondations du bâtiment.

Le saviez-vous

Par ailleurs, la plupart des pompes à chaleur sont aujourd'hui réversibles. Ainsi, en été, la chaleur peut être prélevée par la pompe dans le bâtiment (à l'inverse du sous-sol en hiver), ce qui assure son refroidissement, et rejetée dans le sous-sol. Il est possible également de court-circuiter la pompe à chaleur en connectant, via un simple échangeur de chaleur, le circuit de chauffage du bâtiment et le réseau de captage de l'énergie du sous-sol. C'est ce que l'on appelle le géocooling. Le coût de fonctionnement est faible dans ce cas-là, puisqu'il se limite au coût de l'électricité nécessaire pour les circulateurs des circuits de distribution dans le bâtiment et de captage, dans le sous-sol.

Le captage de la chaleur

En fonction du terrain, du type de bâtiment à chauffer et des ressources disponibles, plusieurs types d'installations géothermiques dites de surface sont possibles :

Figure 11-2 Les différents types d'installation de géothermie de surface

Type de captage	Schéma
Le captage horizontal : les capteurs horizontaux sont répartis et enterrés à faible profondeur (de 0,60 m à 1,20 m). Les calories sont extraites grâce à un fluide caloporteur qui circule à l'intérieur des capteurs. Il convient pour les habitations individuelles.	
Le captage vertical : les sondes verticales sont installées dans un forage qui peut atteindre jusqu'à 200 m de profondeur et scellées par du ciment. Les calories sont extraites grâce à un fluide caloporteur qui circule à l'intérieur des sondes. Ce système convient aux habitations individuelles, mais également à des immeubles de taille plus importante (en multipliant le nombre de sondes).	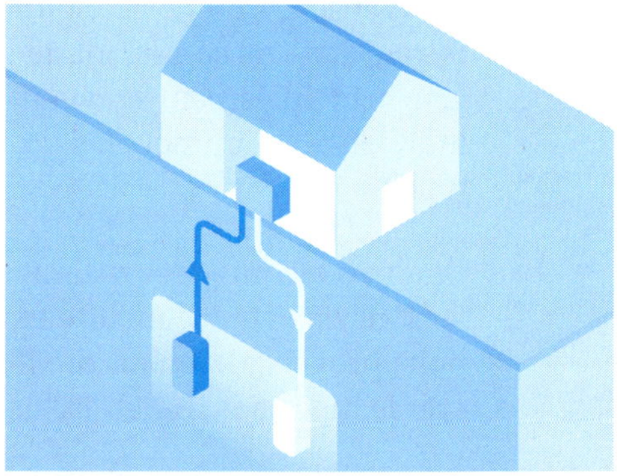
Le captage sur nappe phréatique ou sur aquifères : deux forages sont réalisés dans des aquifères peu profonds (où la température de l'eau est constante, entre 7 et 12 °C) – l'un pour prélever l'eau de l'aquifère, et l'autre pour la rejeter dans l'aquifère après l'exploitation en surface de la chaleur prélevée. Cette méthode permet de chauffer des immeubles individuels ou des groupes d'immeubles (bureaux, résidentiels) pouvant atteindre des surfaces de plusieurs dizaines de milliers de m².	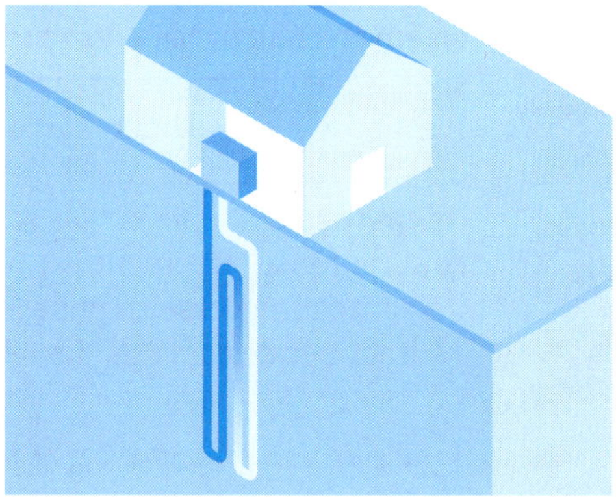

L'utilisation d'une pompe à chaleur

Figure 11-3
Le cycle thermodynamique d'une pompe à chaleur

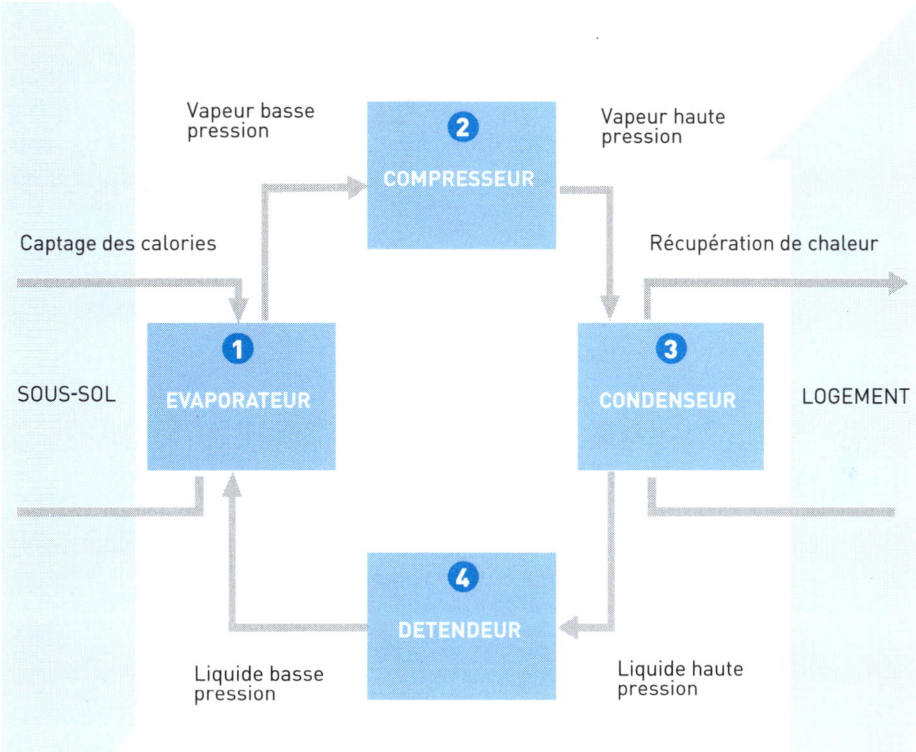

Il s'agit d'un système hermétique dans lequel un fluide frigorigène circule en circuit fermé.

1 **Évaporation.** La chaleur prélevée dans le sous-sol est utilisée pour faire évaporer le fluide frigorigène à basse pression.

2 **Compression**. La vapeur du fluide est aspirée et comprimée à haute pression, ce qui élève sa température.

3 **Condensation**. La vapeur du fluide est condensée et la chaleur est dissipée dans le bâtiment par un réseau de chauffage.

4 **Détente**. Le fluide est détendu donc refroidi et le cycle recommence.

La thalassothermie

Les mers et les océans peuvent aussi être exploités en tant que réservoirs d'énergie renouvelable non intermittente. La valorisation thermique de cette énergie, la thalassothermie, peut s'effectuer directement grâce à une pompe à chaleur. La source chaude ou froide est puisée dans l'eau de mer, et son énergie calorifique est récupérée afin d'alimenter un ou plusieurs bâtiments, voire un réseau de chaleur et/ou de froid jusqu'à l'utilisateur final dans un rayon de plusieurs kilomètres.

Cette méthode est adaptée aux zones littorales à forte densité, notamment en Méditerranée en raison de la température élevée de l'eau, l'absence de marées et des fonds peu profonds et à moindres reliefs.

Des installations moins classiques, mais prometteuses

Le défi ici est d'adapter une technique de captage géothermique très basse énergie à un ouvrage de génie civil complexe.

De la géothermie dans le métro

À Rennes, sur la ligne B du métro, qui doit ouvrir en juin 2021, la géothermie sera intégrée dans quatre stations et permettra de chauffer les logements situés directement au-dessus de la ligne.

Un peu de technique

Le système repose sur la récupération de la chaleur, durant l'hiver, et de la fraîcheur, pendant l'été, des parois de la station en contact direct avec le sol. Un mince tuyau sera fixé sur les armatures métalliques des parois de la station, qui s'enfoncent à 20 mètres de profondeur. L'eau circulant à l'intérieur servira à transporter la chaleur puisée dans le sous-sol. Puis, des pompes à chaleur prélèveront l'énergie à basse température du sol pour la porter à une température suffisante pour le chauffage de locaux, de 30 °C à 75 °C. Les parois en béton des stations seront utilisées comme stockage thermique.

De la géothermie sur eaux usées

Vous ne le savez peut-être pas, mais les eaux usées ont une température élevée tout au long de l'année (en moyenne autour de 15 °C). Elles représentent une énergie disponible en quantité et en milieu proche des besoins. La récupération de cette énergie est appelée « cloacothermie ».

Un peu de technique

Le principe est le même que pour la géothermie sur nappe phréatique, à la différence que les calories proviennent des eaux usées. Elle active un échangeur capable de récupérer et de transférer cette énergie vers une pompe à chaleur. Une fois l'énergie récupérée via l'échangeur, les eaux usées reprennent leur cycle classique de collecte et d'assainissement.

Il existe différentes techniques de récupération :

- **dans des collecteurs du réseau d'assainissement (utilisation directe des effluents) ;**
- **dans les stations d'épuration (une fois les eaux traitées) ;**
- **dans les stations de relevage (station de pompage située en ville) ;**
- **au pied des bâtiments ayant une forte consommation d'eau.**

Les eaux usées

Les eaux usées collectées (ou effluents) sont principalement d'origines domestique, pluviale et industrielle. Elles comprennent les eaux ménagères – ou eaux grises –, les eaux-vannes – ou eaux noires (toilettes) –, les eaux d'arrosage (jardins), les eaux industrielles, ainsi que les eaux de pluie. Selon les réseaux d'assainissement (vétusté, localisation, rôle…), tout ou une partie de ces différents types d'effluents peuvent y transiter. Les eaux industrielles doivent cependant faire l'objet d'un prétraitement avant d'être rejetées dans le réseau de collecte.

Source : geothermies.fr

La géothermie profonde

Contrairement à la géothermie de surface, la géothermie profonde dépend du contexte géologique puisque la ressource se situe en grande profondeur (généralement entre 1000 et 5000 mètres). Il faut donc connaître le sous-sol du site d'exploitation.

Il existe trois applications de la géothermie profonde.

L'usage direct de la chaleur avec un réseau de chaleur

Un peu de technique

On chauffe un quartier ou un ensemble de grands immeubles grâce à un réseau de canalisations, ou « réseau de chaleur », souvent de grande longueur (plusieurs kilomètres), chargé de distribuer la chaleur aux bâtiments raccordés. Aux profondeurs de captage, l'eau est fréquemment salée et/ou chargée en sulfures, il est donc interdit de la rejeter en surface. Pour éviter cela, on fore, près du premier puits, un second puits qui sert à réinjecter l'eau géothermale refroidie dans l'aquifère originel. Ce second puits est foré avec une déviation, de telle sorte qu'en fond de puits, les deux ouvrages soient suffisamment distants (plusieurs centaines de mètres) pour éviter que l'eau géothermale réinjectée ne vienne refroidir le prélèvement de fluide au premier puits. C'est ce qu'on appelle le doublet géothermique.

Une fois captée, l'eau arrive en surface à la centrale géothermique. Les calories sont alors transmises, via un échangeur de chaleur, au réseau qui va alimenter les différentes sous-stations situées au pied des bâtiments raccordés.

Les ressources de géothermie basse énergie se rencontrent principalement dans des bassins sédimentaires profonds, comme c'est le cas en France dans le bassin parisien et le bassin aquitain. Les réservoirs géothermiques sont souvent de très grandes dimensions (cas par exemple du Dogger dans le bassin parisien qui s'étend sur plus de 10 000 km^2).

Exemple : l'Île-de-France

En Île-de-France, 6 % des habitants sont chauffés par un réseau de chaleur alimenté par géothermie, soit près de 500 000 personnes. Le principal aquifère exploité, le Dogger, est situé entre 1 700 et 1 900 mètres de profondeur et délivre une eau à une température de l'ordre de 70-75 °C. Avec une cinquantaine d'installations en fonctionnement, l'Île-de-France constitue la région présentant la plus grande densité au monde d'installations de géothermie profonde pour le chauffage de bâtiments.

La production d'électricité

Dans les zones volcaniques, la chaleur de la Terre réchauffe de gigantesques poches d'eau, qui sont extraites par forage et arrivent à la surface sous forme d'un mélange d'eau et de vapeur. La vapeur est envoyée dans une turbine couplée à un alternateur qui produit ainsi de l'électricité.

La puissance électrique moyenne de ces centrales géothermiques varie de 15 à 50 MW.

Exemple : en zone volcanique

Le site de Bouillante est la référence française en matière de géothermie haute énergie. Cette centrale est située à l'entrée du bourg de Bouillante, à une vingtaine de kilomètres à vol d'oiseau du volcan guadeloupéen la Soufrière, sur l'île de Basse-Terre.

Elle capte la chaleur à partir d'une ressource géothermale haute énergie extraite de plusieurs forages d'une profondeur de 1 000 mètres environ, où la température des roches atteint plus de 260 °C. Elle permet une production électrique annuelle de l'ordre de 110 GWh.

D'autres projets sont à l'étude ou envisagés, principalement dans les territoires français d'outre-mer, aux Antilles ou dans l'océan Indien, là où les contextes géologiques sont essentiellement de nature volcanique.

La cogénération

Ces centrales, dites « ORC », concernent des installations situées dans des contextes autres que les contextes volcaniques, c'est-à-dire dans des zones où le gradient géothermique est moins important, comme en métropole par exemple.

Un peu de technique

Contrairement à une installation comme celle de Bouillante, il faut forer beaucoup plus profondément (entre 3000 et 5000 mètres) pour obtenir des températures suffisantes. Le fluide géothermique obtenu en surface par pompage est généralement sous forme liquide et sa température n'excède pas 200 °C. Pour valoriser cette énergie, le fluide géothermal n'est pas utilisé directement. Sa chaleur est prélevée dans un échangeur de chaleur pour vaporiser un fluide organique volatil, et les vapeurs de ce fluide vont ensuite alimenter une turbine pour produire de l'électricité.

À la sortie de la turbine, le fluide est condensé, il revient à l'état liquide, puis il est renvoyé à l'échangeur pour être à nouveau vaporisé. Il évolue donc en circuit fermé. À la sortie de l'échangeur, le fluide géothermal refroidi peut être encore utilisé pour produire de la chaleur qui va permettre d'alimenter, par exemple, un réseau de chaleur. C'est cette production combinée de chaleur et d'électricité que l'on appelle cogénération.

Exemple : l'Alsace

Aujourd'hui, en Alsace, plusieurs centrales sont en cours de réalisation (à Vendenheim, qui devrait produire 6 MW d'électricité et alimenter en chaleur l'équivalent de 7000 logements, ou à Illkirch). Les centrales devraient être opérationnelles dans les deux à trois ans à venir.

D'autres projets sont également à l'étude. Cette filière est émergente.

Pour résumer

Figure 11-4
Panorama des centrales géothermiques

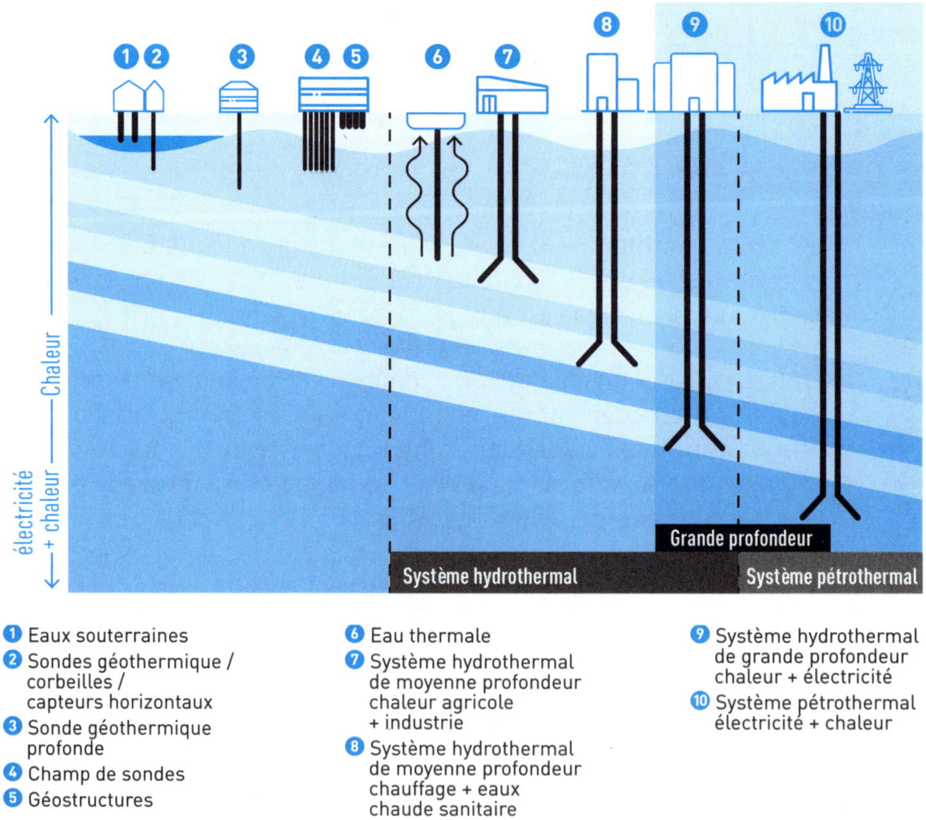

Figure 11-5 Potentiel énergétique de la géothermie

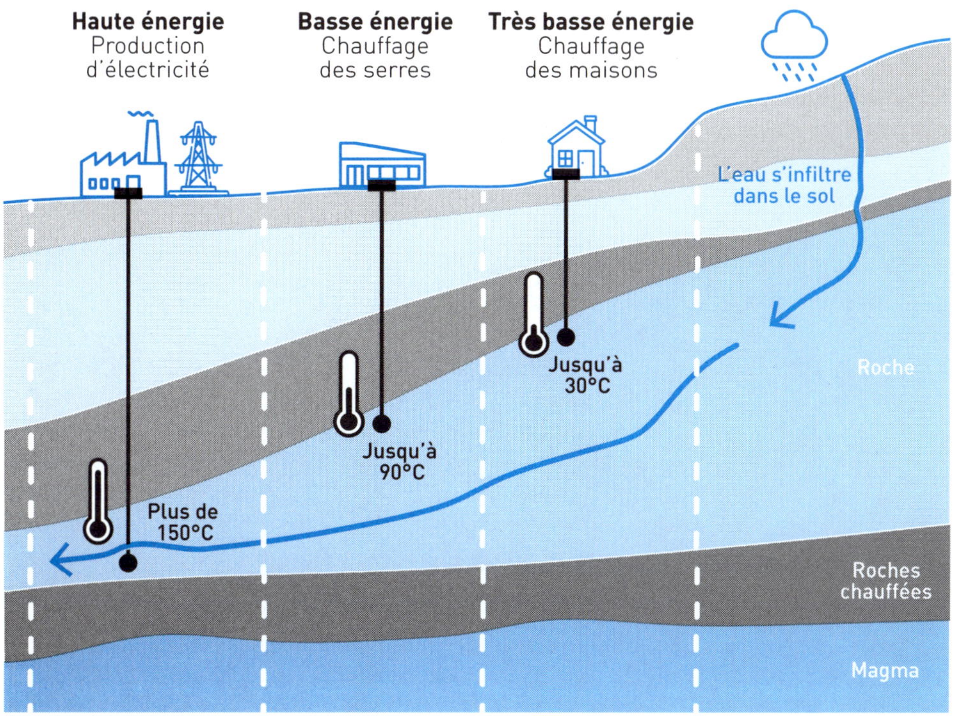

DANS CE CHAPITRE

Les centrales marémotrices
•
Les hydroliennes
•
Les installations houlomotrices
•
L'énergie thermique des mers (ETM)

Chapitre 12
Les énergies marines

L'exceptionnel potentiel de la France

Il existe une grande variété de technologies marines prometteuses de production d'énergie renouvelable, mais elles ne sont pas encore toutes à pleine maturité.

Aujourd'hui, la France compte une centrale marémotrice (qui utilise les mouvements des marées), des hydroliennes (qui se servent des courants marins) et des installations houlomotrices (qui fonctionnent avec l'énergie développée par les vagues) testées en mer.

Le potentiel français pour les énergies marines est important grâce à une large façade maritime de 11 millions de km^2 et aux territoires d'outre-mer. C'est ainsi l'un des seuls pays au monde à pouvoir exploiter tous les types d'énergies marines renouvelables (EMR).

En chiffres

Concernant l'énergie marémotrice, l'usine de la Rance produisait, en 2018, 502 GWh, soit l'équivalent de la consommation annuelle de 185 000 habitants ou encore 17 % de l'énergie produite en Bretagne.

S'agissant des installations houlomotrices, le potentiel théorique mondial est estimé à 1400 TWh/an exploitables, selon le World Energy Council (le Conseil mondial de l'énergie).

Enfin, pour l'hydrolien, le potentiel technique mondial est estimé entre 80 000 et 100 000 MW. La France disposant des courants parmi les plus forts au monde, elle présente un potentiel techniquement exploitable pour l'énergie hydrolienne de 3 000 à 5 000 MW, soit 30 % de la ressource européenne. Les deux grandes zones identifiées, avec un gisement important, sont les raz Blanchard et Barfleur, en Normandie, et le passage du Fromveur, en Bretagne.

Selon le Syndicat des énergies renouvelables, le développement de l'hydrolien s'inscrit dans une perspective de production d'énergie renouvelable sur le territoire national, mais aussi d'export avec une ressource française suffisante pour lancer l'industrialisation d'environ 50 000 machines.

Les centrales marémotrices

L'énergie marémotrice exploite les courants des marées pour produire de l'électricité sur un principe similaire à celui des barrages hydroélectriques.

Elle présente deux principaux avantages :

» **c'est une énergie intermittente, mais très prédictible ;**

» **c'est un bon moyen de stockage (avec turbinage et pompage).**

Néanmoins, les coûts d'investissement et de maintenance sont très élevés, du fait notamment des phénomènes d'érosion naturelle et d'envasement liés aux flux de sédiments et d'eau.

Le phénomène des marées

Pour simplifier, il existe deux types de marées :

» **Une marée journalière** (dite diurne), due au fait que la Terre tourne sur elle-même en une journée, en imaginant que la Lune est fixe. Alors, au point le plus proche de la Lune ou au contraire le plus éloigné, celle-ci exerce une attraction sur le bourrelet d'eau, impliquant la montée de la marée haute. Il y a donc deux marées hautes et deux marées basses chaque jour.

» **Une marée mensuelle** (ou plutôt de 28 jours, car c'est le temps que met la Lune pour tourner autour de la Terre). Lorsque la Lune et le Soleil sont alignés, ils attirent en même temps ou au contraire repoussent en même temps, amplifiant le phénomène de marée. L'attraction est plus forte, produisant ainsi des marées supérieures à la moyenne, appelées vives-eaux, en opposition aux mortes-eaux qui sont les périodes de marée inférieures à la moyenne.

Figure 12-1 Les marées mensuelles

Mortes-eaux : coefficient compris entre 20 et 70, lorsque la lune et le soleil sont à 90° (premier et dernier quartier)

Vives-eaux : Coefficient compris entre 70 et 120, lorsque la lune et le soleil sont alignés (pleine et nouvelle lune)

Fonctionnement d'une usine marémotrice

L'énergie marémotrice utilise la différence de hauteur d'eau entre le bassin et la mer, en fonction de la marée. Les installations peuvent utiliser tout le cycle (marée montante et descendante), ou seulement une partie du cycle.

Un simple effet au remplissage

On ferme le bassin de retenue à marée basse et, lorsque la mer est haute, on ouvre les vannes et l'eau pénétrant dans le bassin de retenue fait tourner les turbines. Néanmoins, cette méthode nécessite de conserver un niveau bas dans le bras de mer sur une longue durée, ce qui peut engendrer des problèmes environnementaux et d'usage pour la navigation.

Figure 12-2
Simple effet au remplissage

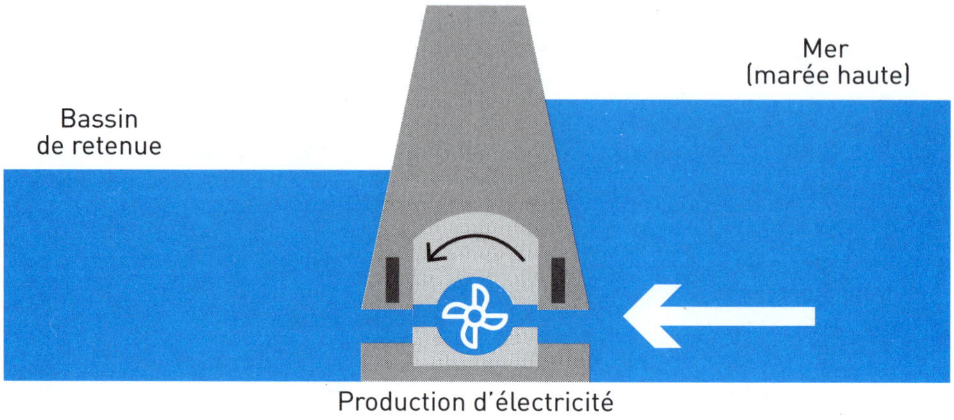

Un simple effet au vidage

À l'inverse, on ouvre les vannes lorsque la mer est au niveau le plus bas, ce qui fait tourner les turbines qui sont connectées à des alternateurs, produisant ainsi de l'électricité.

Figure 12-3
Simple effet au vidage

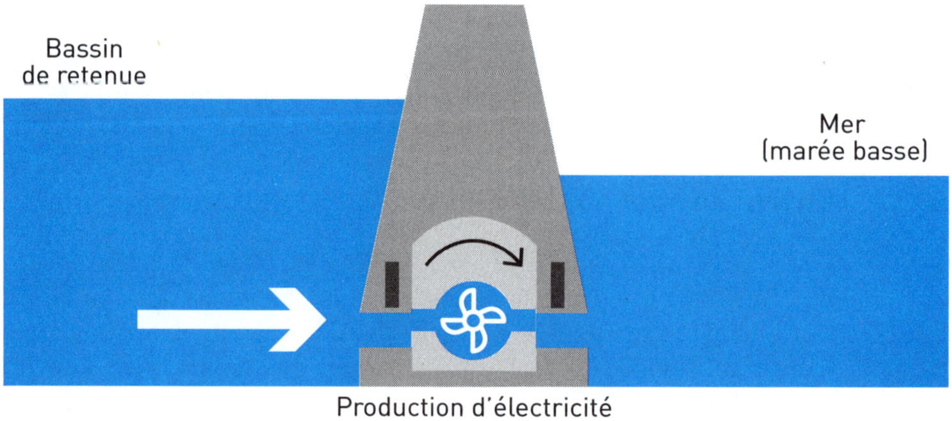

Un double effet

On fait tourner les turbines lors du remplissage ET lors du vidage. Des pompages complémentaires peuvent être nécessaires pour optimiser les différences de niveaux.

Figure 12-4
Usine marémotrice de la Rance

Les hydroliennes

Les hydroliennes transforment l'énergie cinétique des courants marins, principalement issus de la marée, en électricité. Les grands courants océaniques tels que le Gulf Stream sont également des sources potentielles, mais souvent plus difficiles à exploiter.

Leurs points forts :

- **un fort potentiel de production ;**
- **une énergie renouvelable et prédictible (par exemple : inversement des marées toutes les 6 heures en Europe).**

Leurs défis :

- **les zones d'implantation sont souvent hostiles, avec de forts courants marins difficilement navigables ;**
- **elles nécessitent de lourds investissements.**

Comment ça marche ?

L'hydrolienne fonctionne exactement sur le même principe qu'une éolienne pour l'air. Le courant marin exerce une pression sur des pales profilées comme des ailes d'avion (d'un diamètre de 10 à 20 mètres) et les met en rotation, ce qui entraîne l'arbre qui, à son tour, fait tourner une génératrice électrique.

Pour fixer les hydroliennes, il existe deux systèmes principaux :

- **Flottant : grâce à des flotteurs avec des hélices fixes en dessous ;**
- **Au fond de l'eau : grâce à des fondations gravitaires avec une embase au sol ou des pieux. Les hydroliennes sont placées à des profondeurs variables (entre 30 et 40 mètres) et leur emplacement exact est défini de manière à ne pas perturber le trafic maritime et les pêcheurs. Ce système représente environ 80 % du marché.**

Le flottant permet une maintenance plus facile et moins chère. En revanche, les hydroliennes se situent dans un environnement hostile et donc plus risqué, entraînant plus de casse. L'acceptabilité du projet peut aussi être plus difficile, car l'installation est bien visible à la surface.

En France, une hydrolienne de l'entreprise bretonne Sabella au large de l'île d'Ouessant produit déjà de l'électricité, et deux autres hydroliennes ont été immergées par EDF au large de Paimpol-Bréhat entre 2016 et début 2017.

L'effet de sillage

Comme les éoliennes, les hydroliennes créent un sillage tourbillonnaire dû au fait que l'hydrolienne capte une grande partie de l'énergie cinétique du courant (du vent pour l'éolienne). La vitesse du courant/vent est alors diminuée en aval.

Comme il existe un ou plusieurs vents dominants sur une zone géographique donnée, les éoliennes sont plus espacées dans le sens du vent dominant, et moins espacées dans le sens des vents moins fréquents. Cela permet d'optimiser l'espace disponible pour l'implantation des machines tout en maximisant le rendement de chacune d'entre elles.

En revanche, les hydroliennes peuvent être alignées puisque le courant n'est qu'un flux bidirectionnel.

À retenir

La vitesse des pales étant très lente (10 à 20 tours par minute), l'installation des hydroliennes n'impacte pas ou très peu la circulation de la faune aquatique ; en effet, les poissons et les mammifères marins peuvent éviter les hydroliennes et leurs pales.

Les installations houlomotrices

Il s'agit d'une production d'énergie grâce à la houle.

Ces installations ne sont pas encore commercialisées, mais encore au stade de recherche et développement et de prototype. Elles présentent néanmoins un grand potentiel théorique.

Leurs atouts :

- **la houle est une énergie inépuisable, facile à prédire (estimation des niveaux moyens de puissance disponibles 3 ou 4 jours avant) ;**
- **c'est une énergie variable, mais complémentaire d'autres énergies renouvelables, car elle fonctionne à un rythme différent du solaire et de l'éolien.**

Leurs difficultés :

- **l'environnement difficile implique des matériaux résistants et une maintenance qui peut être problématique ;**
- **le coût est aujourd'hui encore très élevé, lié à l'investissement initial, mais aussi à l'implantation, au raccordement, à l'entretien, etc. ;**

» il existe beaucoup de technologies différentes et cette diversité technologique ne facilite pas les investissements.

D'où vient la houle ?

Les vagues sont des ondes naissant à la surface de la mer sous l'effet du vent. Lorsqu'elles parcourent de longues distances, se forme alors la houle. Par exemple, lorsqu'un coup de vent se profile à l'est des États-Unis, les surfeurs de Bretagne savent que, très certainement, quelques jours plus tard, ils pourront profiter des vagues de la houle qui s'est formée dans l'Atlantique.

En Europe, les vents dominants sont les vents d'ouest et le potentiel houlomoteur se situe principalement sur les façades ouest de ce continent.

Comment ça fonctionne ?

Différents dispositifs sont à l'étude pour exploiter cette énergie.

Un système à flotteurs

Une structure flottante (flotteurs reliés entre eux) est alignée perpendiculairement aux vagues et arrimée au sous-sol marin par des câbles. Les vagues créent une oscillation de la chaîne de flotteurs, ce qui actionne une turbine, soit directement, soit par le biais d'un fluide hydraulique comprimé.

Les systèmes à déferlement

Les vagues déferlent sur des plans inclinés artificiellement et sont recueillies dans un réservoir surélevé. L'eau actionne une turbine, puis retourne à la mer. Les installations peuvent être flottantes en mer ou fixes sur le littoral.

Les colonnes d'eau oscillantes

L'oscillation de l'eau en surface agit comme un « piston » qui pousse de l'air dans une chambre. Ce flux d'air actionne des turbines pour produire de l'électricité. Les installations peuvent être flottantes en mer ou fixes sur le littoral.

Les systèmes immergés

Des corps immergés (volets, bouées...) fixés sur le fond marin sont mis en mouvement par l'oscillation de l'eau. Ils actionnent à leur tour des systèmes de transformation d'énergie (pompe à piston...) grâce à un fluide qui peut être de l'huile, de l'eau de mer...

Les projets en développement les plus avancés

De l'Australie à Gibraltar, en passant par la Finlande, la houle et les vagues attirent les innovations...

CETO : les bouées sous-marines génératrices de pression

Une société australienne teste un système de production d'électricité par eau de mer à haute pression à partir de bouées sous-marines. Baptisé CETO (« gros poisson » en grec), il prend la forme de pompes hydrauliques activées par le mouvement des bouées et reliées à des canalisations qui acheminent l'eau de mer à forte pression sur terre. Cette eau active alors une turbine qui produit un courant électrique.

Un prototype installé au large de Garden Island, au sud de Perth en Australie, fonctionne depuis août 2019.

L'*Eco Wave Power*

Cette structure s'appuie sur des flotteurs qui, soulevés par les vagues, animent un bras dont le mouvement de piston fait tourner une turbine. La puissance de l'installation dépend du nombre de flotteurs reliés à la structure. Ceux-ci sont placés sur une digue, ce qui évite les problèmes liés à un environnement marin plus difficile au large.

Une première centrale est testée à Gibraltar.

Le *Penguin* développé par Wello (Finlande)

Ce projet utilise une technologie de type masse oscillante, un mouvement de rotation est généré par la houle et toute la partie électrique est dans la coque. Un prototype a été installé sur le site de l'European Energy Marine Center, de 600 kW, où l'on trouve des vagues de plus de 12 mètres.

L'énergie thermique des mers (ETM)

L'ETM consiste en l'exploitation des différences de températures des océans, entre l'eau chaude de la surface et l'eau froide des profondeurs.

Elle présente le double avantage d'être prévisible, disponible toute l'année en zone intertropicale et, en théorie, elle a un potentiel énorme. Cependant, son faible rendement allié à un coût encore élevé en fait un système perfectible. En outre, elle n'est applicable qu'en zones tropicales et volcaniques (afin d'avoir une profondeur importante près des côtes pour prélever plus facilement l'eau froide) et nécessite de lourds investissements encore en Recherche et développement et prototypes.

Une idée ancienne

> ***« J'aurais pu, en effet, en établissant un circuit entre des fils plongés à différentes profondeurs, obtenir de l'électricité par la diversité des températures qu'ils éprouvaient. »***
>
> **Jules Verne,** *Vingt mille lieues sous les mers*, **1870.**

Le saviez-vous

Jules Verne, lui-même, y avait donc pensé ! Une formulation reprise par le scientifique Jacques Arsène d'Arsonval (1851-1940) qui exposa le principe d'énergie thermique des mers en 1881, tandis que Georges Claude (1870-1960) fut le premier à percevoir l'intérêt industriel de la technologie, et expérimenta en 1928 un procédé à cycle ouvert. En 1923, il installa une turbine à Cuba et le prototype produisit 22 kW durant onze jours, mais une tempête détruisit la conduite d'eau froide. Enfin, en 1933, il construisit la première usine ETM flottante à Rio de Janeiro.

Comment ça marche ?

Un peu de technique

Les mers et océans captent l'énergie solaire qui réchauffent les eaux de surface. Plus on se rapproche de l'équateur, plus les eaux se réchauffent car les rayons sont perpendiculaires à la surface. Aussi, c'est dans les zones tropicales, comme les Caraïbes, que la différence entre eaux de surface et eaux de profondeur est la plus forte.

Les centrales ETM consistent à pomper les eaux de profondeur et de surface. La différence de température crée une tension qui génère un courant électrique. Ce phénomène est connu sous le terme d'effet thermoélectrique ou effet « Seebeck ».

L'utilisation de l'ETM se limite aujourd'hui aux zones tropicales, car il est nécessaire d'avoir une différence de température d'au moins 20 °C, avec généralement des grandeurs de l'ordre de 4 °C à une profondeur de 1 000 m et supérieure à 24 °C en surface. Plusieurs projets de recherche et développement ont été lancés ces dernières années, notamment dans les Outre-Mer français.

Les différentes centrales ETM

Les centrales ETM sont de trois types : en cycle ouvert, en cycle fermé, ou en cycle hybride[6].

En cycle ouvert

L'eau pompée en surface passe dans un évaporateur où la pression est faible afin d'abaisser le seuil d'évaporation du fluide. La vapeur d'eau actionne une turbine attelée à un alternateur, puis est condensée au contact de l'eau froide pompée en profondeur.

En cycle fermé (ou cycle de Rankine)

Il s'agit du système le plus courant et le seul réellement développé.

On utilise un fluide caloporteur (ammoniac...) évaporé par la chaleur de l'eau de surface. Après avoir entraîné une turbine, la vapeur passe par un condenseur refroidi par l'eau froide du fond et retrouve son état liquide, et le cycle recommence (pompe de circulation).

Le cycle hybride

Il combine les deux principes pour produire de l'eau douce par condensation de vapeur d'eau de mer.

6 https://www.connaissancedesenergies.org/fiche-pedagogique/energie-thermique-des-mers-etm

Figure 12-5
Centrale ETM en cycle hybride

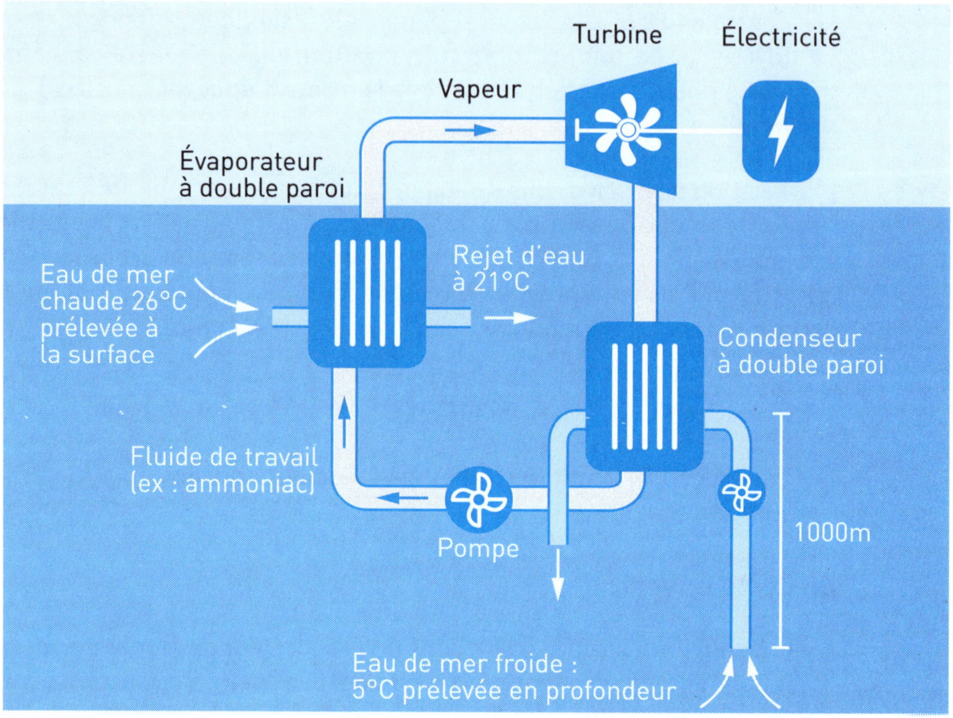

Le SWAC (*Sea Water Air Conditionning*) ou thalassothermie

Le principe consiste à pomper de l'eau de mer fraîche des profondeurs jusqu'à la surface. Puis elle passe dans un échangeur thermique où elle refroidit un circuit d'eau douce en boucle fermée. Celui-ci alimente en eau froide les immeubles à climatiser. L'eau de mer à la sortie de l'échangeur thermique est renvoyée en profondeur à une température compatible avec le milieu ambiant. Il est ainsi possible de substituer l'énergie électrique généralement utilisée pour produire de l'eau froide par une source totalement naturelle et renouvelable qu'est l'eau de mer.

L'énergie nécessaire au pompage reste marginale par rapport aux gains de substitution du procédé, entre 80 et 90 % d'économie d'énergie.

Depuis 2006, l'hôtel Intercontinental de Bora Bora, en Polynésie française, est entièrement climatisé par un système de SWAC. L'emplacement réunit les conditions idéales pour l'exploitation d'un tel système.

La mer, un potentiel énergétique pour le futur

Il existe encore bien des technologies en cours de développement qui utilisent des énergies renouvelables marines.

Exemples :

- L'utilisation des algues marines pour produire des biocarburants ;
- L'énergie osmotique : c'est l'énergie exploitable à partir de la différence de salinité entre l'eau de mer et l'eau douce, qui sont séparées par une membrane semi-perméable. Les molécules d'eau migrent à travers la membrane, créant ainsi une pression osmotique qui assure un débit faisant tourner une turbine afin de produire de l'électricité. Mais, pour le moment, cette technologie nécessite une très grande surface de membrane pour produire une trop faible quantité d'énergie. Elle n'est donc pas encore rentable, même si son potentiel est immense : à l'embouchure des fleuves, un débit de 1 m^3/s produit 8,8 GWh/an.

DANS CE CHAPITRE

Le stockage de l'électricité

Le stockage de la chaleur

Les solutions de demain

La conversion

Chapitre 13

Le stockage

Le stockage d'électricité ou de chaleur consiste à accumuler l'énergie en vue d'une utilisation ultérieure. L'électricité est un vecteur pratique pour le transport de l'énergie, mais difficilement stockable en l'état, elle est donc généralement transformée en énergie mécanique, thermique ou chimique. À l'inverse, l'énergie thermique est le plus souvent stockée sous sa forme originelle.

Théoriquement, l'énergie peut être stockée sous différentes formes :

- **Sous forme mécanique :** un objet en mouvement possède une énergie cinétique (exemple : volants d'inertie). Une énergie mécanique peut aussi être « potentielle », l'énergie disponible a été utilisée (stockée) pour créer une situation où un mouvement peut entraîner la production d'électricité (exemple : un barrage en altitude où l'eau sera libérée à la demande) ;
- **Sous forme de chaleur :** par exemple, un ballon d'eau chaude dans une maison, ou encore la chaleur contenue dans la Terre, soit l'énergie géothermique ;
- **Sous forme chimique :** tout combustible est un stock d'énergie sous forme chimique. Il suffit de faire brûler le composé ainsi stocké pour récupérer de l'énergie sous forme de chaleur. Un autre stockage chimique est celui sous forme d'hydrogène (par compression ou liquéfaction), ou une batterie, qui est par nature un stockage chimique.

Il existe deux formes de stockage :

- le stockage stationnaire, qui vise à décaler l'usage dans le temps, mais pas dans l'espace ;
- le stockage embarqué ou portable, destiné aux applications mobiles.

Aujourd'hui, la part du stockage d'électricité dans le mix électrique français est significative, puisqu'elle représentait déjà, en 2014, 4,3 GW de stations de transfert d'énergie par pompage (STEP), et 13 GW d'hydraulique avec réservoir.

La véritable clé de voûte des énergies renouvelables

Le stockage d'électricité est nécessaire pour deux usages principaux :

- **Pour les territoires et les zones non connectés au réseau :** il apporte une solution directe pour répondre à l'intermittence des énergies renouvelables et ainsi permettre un approvisionnement en énergie uniquement par une énergie verte ou de réduire de manière significative le recours au générateur diesel, apportant ainsi également une fonction de régulation ;
- **Pour les zones connectées au réseau :** il permet d'équilibrer rapidement les décalages entre production et consommation sur le réseau et facilite ainsi la pénétration des énergies renouvelables sur le réseau (pierre angulaire). En effet, lorsque les énergies renouvelables ne produisent pas (intermittence), il est nécessaire de combler rapidement ce manque sur le réseau afin d'éviter les *black-out* (panne de courant subite et généralisée à tout un territoire). Grâce au stockage, on peut différer l'usage du surplus d'énergie produit par le renouvelable pour l'utiliser par la suite, et donc éviter les énergies carbonées en période de forte demande (appelée aussi « pointe » de consommation).

Le stockage de l'électricité

Une des meilleures façons de stocker de l'énergie consiste à convertir de l'énergie chimique en énergie électrique puisque toutes deux partagent le même vecteur : l'électron. Les dispositifs électrochimiques capables d'effectuer une telle conversion sont les batteries, les piles et les accumulateurs.

La différence entre une pile, un accumulateur et une batterie

Les piles transforment l'énergie chimique en électricité de manière irréversible, les accumulateurs permettent d'effectuer le processus inverse : ce sont des piles rechargeables. Et les batteries sont un assemblage de plusieurs accumulateurs connectés entre eux en série, pour augmenter la tension, ou en parallèle pour augmenter le courant (parfois combinaison des deux) afin d'obtenir une source électrique de tension et capacité souhaitée.

Dans le langage courant, on emploie cependant le terme de pile rechargeable pour désigner, en fait, des accumulateurs.

Les batteries au lithium

Aujourd'hui encore, ce sont les batteries au plomb qui sont les plus utilisés, mais les batteries au lithium (Li-ion) jouent un rôle prépondérant dans la croissance du marché mondial. On les retrouve dans des applications nomades ou mobiles (voitures électriques et hybrides, smartphones, ordinateurs portables...).

En effet, le lithium est l'un des métaux les plus électropositifs, ce qui veut dire qu'il possède la caractéristique de céder facilement un électron. Il devient alors un ion, d'où le terme lithium-ion.

Comment fonctionne une batterie ?

Une batterie, ça marche par une réaction d'oxydoréduction. La batterie au lithium-ion est constituée de deux électrodes :

» **L'anode** (borne négative), qui est faite de graphite. Les atomes de lithium ont tendance à céder un électron et l'équilibre des charges est rompu. Il devient alors un ion positif ;

» **La cathode** (borne positive), qui est faite à partir de lithium et d'autres matériaux tels que l'oxyde de cobalt.

L'ensemble baigne dans une substance conductrice ou solution appelée l'électrolyte, qui, à l'état liquide, permet le déplacement des ions.

Un peu de technique

Une fois la batterie branchée, la différence de potentiel provoque le déplacement des électrons. Les électrons passent de l'anode à la cathode par le circuit externe. De leur côté, les ions de lithium chargés positivement quittent l'anode pour retourner à la cathode, car ils sont attirés par les charges négatives des électrons, ils veulent équilibrer leur charge.

Figure 13-1
Batterie en activité

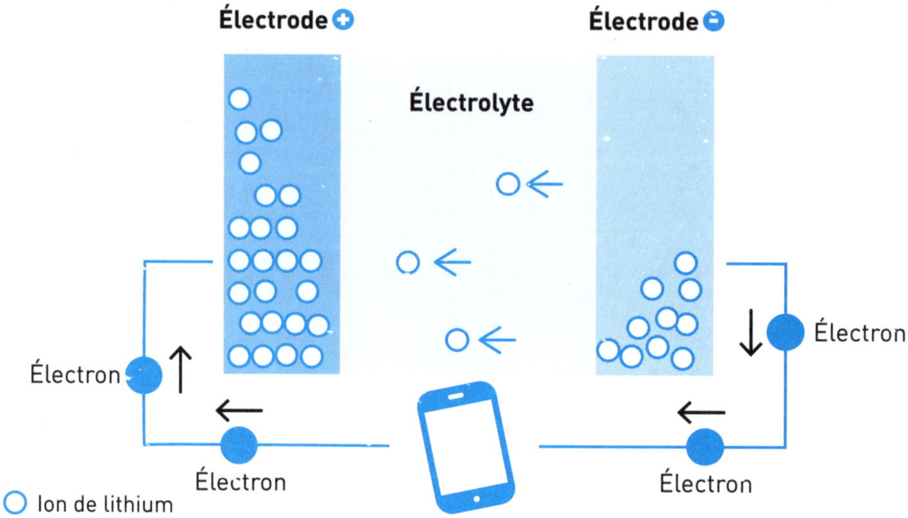

Le circuit inverse consiste donc à déplacer les électrons de la cathode vers l'anode pour charger la batterie. Ce déplacement est provoqué par un chargeur extérieur et entraîne le passage des ions de lithium de la cathode vers l'anode pour équilibrer la charge électrique. La charge de la batterie est complétée lorsque tous les ions sont passés.

Figure 13-2
Batterie en charge

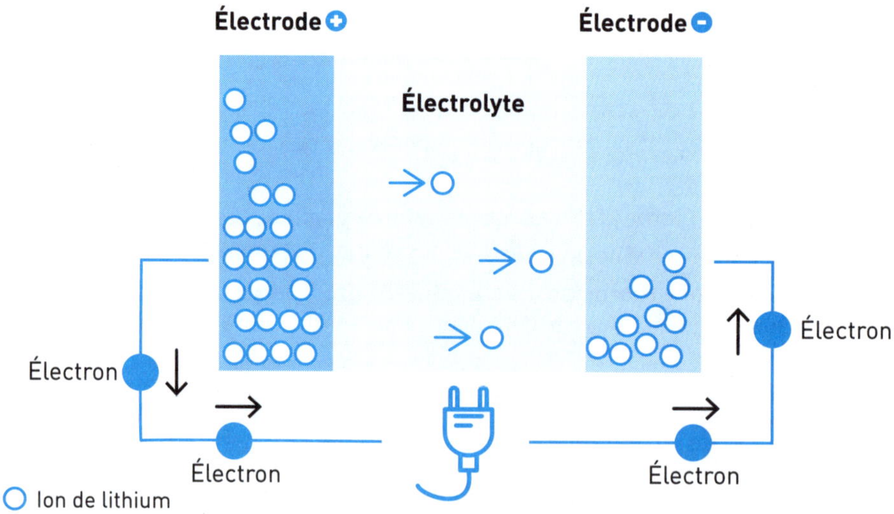

L'Airbus des batteries

Fin 2019, la Commission européenne a donné son autorisation pour une aide de plus de 3 milliards d'euros de sept États membres, dont la France et l'Allemagne, afin de développer une filière industrielle de batteries en Europe pour les véhicules électriques.

Ce projet réunit un consortium de 17 entreprises coopérant avec plus de 70 partenaires externes. Les financements publics devraient permettre de mobiliser plus de 5 milliards d'euros supplémentaires d'investissements privés. Ce projet, qui s'étale jusqu'en 2031, permettra d'accélérer la transition écologique en Europe, de créer des emplois localement et de réduire la dépendance de l'Europe aux batteries d'origine asiatique.

Les matériaux, un problème de ressource ?

Actuellement, les batteries au lithium-ion représentent la majorité des batteries stationnaires fonctionnant en cyclage.

Selon l'Ademe, le lithium ne pose pas de risque majeur d'approvisionnement sur le plan géologique. Un point de vue partagé par l'IRENA. En effet, les réserves de lithium sont suffisantes ; même avec un scénario de forte pénétration du véhicule électrique mondial (jusqu'à 75 % du stock de véhicules en 2050). La production est actuellement concentrée entre l'Australie (> 50 %), le Chili (> 20 %), la Chine (10 %) et l'Argentine (8 %). Par ailleurs, le plus grand gisement de lithium au monde vient d'être récemment découvert au Mexique.

Les batteries utilisent également d'autres matériaux comme le cobalt, le manganèse, le nickel ou le graphite, dont les réserves ne sont pas infinies. Mais il convient de souligner que les batteries ne consomment pas ces matériaux, ouvrant ainsi la voie au recyclage. La sobriété et l'allongement des durées de vie sont deux autres voies à systématiquement explorer, au-delà du recyclage.

Par ailleurs, les recherches continuent à explorer de nouvelles pistes pour ne plus utiliser de matériaux qui poseraient des problèmes de réserves ou dont la production est concentrée dans certains pays. C'est le cas notamment du cobalt, dont 70 % de la production est concentrée en République démocratique du Congo, pays en proie aux conflits, où les conditions de travail sont critiquables et loin d'être totalement transparentes.

Les piles à combustible (hydrogène)

Autre vecteur de stockage stationnaire de l'électricité ou pour un usage mobile : l'hydrogène.

L'électricité permet de produire du gaz hydrogène via un électrolyseur. L'électrolyse est une réaction chimique qui décompose l'eau (H_2O) en hydrogène (H_2) et en oxygène (O_2). L'hydrogène peut ensuite être stocké sous forme gazeuse, liquide ou solide. Utilisé dans une pile à combustible, il est recombiné à l'oxygène pour produire de l'électricité et de l'eau.

Figure 13-3
Stockage d'énergie solaire sous forme d'hydrogène

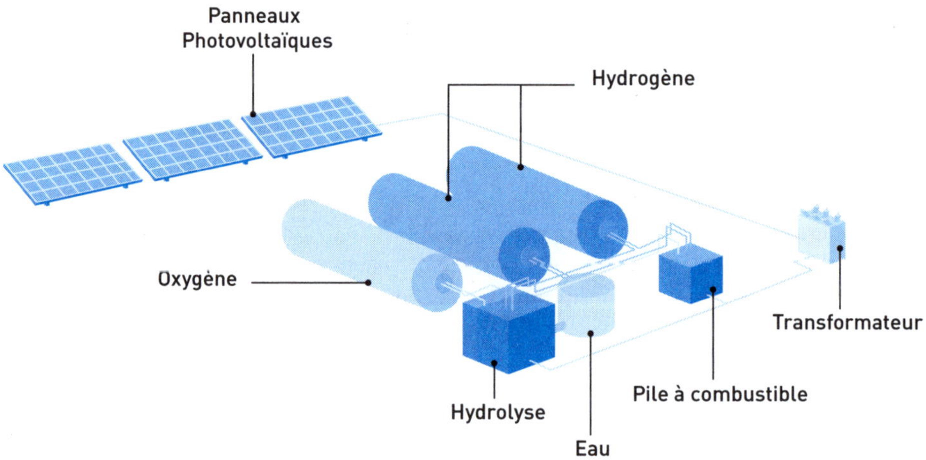

Si, actuellement, plus de 95 % de l'hydrogène produit est dit « gris », c'est-à-dire issu de vaporeformage de combustibles fossiles, l'avenir est à l'hydrogène « vert », c'est-à-dire produit à partir d'énergies renouvelables, comme le solaire photovoltaïque ou l'éolien, par exemple. À ce titre, l'Union européenne a indiqué en 2020 que les investissements cumulés en faveur de l'hydrogène renouvelable en Europe pourraient se situer entre 180 et 470 milliards d'euros d'ici à 2050. La part de l'hydrogène vert pourrait ainsi représenter environ 13 % du mix énergétique européen à cet horizon, contre moins de 2 % actuellement.

Le pompage hydro (STEP)

Les stations de transfert d'énergie par pompage (STEP) sont traditionnellement composées de deux réservoirs séparés verticalement. Cette technique consiste à pomper l'eau d'un bassin inférieur pendant une période de faible consommation vers un bassin supérieur, en prévision d'une période de forte consommation. L'électricité est donc transformée en énergie potentielle. Le système est réversible. En cas de besoin, le réservoir est vidé par gravité et l'eau produit de l'électricité par passage dans des turbines.

Les STEP représentent actuellement près de 140 GW de capacité de stockage installée dans le monde. La France compte six installations, dont la plus grande, mise en service par EDF en 1985 sur le barrage de Grand'Maison (Isère), offre une puissance de 1420 MW pendant 172 heures. Le barrage permet de produire l'équivalent de deux réacteurs nucléaires ancienne génération.

Le stockage de la chaleur

Le stockage de l'énergie concerne aussi bien la chaleur que l'électricité. Cela consiste à accumuler de l'énergie en vue d'une utilisation ultérieure. Plusieurs solutions existent, couvrant une vaste gamme de températures, du froid (températures inférieures à 0 °C) aux très hautes températures (au-delà de 500 °C).

Le stockage par chaleur sensible

La chaleur sensible utilise la variation de température d'un matériau pour stocker de l'énergie. Technologie de référence pour les applications à basse température, elle consiste en l'élévation de température d'un matériau gazeux, liquide ou solide. La chaleur est ensuite récupérée en chauffant un autre fluide. C'est le principe d'une pierre posée près d'une cheminée qui emmagasine de la chaleur, puis qu'on peut déplacer afin qu'elle cède sa chaleur.

Le stockage par chaleur latente

C'est l'énergie stockée par le changement d'état – fusion ou vaporisation d'un matériau – et récupérée par le processus inverse. La chaleur va entraîner le passage d'un état solide à un état liquide.

Le stockage par réaction chimique (thermochimie)

Cette technologie fonctionne grâce à une réaction chimique qui utilise de la chaleur dans un sens et en dégage dans le sens opposé (endothermie/exothermie).

Par exemple, avec la chaux : la chaleur apportée permet de l'assécher (retirer l'eau du mélange), ainsi, elle peut être conservée à l'abri de l'humidité. Lorsqu'elle est de nouveau humidifiée, se produit alors un dégagement de chaleur qui peut être utilisé, notamment dans l'habitat.

La stabilité de ce système peut permettre un stockage saisonnier.

Les solutions de demain

Les recherches en matière de stockage sont nombreuses et variées. Aujourd'hui, si le stockage électrochimique domine, des recherches sur les systèmes non chimiques sont en cours.

Les nouvelles solutions électrochimiques

De nouvelles solutions électrochimiques de stockage sont en cours de développement. Il s'agit notamment des batteries zinc-brome, sodium-ion ou encore les batteries lithium-ion à électrolyte solide. Ces dernières permettent notamment un gain de poids et supportent des températures plus élevées que les batteries liquides, deux éléments forts recherchés (dans l'industrie automobile en particulier). La technologie Zinc-Air est également très prometteuse pour des applications de stockage stationnaire. Moins efficace et moins réactive que le lithium-ion, elle devrait en revanche se révéler beaucoup moins coûteuse.

On citera également les batteries redox vanadium, particulièrement adaptées pour les solutions de stockage stationnaires, qui disposent notamment d'une durée de vie importante et d'une plage de température de fonctionnement plus large, et dont la capacité de stockage est facilement modulable.

Les volants d'inertie

Un peu de technique

Le site Connaissance des énergies les définit ainsi : un volant d'inertie est constitué d'une masse qui est mise en rotation autour d'un axe, fixe en général, et enfermée dans une enceinte de protection. Elle est reliée à un moteur/générateur électrique qui permet de convertir l'énergie cinétique en électricité, et inversement. Ainsi, en phase de stockage, le moteur convertit l'électricité entrante en énergie cinétique, augmentant la vitesse de rotation de la masse. Pour stocker l'énergie, la vitesse de la masse est maintenue constante (l'énergie apportée est minime et permet de compenser les pertes). Enfin, l'énergie est restituée grâce à un générateur qui convertit l'énergie mécanique en électricité en freinant la masse.

Le stockage par volant d'inertie trouve de nombreuses applications pour soutenir les réseaux électriques, lisser la production d'énergies renouvelables notamment.

Les deux plus grandes installations se situent aux États-Unis.

Le stockage par gravité

Cette technologie utilise la gravité pour stocker de l'énergie à la manière des STEP (voir plus tôt). Une grue hisse un bloc de béton – ou d'un matériel suffisamment lourd – à une certaine hauteur grâce à l'énergie excédentaire que l'on cherche à stocker. Ce processus permet ainsi de stocker l'énergie sous forme d'énergie potentielle. Puis, les blocs sont descendus à grande vitesse et un alternateur permet de transformer cette énergie en électricité.

La récupération de la chaleur de l'industrie

L'industrie continue de perdre plus de 20 % de l'énergie qu'elle consomme par les fumées de ses fours. Au-dessus de 100 °C, cela représente 4000 TWh. Différentes méthodes permettent d'accumuler de la chaleur sous la forme d'un conteneur métallique rempli de matériaux de stockage. Ceux-ci sont ensuite chauffés avec de la chaleur fatale, c'est-à-dire la chaleur perdue des processus industriels. Cette solution permet de récupérer cette chaleur afin de la valoriser. Le but étant d'améliorer la rentabilité et l'efficacité énergétique des industriels.

Utiliser un système d'air comprimé dans l'océan

L'idée ici est d'exploiter la pression naturelle sous-marine. L'électricité excédentaire que l'on veut stocker alimente des compresseurs d'air qui remplissent à leur tour des ballons placés sous l'eau. La chaleur générée par ce processus est également stockée grâce à des échangeurs de chaleur. La pression sous-marine est ensuite utilisée pour vider naturellement les ballons une fois la production de l'installation renouvelable en période creuse. L'air ainsi récupéré est utilisé pour actionner une turbine produisant de l'électricité.

La conversion (*Power to X*) : le *Power to gas*, le *Power to heat*

Power to X ou P2X est la transformation de l'électricité en un autre vecteur énergétique, le X.

Ce vecteur « X » peut être de la chaleur : *Power to heat* ; ou du gaz de synthèse : *Power to gas* ; consistant à transformer de l'électricité en hydrogène par électrolyse de l'eau afin de la stocker à un moment où elle est excédentaire sur le réseau.

Le *Power to X* peut présenter un réel levier pour décarboner « les systèmes gaz et chaleur » en France, autour d'un mix électrique 100 % renouvelable à l'horizon 2050. Selon l'Ademe, l'intérêt de ces technologies dépendra en grande partie du prix de la tonne de CO_2 en 2050. L'Agence estime ainsi qu'avec un prix de 300 euros par tonne de CO_2, les technologies de *Power to X* pourraient couvrir 24 % des besoins de chaleur et 31 % des besoins en gaz de la France à cette date. Avec une tonne de CO_2 à 100 euros, en revanche, la valorisation de l'électricité renouvelable en chaleur et en gaz resterait très limitée[7].

7 https://www.ademe.fr/sites/default/files/assets/documents/mix-electrique-2050-opportunites-pour-decarboner-rapport-2017.pdf

Partie 4

L'intégration des énergies renouvelables

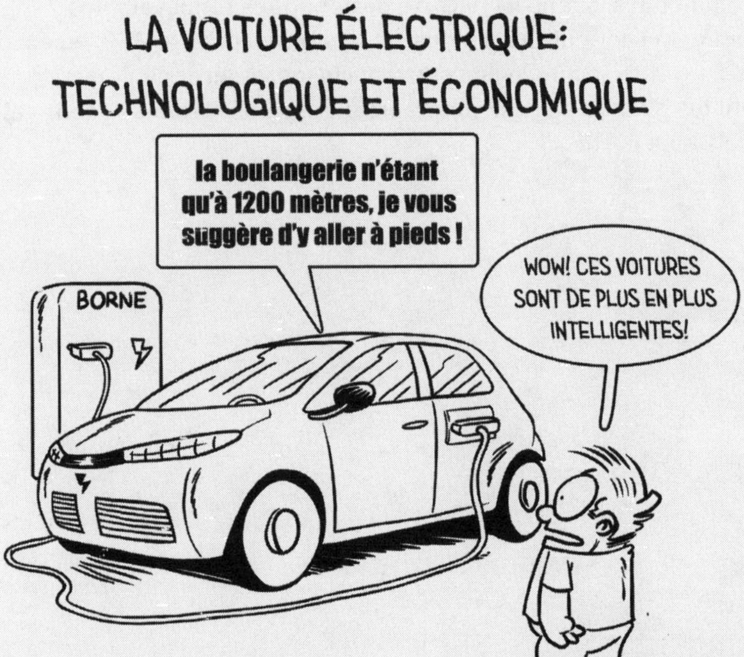

Dans cette partie...

Au-delà de la production, comment les différents secteurs économiques jouent-ils la carte des énergies renouvelables ? Comment l'agriculture, l'industrie, les transports, le BTP, ou encore les nouvelles technologies peuvent-ils les intégrer alors que ce sont les plus gros consommateurs d'énergie ? Réponses dans cette quatrième partie.

DANS CE CHAPITRE

Optimiser les besoins énergétiques des bâtiments
•
Les réseaux de chaleur
•
La production de chaleur décentralisée
•
Les bâtiments à énergie positive

Chapitre 14
L'énergie et le secteur du bâtiment

Le premier consommateur d'énergie

Le secteur du bâtiment est le premier secteur de consommation d'énergie en France puisqu'il représente 44 % de l'énergie consommée. Selon le ministère de la Transition écologique, la consommation d'énergie du résidentiel-tertiaire, qui a peu varié ces dernières années, s'élève à 67 Mtep par an, se répartissant entre 26 Mtep d'électricité (300 TWh), 11 Mtep d'énergies renouvelables thermiques et 30 Mtep d'énergies fossiles.

Priorité : réduire cette consommation

Le secteur présente une particularité : il consomme plus d'énergie qu'il n'émet de gaz à effet de serre (GES), contrairement aux autres secteurs.

Chaque année, le secteur émet plus de 123 millions de tonnes de CO_2, soit près du quart des émissions nationales, c'est donc un des domaines clés pour la lutte contre le réchauffement climatique et pour notre économie ! En 2016, le poste « logement » représentait en effet à lui seul 30 % du budget des ménages français et la facture d'énergie pour le chauffage environ 8 %.

Figure 14-1
Structure de la consommation énergétique finale et des émissions de gaz à effet de serre de la France

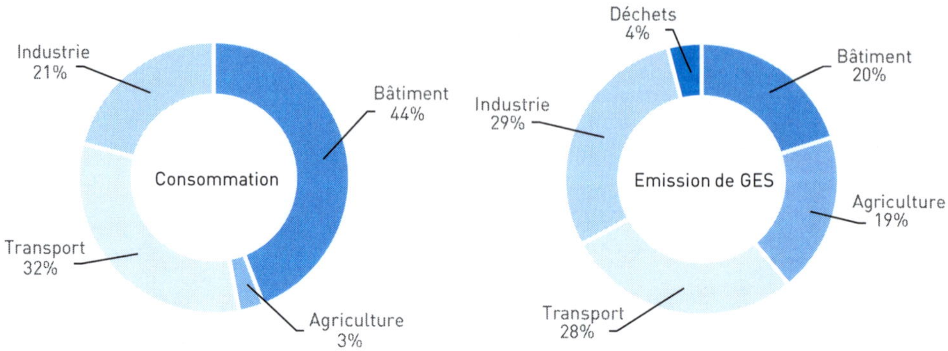

Données utilisées pour réaliser le graphique : CGDD-SDES

Pour rendre le bâtiment plus économe en énergie, il faut rénover massivement l'existant et développer des normes plus strictes en termes de consommation d'énergie pour les bâtiments neufs. Produites localement, plus sobres en GES, les énergies renouvelables ont toute leur place pour réduire l'impact climatique des logements

État des lieux de la consommation du bâtiment

Les conditions de logement s'améliorent dans les années 1950 et 1960, mais le premier choc pétrolier des années 1970 entraîne la mise en place de politiques publiques d'économie d'énergie successives. Priorité est donnée à la sobriété pour le logement neuf et à la rénovation de l'ancien.

Le chauffage, qui est le plus gros poste, a vu sa consommation par logement divisée par 2,5. L'électricité est l'énergie de chauffage n° 1 en France, avec 41 % des logements équipés, et un coût au m^2 de 16,10 € en 2017, soit la plus onéreuse au m^2. Par ailleurs, les consommations électriques, du fait de l'explosion du taux d'équipement et des usages numériques, sont appelées à croître ces prochaines années, devenant même, dans certains cas, le premier poste de consommation du logement.

La loi de transition énergétique pour la croissance verte du 17 août 2015 prévoit un fort développement des énergies renouvelables dans les bâtiments, via notamment les réseaux de chaleur pour les besoins de chauffage et d'eau chaude.

Décarboner les bâtiments

Le bilan carbone (ou l'empreinte carbone) d'un bâtiment donné se calcule en évaluant :

» le scope 1 : ses émissions directes liées à la combustion d'énergies fossiles ;

» le scope 2 : ses émissions liées à la production d'électricité et de chaud/froid via des réseaux ;

» le scope 3 : ses autres émissions liées à la vie du bâtiment (de sa construction jusqu'à sa fin de vie) incluant celles liées aux matériaux, aux déplacements des visiteurs et aux travaux.

Source : Alain Grandjean, Roman Ledoux et Julie Daunay, Annales des Mines, *n°90, avril 2018*

Optimiser les besoins énergétiques des bâtiments

L'optimisation des besoins énergétiques des bâtiments nécessite de prendre en compte :

» l'isolation et la ventilation ;

» les équipements thermiques et électriques en privilégiant les équipements efficaces ;

» l'architecture (exposition au soleil, matériaux ayant une forte inertie thermique pouvant accumuler de la chaleur ou de la fraicheur par exemple).

La réglementation environnementale sur la construction en France

La construction de bâtiments neufs est soumise à des obligations strictes. Diminuer l'impact carbone des bâtiments, poursuivre l'amélioration de leur performance énergétique et en garantir la fraîcheur pendant les étés caniculaires : tels sont les grands objectifs de la RE2020 (réglementation environnementale 2020), qui s'appliquera aux constructions neuves à partir du 1er janvier 2022. L'avenir du bâtiment à énergie positive s'inscrit dans une dynamique d'optimisation énergétique globale, impliquant une évolution des infrastructures et une meilleure gestion de l'énergie (réseaux intelligents ou *smart grids*).

Les réseaux de chaleur

Un réseau de chaleur est un système de distribution de chaleur produite de façon centralisée, qui dessert plusieurs usagers. Il comporte :

- une ou plusieurs unités de production de chaleur ;
- un réseau de distribution primaire – les canalisations dans lesquelles la chaleur est transportée par un fluide caloporteur (vapeur ou eau chaude) ;
- une ou plusieurs sous-stations d'échange : situées en pied d'immeuble, elles permettent le transfert de chaleur par le biais d'un échangeur entre le réseau de distribution primaire et le réseau de distribution secondaire, qui dessert un immeuble ou un petit groupe d'immeubles, de bureaux, etc.

Figure 14-2
Schéma de principe d'un réseau de chaleur

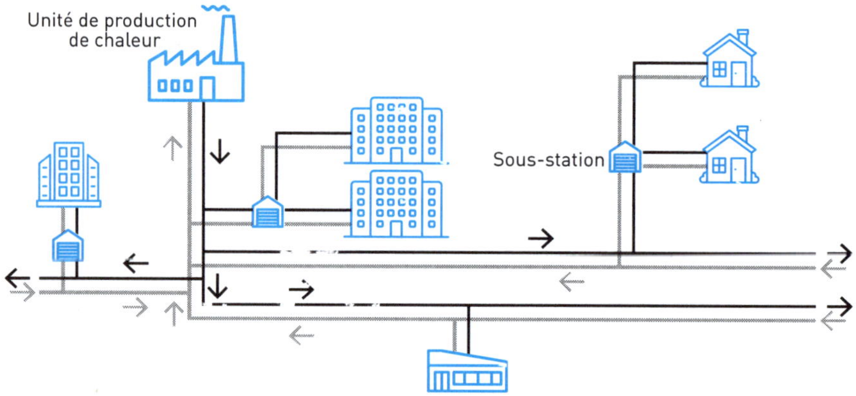

Les réseaux de chaleur constituent le seul moyen de mobiliser massivement des sources de chaleur renouvelables telles que :

- la géothermie profonde (distribution de la chaleur vers les utilisateurs) ;
- la géothermie intermédiaire de grande puissance, assistée de pompes à chaleur ;
- la biomasse de grande puissance (construction des chaufferies en périphérie des villes pour faciliter l'approvisionnement) ;
- la chaleur de récupération issue d'usines d'incinération des ordures ménagères ;
- la récupération de chaleur sur eau de mer/eau de lac/rivière et eaux usées pour une utilisation collective ;
- la chaleur fatale issue de l'industrie ;
- la chaleur fatale issue des systèmes de cogénération ;

» **la chaleur solaire thermique issue de champs de capteurs (peu utilisée en France à ce jour).**

Pour atteindre les objectifs de la loi de transition énergétique pour la croissance verte, il est nécessaire de multiplier par cinq la production de chaleur renouvelable et de récupération délivrée par ces réseaux.

Le développement des réseaux de chaleur, vecteurs d'énergies renouvelables et de récupération, est considéré comme un levier essentiel à la transition énergétique et permet d'augmenter la résilience des villes au changement climatique.

En chiffres

Selon le Centre d'études et d'expertise sur les risques, l'environnement, la mobilité et l'aménagement (Cerema), en 2017, 83 % des réseaux fonctionnent grâce à au moins une source d'énergies renouvelables et de récupération. Celles-ci représentent plus de 57 % de l'énergie livrée en 2019, selon l'enquête annuelle du Syndicat national du chauffage urbain et de la climatisation urbaine (SNCU). Les réseaux de chaleur sont donc aujourd'hui les seuls réseaux d'énergie à pouvoir délivrer une énergie majoritairement renouvelable à leur client, comparativement aux réseaux d'électricité et de gaz.

Globalement, la présence de réseaux de chaleur est plus marquée dans le nord et l'est que dans le sud et l'ouest du pays. Ces disparités régionales peuvent s'expliquer par plusieurs facteurs, notamment la rigueur climatique, la densité de population et la présence d'agglomérations importantes. Le rôle des collectivités territoriales (EPCI, notamment) est majeur dans la planification du développement de ces réseaux (création de nouveaux réseaux, extension ou densification de réseaux existants), en lien avec les politiques d'aménagement.

L'enquête annuelle réalisée par le SNCU en partenariat avec le réseau AMORCE, des acteurs en matière de politique énergie et climat des territoires, a étudié 781 réseaux de chaleur et de froid qui ont, en 2018, assuré le confort thermique de 87 % de bâtiments résidentiels et tertiaires en France. Ces réseaux permettent de délivrer une chaleur bon marché avec des prix moyens de la chaleur vendue de 75 €/MWh.

En chiffres

La part des énergies renouvelables et de récupération ne cesse de progresser et atteint 56 % en 2017 contre 40 % en 2013. La biomasse est l'énergie renouvelable dont la part a le plus significativement augmenté. Le taux d'énergie renouvelable moyen est de 27 % à l'échelle de l'Union européenne. Le taux de raccordement des bâtiments à un réseau de chaleur en France reste faible (de l'ordre de 6 %) alors que la moyenne européenne est de 13 % en secteur résidentiel et tertiaire. Aussi, en 2019, 40116 bâtiments ont été raccordés (contre 38212 en 2017), soit 2,42 millions d'équivalents logements. 37 % de ces réseaux sont alimentés par du gaz naturel, 25 % par une unité de valorisation énergétique et 22 % par une énergie biomasse.

Les réseaux de chaud et de froid sont une brique essentielle des *smart grids* (réseaux intelligents) multiénergies thermiques et électriques. C'est une solution prometteuse pour que les villes puissent s'adapter au changement climatique et ainsi faire face aux pics de froid et aux vagues de canicules. Les réseaux combinés de chaud et de froid créent des synergies entre les besoins en rafraîchissement des bâtiments tertiaires et en chaleur des bâtiments résidentiels. Ces infrastructures énergétiques vertueuses valorisent toutes les énergies locales de nos territoires et développent des solutions de stockage thermiques de grande capacité, pour contribuer significativement à la souveraineté énergétique de la France.

Les installations individuelles

Le chauffage domestique et la production d'eau chaude sanitaire représentent près des trois quarts des dépenses énergétiques du logement. Certains systèmes de chauffage sont plus faciles à installer et donc moins chers à l'acquisition du bien, mais beaucoup plus chers à l'usage. Les équipements à partir d'énergies renouvelables peuvent nécessiter un investissement plus important au départ, mais sont plus économiques en fonctionnement et représentent donc des économies sur le long terme.

Le chauffage au bois

9 millions de foyers se chauffent avec le bois en France ! Le bois est abondant, bon marché et constitue une ressource locale intéressante. Son utilisation peut être contraignante si l'alimentation des appareils est manuelle (poêle, insert), elle le sera moins dans le cas de chaudières automatiques aux granulés de bois ou à plaquettes forestières.

Les appareils de chauffage au bois s'intègrent dans tous les intérieurs. Un insert, un foyer fermé et un poêle peuvent servir d'appoint à un autre système de chauffage (électricité, fioul...) et permettent de chauffer un logement bien isolé.

Une chaudière, quant à elle, alimente le réseau de chauffage central et fournit l'eau chaude.

Si vous êtes déjà équipé d'un vieil appareil de chauffage au bois, mieux vaut le remplacer pour améliorer votre confort, consommer moins de combustible et diminuer les émissions de polluants.

Une chaudière à bois (notamment les chaudières modernes à granulés) est intéressante notamment en maison individuelle, par exemple en substitution de chaudière fioul, et permet de produire également de l'eau chaude sanitaire.

En logement collectif aussi, les chaudières à bois à alimentation automatique, à plaquettes ou à granulés sont aussi faciles d'utilisation que les chaudières au fioul ou au gaz naturel, mais nécessitent un espace de stockage conséquent.

Une pompe à chaleur (PAC)

La pompe à chaleur prélève un peu de chaleur d'une « source froide » (sol du jardin, air environnant ou eau d'une nappe), augmente son niveau de température et restitue une chaleur à une température plus élevée dans le logement. Son fonctionnement est d'autant plus efficace que la différence entre la température du milieu où est puisée la chaleur et celle des émetteurs de chaleur est réduite.

Le chauffe-eau thermodynamique (CET)

Cet équipement indépendant de production d'eau chaude sanitaire comprend une pompe à chaleur spécifique et un ballon de stockage (150 à 300 litres) de l'eau chaude produite. C'est une solution intéressante pour chauffer l'eau sanitaire, sous réserve de respecter certains impératifs.

Grâce à une pompe à chaleur intégrée au ballon de stockage, le CET permet de produire de l'eau chaude en réduisant sa facture d'électricité.

Le chauffe-eau solaire individuel (CESI)

Avec un CESI, vous pourrez diviser vos dépenses pour l'eau chaude par deux, voire par trois (dans le Sud) par rapport à un système conventionnel. Pour être totalement satisfait de votre choix, calibrez bien vos besoins.

Le chauffe-eau solaire peut couvrir, selon la région et la taille de l'installation : 50 à 80 % des besoins moyens d'eau chaude sanitaire ; la totalité des besoins en été, ce qui permet d'éteindre complètement la chaudière.

Le système solaire combiné (SSC)

Les systèmes solaires combinés peuvent s'installer partout, mais conviennent particulièrement bien aux régions froides et bien ensoleillées où la période de chauffage est plus longue.

Dans certaines zones de montagne, et avec une très bonne isolation, un SSC peut permettre jusqu'à 70 % d'économies d'énergie.

Dans le nord de la France, il permet d'économiser plus d'énergie : les besoins de chauffage y sont plus importants, notamment en automne et au printemps quand l'ensoleillement est bon.

Chaudière à microcogénération gaz

Les chaudières à microcogénération, ou écogénérateurs, sont des chaudières fonctionnant au gaz naturel qui produisent de l'électricité en même temps que la chaleur pour le chauffage et l'eau chaude sanitaire des logements. L'électricité, produite sur place, est directement consommée par le logement.

Une installation photovoltaïque ou une éolienne domestique pour produire de l'électricité

Des panneaux solaires ou des tuiles photovoltaïque permettent de produire de l'électricité qui sera soit consommée pour les besoins du bâtiment, soit injectée sur le réseau électrique et revendue.

Il existe également des modèles d'éoliennes domestiques, ou « petit éolien ». Dans les conditions techniques et économiques actuelles, le petit éolien ne se justifie généralement pas en milieu urbain. Outre le fait que les éoliennes accrochées au pignon d'une habitation peuvent mettre en danger la stabilité du bâtiment, le vent est, en milieu urbain et péri-urbain, en général trop faible ou trop turbulent pour une exploitation rentable.

Même si les enjeux énergétiques globaux restent limités, le petit éolien peut répondre à une demande dans le milieu rural ou en zones non connectées au réseau, en particulier en autoconsommation dans les exploitations agricoles.

Quatre questions à Guillaume Planchot

Guillaume Planchot est président de Smart Grid Project, société de conseil expert en infrastructures énergétiques renouvelables et pilotage digital, et également président de l'association Via Sèva ayant pour vocation de favoriser l'information et la compréhension du grand public sur les avantages techniques, économiques, sociétaux et environnementaux des réseaux urbains de chaleur et de froid renouvelables

Les énergies renouvelables sont souvent associées en premier à la production d'énergie. Qu'en est-il de la chaleur ?

Ce que beaucoup de gens ignorent, c'est que 50 % de l'énergie consommée en France est utilisée sous forme de chaleur, c'est deux fois plus que les transports et l'électricité. La chaleur est principalement utilisée pour la production industrielle et pour le confort des bâtiments.

Depuis la fin de la Seconde Guerre mondiale, avoir du chauffage en hiver et de l'eau chaude toute l'année semble être un confort naturel, un acquis. Mais d'où vient cette chaleur ?

Actuellement, la chaleur est encore majoritairement produite à partir de combustibles fossiles comme le charbon, le fioul et le gaz. Cela en fait ainsi le gisement potentiel d'économies de CO_2 le plus important en France. La substitution de ces énergies fossiles par des énergies renouvelables est un puissant levier d'action pour réduire nos émissions de gaz à effet de serre et sortir de notre dépendance aux importations de combustibles fossiles.

Quel est le potentiel en matière de production de chaleur renouvelable en France ?

La France est un territoire riche en sources de chaleur renouvelables locales comme le bois énergie, la géothermie, le solaire, ou en sources de récupération de chaleur perdue. Pour valoriser et diffuser à grande échelle les énergies thermiques renouvelables vers les consommateurs, il existe un vecteur énergétique efficace qui diffuse massivement la chaleur renouvelable au cœur des villes : les réseaux urbains de chaleur et de froid. Ce sont des réseaux d'énergie thermique qui produisent du chaud et du froid et les distribuent à l'échelle d'un quartier, d'une ville ou d'une métropole par le chauffage et/ou la climatisation des bâtiments raccordés.

Les premiers réseaux de chauffage urbains apparaissent au début du XXe siècle dans les grandes métropoles comme Paris, Moscou, New York. Initialement alimentés par des centrales à charbon, ils transportent l'énergie sous forme de vapeur, puis ils se sont progressivement adaptés au cours du siècle dernier pour remplacer le charbon par le fioul, puis par le gaz, et, dès les premiers chocs pétroliers, par des énergies renouvelables et de récupération.

Depuis près de 30 ans, par souci d'économie d'énergie, la température de fonctionnement des réseaux a baissé. Nous sommes passés de l'eau surchauffée, dans les années 1960, à l'eau chaude, dans les années 1980, puis, depuis les années 2000, à la très basse température et, désormais, aux boucles d'eau tempérée.

»

»

Quatre questions à Guillaume Planchot *(suite)*

La force des réseaux de chaleur et de froid est d'avoir su s'adapter, évoluer, sélectionner et intégrer de nouvelles sources d'énergie pour utiliser les moins polluantes et les moins chères au fil du temps.

Ces innovations techniques permettent de valoriser toutes les nouvelles sources d'énergie, qu'elles soient renouvelables et/ou de récupération, comme la chaleur perdue issue des activités humaines, comme la chaleur fatale industrielle (production de chaleur dérivée d'un site de production, qui n'en constitue pas l'objet premier), la valorisation énergétique des déchets ménagers ou encore celle des eaux usées et même des ordinateurs et des data centers.

Actuellement, en France, 40 000 bâtiments sont raccordés à l'un des 781 réseaux de chaleur et de froid existants. S'ils ne couvrent que 7 à 8 % des besoins de chauffage, c'est pour autant le mode de chauffage le plus écologique, avec un contenu carbone de 112 gCO_2/kWh.

Chaque année, les réseaux de chaleur permettent d'économiser 3,5 millions de tonnes de CO_2 grâce à un mix énergétique couvert à plus de 55 % par des énergies renouvelables et de récupération. La première source d'énergies renouvelables du bouquet énergétique des réseaux de chaleur, c'est la valorisation énergétique des déchets ménagers, suivie du bois énergie, puis de la géothermie…

Les objectifs de la loi de transition énergétique pour la croissance verte, confirmés dans la PPE, sont ambitieux pour les réseaux de chaleur et de froid : 40 TWh de chaleur renouvelable en 2030, soit une croissance de 60 % en dix ans.

Les réseaux de chaleur et de froid renouvelables sont incontestablement une solution d'avenir. Leur digitalisation et l'émergence des objets connectés rendent encore plus performants, dynamiques et numériques ces systèmes énergétiques intelligents qui adaptent en temps réel la production à la consommation des bâtiments de manière à toujours moins consommer d'énergie et maximiser le recours aux énergies renouvelables.

En quoi les réseaux de froid et de chaleur sont-ils une pièce indispensable face au défi climatique ?

Pour décarboner l'usage de la chaleur en France, utilisons les solutions éprouvées, comme les réseaux de chaleur et de froid qui démontrent depuis un siècle leur capacité à innover, à s'adapter aux nouvelles technologies, à intégrer les nouvelles énergies pour verdir leur mix énergétique.

L'approvisionnement électrique

Dans le secteur du bâtiment (rénovation et construction neuve), l'intégration des énergies renouvelables permet de couvrir une partie des besoins en énergie des bâtiments, voire de produire un surplus rentable.

Les toitures solaires

Différents procédés permettent de poser les systèmes photovoltaïques en toiture, valorisant ainsi des surfaces ensoleillées, sans conflit d'usage.

Les panneaux photovoltaïques au-dessus d'un toit

Selon l'Ademe, les modules photovoltaïques intégrés au bâti, telles les tuiles solaires, se substituent aux éléments de construction traditionnels des maisons et immeubles, ils ne sont pas montés en surimposition, mais intégrés. Ils sont alors considérés comme matériaux de construction produisant de l'électricité. Ainsi, une tuile solaire répond aux fonctions d'un toit (étanchéité...).

Dans le neuf, certains modules intégrés en toiture présentent une rentabilité équivalente aux systèmes surimposés, car ils viennent se substituer aux matériaux traditionnels.

Enfin, le développement du marché des produits de construction PV permet de préparer la filière française du bâtiment à répondre aux exigences de la future réglementation énergétique et environnementale multicritères de 2020.

Un exemple d'un bâtiment qui reprend ces technologies : le Bundestag à Berlin

L'architecte britannique Norman Foster a su transformer l'austère enceinte du Reichstag du XIXe siècle grâce à un puits de lumière qui, venant du sommet du dôme, éclaire jusqu'aux sièges du Parlement. Des capteurs photovoltaïques sont installés sur le dôme. Le site tout entier a été utilisé pour rendre presque autonome en énergie le bâtiment, qui est le symbole de la démarche écologique allemande à long terme. Sous l'ensemble de l'esplanade, la géothermie exploite un aquifère, situé à 60 mètres de profondeur, pour la climatisation, et un second, à 300 mètres de profondeur, accumule de la chaleur durant l'été pour assurer le chauffage en hiver.

Source : Annales des Mines, *n°90, avril 2018.*

Les bâtiments à énergie positive

Les énergies renouvelables alimentent les bâtiments, mais les bâtiments constituent aussi une opportunité de développement pour les énergies renouvelables, notamment grâce aux bâtiments à énergie positive.

En chiffres

La consommation électrique des bâtiments a augmenté de 83 % au cours des 60 dernières années, alors que la consommation énergétique du poste chauffage a diminué de 30 %.

À retenir

Un bâtiment à énergie positive (Bepos) produit plus d'énergie qu'il n'en consomme. Concrètement, cela signifie que le bâtiment doit réduire au maximum ses consommations énergétiques grâce à une enveloppe et des systèmes énergétiques performants et intégrer des énergies renouvelables pour couvrir les besoins restants, voire générer un surplus lorsque la production excède les besoins.

La réglementation environnementale des bâtiments, RE2020, qui devrait entrer en vigueur le 1er janvier 2022, a pour objectif de généraliser le bâtiment à énergie positive dans la construction neuve.

Exemple : l'îlot à énergie positive à Lyon[1]

Ce nouvel ensemble, baptisé Hikari et conçu par l'architecte nippon Kengo Kuma, constitue le premier îlot mixte à énergie positive d'Europe : il s'étend sur 12800 m² et produit plus d'énergie qu'il n'en consomme. Les trois bâtiments communiquent entre eux pour répartir au mieux les besoins. L'excédent d'énergie produit est stocké et restitué aux heures de forte demande grâce à une pile à combustible. Bureaux et logements n'ont en effet pas les mêmes cycles d'énergie : les bureaux sont désertés la nuit, quand l'occupation des logements est maximale. La production d'énergie est assurée par des panneaux photovoltaïques installés sur le toit et sur les loggias des 42 appartements. Un cogénérateur carburant à l'huile de colza assure le complément. Les besoins en froid des bureaux et des commerces sont, eux, couverts par une « machine à absorption » qui produit de l'eau glacée à partir de la chaleur de la cogénération et du froid de la nappe phréatique. Un dispositif de géothermie participe aussi au refroidissement en puisant de la fraîcheur dans les eaux de la Saône. Résultat : Hikari consomme 50 % moins que les normes de la réglementation thermique actuelle et produit une quantité d'énergie supérieure à ses consommations, environ 0,2 %.

Quatre questions à Jean-Luc Perez

Jean-Luc Pérez est architecte, fondateur de l'Atelier du Prado, agence d'architecture et d'urbanisme qui couvre tous les champs de l'architecture, parmi lesquels la santé, l'enseignement, le logement et les infrastructures nécessaires à la ville. L'agence a notamment créé le pavillon France de l'exposition universelle à Dubaï.

Quel est votre constat sur les cinq à dix dernières années dans votre secteur concernant les énergies renouvelables ? Quelles sont les solutions actuellement à disposition ? Quel est le potentiel de développement des énergies renouvelables dans le bâtiment ?

En 2015, la COP 21 a consacré la nécessité d'agir pour la sauvegarde du climat sur la consommation énergétique. Elle a fait évoluer les modes de pensée, de conception architecturale et technique des acteurs du bâtiment. Architectes et ingénieurs ont exploré les possibilités d'intégration des énergies renouvelables dans leurs projets : éoliennes horizontales en toiture, puits canadiens, panneaux solaires thermiques ou photovoltaïques, pompes à chaleur contribuent à limiter les effets de serre et l'utilisation des énergies fossiles. C'est un potentiel de développement des énergies renouvelables dans le bâtiment à soutenir et développer. Mais elles ne parviennent pas à elles seules à répondre aux besoins énergétiques des bâtiments. N'oublions pas que la meilleure énergie est celle que nous ne consommons pas. Il fallait donc se réinventer. S'est développée ces dernières années la conception de bâtiments passifs : des bâtiments qui produisent plus d'énergie qu'ils n'en consomment. Par leur conception, leurs orientations, ils profitent de l'énergie du soleil, d'une isolation renforcée, des gains énergétiques intérieurs, et pourraient suffire à répondre aux besoins de leurs utilisateurs, avec l'appui des énergies renouvelables. La frugalité énergétique est sans doute le meilleur potentiel de développement des énergies renouvelables dans le bâtiment. « Invente ou je te dévore ! » disait Claude Nicolas Ledoux, architecte des Lumières.

Quelle est la réglementation en France en matière d'intégration des énergies renouvelables dans le bâtiment ?

Les ambitions législatives en matière d'énergies renouvelables sont présentes, mais prudentes, pour des raisons essentiellement économiques. La production d'électricité en France étant essentiellement assurée par le nucléaire, dont chacun connaît avantages et risques, n'a pas placé notre pays en situation de « mauvais élève » en regard des critères de destruction de la couche d'ozone par exemple.

Même si la loi relative à la transition énergétique pour la croissance verte de 2015 fixait des objectifs de production des énergies renouvelables à hauteur de 40 % en 2030, la réglementation en France a été plus incitative que contraignante. Nombres de labels, HQE, BBC, CERQUAL Effinergie, etc., favorisent l'intégration des énergies renouvelables dans le bâtiment. Ils apportent surtout de « bons points » dans les dossiers de financement des maîtres d'ouvrages, comme le faisait la présence de bidets dans les projets de logements sociaux il y a quelques décennies…

»

»

Quatre questions à Jean-Luc Perez *(suite)*

Aujourd'hui se met en place une stratégie française pour l'énergie et le climat (programmation pluriannuelle jusqu'en 2028), avec pour objectif la réduction des consommations, notamment dans le bâtiment, premier consommateur d'énergie au niveau national. Elle favorise le développement des énergies renouvelables dans le bâtiment (crédit d'impôt transition énergétique, CEE, aides de l'Agence nationale de l'habitat pour le déploiement de moyens de chauffage renouvelables). Les architectes ne pourront à eux seuls atteindre ces objectifs dans les dix ans à venir. Mais ils peuvent y contribuer à travers la frugalité des bâtiments qu'ils conçoivent.

Quels sont les leviers pour accélérer le développement des énergies renouvelables dans les bâtiments publics, les entreprises et auprès des particuliers ?

En premier lieu, que cette loi de programmation soit votée... On le sait bien, le développement des énergies renouvelables dans la construction neuve ne répondra qu'à une partie du problème. Les modes de consommation des constructions existantes doivent évoluer. Dans les réhabilitations à grande échelle, architectes et ingénieurs font preuve d'un savoir-faire reconnu par les bailleurs sociaux, collectivités et institutionnels de l'immobilier privé. Se pose aujourd'hui la question du transfert de ce savoir-faire sur des chantiers plus modestes. L'ensemble des constructions existantes est concerné par la recherche d'économie d'énergie pour les bâtiments les plus petits et les propriétaires les moins outillés. Chaque particulier veut agir sur son appartement, sa maison, son atelier ou son commerce, incité par le coût de l'énergie et la prise de conscience des enjeux environnementaux.

L'amélioration énergétique du parc existant est donc un levier pour accélérer le développement des énergies renouvelables, à toutes les échelles de bâtiments. C'est un sujet à enjeu social fort, car cette révolution énergétique aura des incidences en termes de lumière, de qualité de vie et de mètres carrés habitables, de pratiques sociales... L'épisode de confinement des populations dû à la Covid-19 a démontré que, au-delà de l'ambition et de ces préalables techniques, se jouent des données complexes qui dépassent la seule question de la rénovation énergétique. Leur résolution devra rendre les transformations vivables et durables.

Vous êtes les architectes du pavillon France de l'Exposition universelle qui devait se tenir à Dubaï en 2020 (reportée à 2021 du fait de la Covid-19). Ce pavillon sera constitué de tuiles solaires. Quels sont les principaux avantages de cette technologie par rapport à un simple panneau photovoltaïque ?

Le pavillon France pour l'Exposition universelle Dubaï 2020 illustre le potentiel de développement des énergies renouvelables dans le bâtiment. C'est d'abord un pavillon qui fabrique sa propre ombre dans le désert de Dubaï et offre à ses visiteurs un inattendu jardin ombragé. Par l'agencement de ses volumes, il s'inscrit dans une histoire où la géographie reprend ses droits face à la technologie. L'architecture passive est ici au rendez-vous. Ce pavillon a pour ambition de démontrer qu'il est nécessaire et possible de concevoir l'intégration des énergies renouvelables dans le bâtiment, non pas comme un accessoire technique, mais comme partie intégrante de l'architecture.

»

»

Les tuiles solaires du pavillon France sont un détournement d'un produit à l'origine développé pour intégrer des panneaux photovoltaïques dans les toitures d'ardoise des bâtisses traditionnelles. Elles utilisent la même technologie, en termes de captation de l'énergie solaire. Il fallait juste les réinventer. Sur de grandes surfaces, à l'échelle d'un bâtiment public, la tuile est devenue pixel. Les trois teintes de gris disponibles se sont révélées capables d'évoluer vers le bleu, le vert, le brun, le blanc... Une palette qui ouvre tous les possibles, moyennant un savant dosage de la répartition des couleurs, efficacité énergétique oblige.

Cette palette de couleurs offre, en façade comme en toiture, une vêture qui produit 80 % des besoins énergétiques du bâtiment, avec un supplément d'âme : pour le Pavillon France, dont le thème est les lumières, il s'agit d'une évocation des Nymphéas de Monet. Ce n'est qu'un exemple. Demain, n'en doutons pas, la palette sera réutilisée, enrichie, réinventée, et participera à écrire une architecture dont les énergies renouvelables seront partie intégrante. Invente ou je te dévore, disions-nous...

DANS CE CHAPITRE

La consommation d'énergie par l'agriculture

•

L'agriculture et sa transition énergétique

•

L'agriculture : productrice d'énergies renouvelables

Chapitre 15
Énergie et agriculture

La consommation d'énergie par l'agriculture

En chiffres

L'agriculture contribue, en France, à 3,5 % du PIB (selon Agreste). Avec une consommation énergétique de 4,6 millions de tonnes équivalent pétrole par an, le secteur représente 3 % de la consommation d'énergie du pays. Il contribue à environ 20 % des émissions de GES nationales (secteur agriculture-forêt).

Figure 15-1
La consommation d'énergie par l'agriculture par source d'énergie (en Mbep)

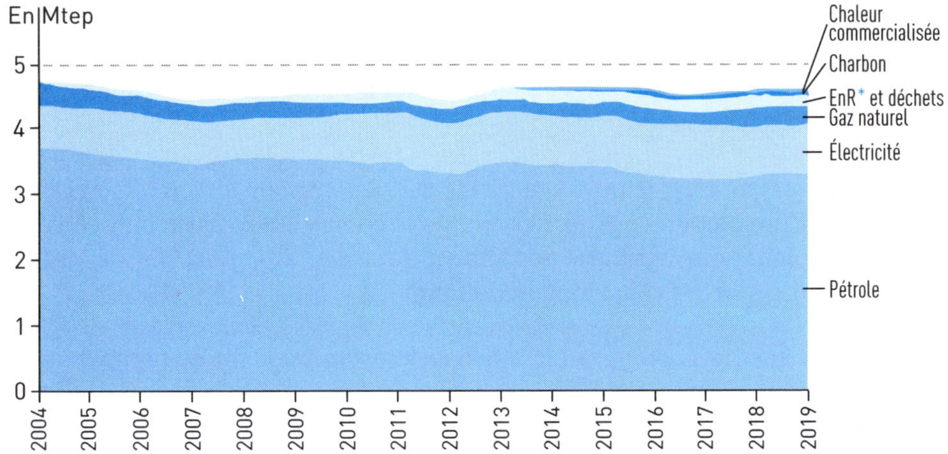

*EnR : énergies renouvelables

Données utilisées pour réaliser ce graphique : SDES, Bilan énergétique de la France

Les trois quart des consommations de l'agriculture concernent des produits pétroliers, 17 % l'électricité, et près de 10 % le gaz. Les énergies renouvelables ne représentent que 3,5 % des consommations (chiffres de 2016).

Pourquoi l'agriculture doit-elle faire sa transition énergétique ?

Premièrement, parce que l'agriculture est particulièrement (déjà) impactée par le réchauffement climatique. Deuxièmement, parce que l'agriculture est consciente qu'elle est à la fois partie du problème et de la solution à ce problème. Enfin, parce que la production d'énergie en agriculture peut être vue comme un retour aux origines où, dans l'agriculture préindustrielle, on estimait que 25 % des surfaces étaient consacrées à la production d'énergie, ne serait-ce que pour alimenter les animaux de trait. Or, on oppose souvent transition agricole et transition écologique, alors que les deux sont liées et peuvent se servir l'une de l'autre.

L'agriculture est un secteur pour lequel la transition vers les énergies renouvelables présente de nombreuses opportunités :

- **L'autoconsommation de chaleur et d'électricité, pour réduire la facture énergétique de l'exploitation (géothermie, solaire thermique, photovoltaïque, méthanisation) ;**
- **La production et la vente de biomasse pour la production d'énergies renouvelables (cultures pour les biocarburants et la méthanisation, bois pour la chaleur). En ce sens, le secteur agricole est l'un des principaux contributeurs d'énergies renouvelables ;**
- **La vente d'électricité ou de gaz directement sur les réseaux (photovoltaïque, méthanisation) ;**
- **La mise à disposition de surface pour les installations de panneaux solaires ou d'éoliennes.**

Aussi, en 2015, le monde agricole a-t-il contribué directement et indirectement à la production de 20 % des énergies renouvelables nationales. En définitive, les exploitations agricoles participent autant à la production d'énergies renouvelables qu'elles consomment d'énergie (4,6 Mtep).

Les énergies renouvelables en agriculture présentent de nombreux enjeux.

Trouver des terres

Premier défi : sécuriser le foncier pour la production alimentaire (afin d'assurer la souveraineté alimentaire d'un territoire), mais aussi pour la production d'énergies renouvelables dans un contexte de transition énergétique.

La question est : « Où trouver suffisamment d'espace pour installer des centrales de production d'énergie renouvelable ? En effet, les rendements des énergies fossiles par m^2 de surface sont très supérieurs à ceux des énergies renouvelables. Pour la production électrique en particulier, l'énergie nucléaire étant la première source de production et de consommation d'électricité en France, il est légitime de se demander si le pays est prêt à céder de nombreux hectares de terres pour remplacer cette source d'énergie par des panneaux photovoltaïques[8] ».

Il faut tempérer en précisant que la comparaison de la puissance n'est pas forcément pertinente, tout est une question de corrélation entre offre et demande. Par ailleurs, les énergies renouvelables peuvent utiliser des terres ou des espaces qui n'ont pas d'affectation : les friches, les toits, ou encore des plans d'eau par exemple.

Améliorer les ressources des agriculteurs via les énergies renouvelables

L'état actuel de la filière agricole en France pose la question de l'augmentation des ressources financières des agriculteurs, notamment à travers la production d'énergies renouvelables.

En chiffres

Selon l'INSEE, en 2016, la précarité des agriculteurs français était telle que 25 % d'entre eux vivaient sous le seuil de pauvreté, contre 3,1 % des cadres. « Deux fois plus élevé que le pourcentage moyen de pauvreté au sein de la population française, ce chiffre est à lui seul un motif de découragement chez les jeunes agriculteurs[9]. »

---

8 Mémoire de Salomé Varak : *Enjeux autour de l'utilisation de terres agricoles pour l'installation de projets photovoltaïques en France métropolitaine*, août 2019.

9 *Ibid.*

Les énergies renouvelables proposent à la fois des opportunités de diversification et de revenus supplémentaires, avec toutefois, pour certains projets, des freins liés aux investissements importants. Des modèles de partage de valeur se développent néanmoins, comme par exemple la location de terrain pour implanter des éoliennes ou la mise à disposition de serres solaires.

Ainsi, on note que l'éolien constitue la deuxième source de revenus liés aux énergies renouvelables pour les agriculteurs (après la biomasse). Particulièrement adapté pour les grandes cultures, l'éolien peut constituer un complément de revenus et n'impacte pas la production agricole.

Changer les pratiques pour protéger les terres et améliorer l'autonomie énergétique

Au vu de son importance dans l'économie et de son poids dans les émissions globales de gaz à effet de serre, l'agriculture est appelée à contribuer à l'effort général de réduction de ces émissions au niveau national et international, mais elle doit aussi s'adapter. L'INRAE a ainsi étudié pour l'Ademe[10] plusieurs leviers pour que l'agriculture contribue à la lutte climatique, parmi lesquels :

» **diminuer les apports de fertilisants minéraux azotés (ammonitrates à base de nitrate d'ammonium, urée…), en les ajustant aux besoins de la culture, avec des objectifs de rendement réalistes, en valorisant les fertilisants organiques, en accroissant la part des cultures de légumineuses, etc. ;**

» **stocker du carbone dans le sol et la biomasse, par l'accumulation de matière organique, soit en augmentant la production de biomasse pérenne (arbres) ou les restitutions de matière organique dans les sols, soit en ralentissant sa minéralisation ;**

» **modifier la ration des animaux, en réduisant notamment les apports protéiques de la ration pour limiter les rejets d'azote dans les déjections ;**

» **valoriser les effluents pour produire de l'énergie et réduire la consommation d'énergie fossile.**

10 « Quelle contribution de l'agriculture française à la réduction des émissions de gaz à effet de serre ? », juillet 2013.

L'agriculture : productrice et consommatrice d'énergies renouvelables

Le monde agricole est un acteur important dans la production d'énergies renouvelables, qui peuvent aussi répondre à ses besoins énergétiques.

Figure 15-2

Part agricole dans la production nationale d'énergies renouvelables

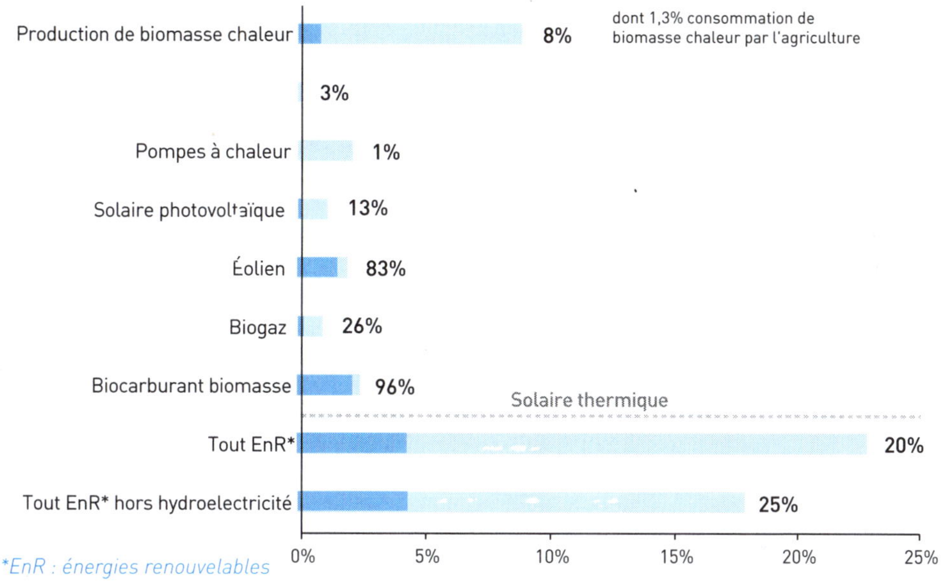

**EnR : énergies renouvelables*

Données de l'Ademe

Cette évaluation montre que le secteur agricole participe globalement autant à la production d'énergies renouvelables qu'il consomme d'énergies non renouvelables.

Le solaire photovoltaïque

La production agricole et la production d'énergies renouvelables sont souvent perçues comme en compétition, car ces deux activités cherchent à sécuriser du foncier, des terres qui possèdent souvent des caractéristiques communes (ensoleillement, terrain plat…). Néanmoins, ces deux activités peuvent aussi être complémentaires. Afin d'éviter l'artificialisation des sols et le recul des terres cultivées, elles peuvent être combinées sur un même terrain.

L'agrivoltaïsme allie sur un même sol la production d'électricité grâce aux énergies renouvelables et l'agriculture. Différentes structures photovoltaïques rendent cette opération possible et permettent de mutualiser les pratiques agricoles avec les structures photovoltaïques de sorte que la présence des panneaux soit envisagée comme un atout pour les activités agricoles retenues.

Les serres photovoltaïques (PV)

Depuis une dizaine d'année, des projets de serres photovoltaïques ont émergé dans nos campagnes. L'installation consiste à intégrer des modules photovoltaïques dans la structure. Afin que la lumière pénètre mieux dans la serre, les modules peuvent être « semi-transparents » : avec des cellules cristallines, laissant passer une partie de la lumière, ou avec des couches minces en partie transparentes.

Ces installations présentent des opportunités pour diversifier les revenus agricoles, couplant production de végétaux et vente d'énergie. Les coûts d'installation étant importants, certains investisseurs proposent des offres par lesquelles la serre est mise à disposition des exploitants.

Ces serres ne sont toutefois pas adaptées à toutes les cultures, en raison notamment de la baisse de l'intensité lumineuse et de la problématique d'aération de la serre.

Les ombrières agricoles photovoltaïques

Les serres photovoltaïques ne sont pas les uniques structures photovoltaïques utilisées dans l'agriculture. Ainsi, les ombrières agricoles photovoltaïques sont un outil innovant adapté à l'activité agricole.

Leur principe ? Des panneaux PV sont installés sur des ombrières agricoles, des structures qui apportent de l'ombre aux cultures ou aux élevages. Outre les avantages de la serre, l'ombre réduit l'évapotranspiration du sol, permettant des économies en eau.

Un défi pour demain : l'autoconsommation

En termes de consommation d'énergie, le secteur agricole utilise encore majoritairement des énergies fossiles, que ce soit pour les transports (tracteurs, moissonneuses-batteuses, etc.) ou pour les élevages, les processus de transformation, etc. Un des défis futurs, afin de décarboner l'agriculture, sera, outre l'amélioration continue de la performance énergétique des exploitations, le passage vers l'électrique bas carbone et un recours plus important à la biomasse, notamment pour les usages carburants.

L'autoconsommation, dans le secteur agricole, peut être particulièrement pertinente pour les grandes toitures agricoles et pour les zones non interconnectées, comme les régions d'outre-mer. En effet, les courbes de consommation (notamment en climatisation) dans les zones tropicales coïncident avec une forte production photovoltaïque (PV) diurne. Les installations PV en autoconsommation sont d'autant plus judicieuses du point de vue de la collectivité que la production d'électricité locale est souvent d'origine fossile, avec des coûts de production élevés. L'autoconsommation permet de réduire une part importante des coûts fixes. Par exemple, pour les élevages porcins, la ventilation représente une part constante d'environ 40 % de la consommation électrique sur la journée.

Pour le secteur agricole notamment, la production photovoltaïque est souvent « synchrone » avec les consommations, et l'autoconsommation fait désormais sens : forte baisse de la pointe d'injection et taux d'autoconsommation élevé, voire baisse de la pointe de soutirage sur le réseau électrique, et « stabilisation » des coûts de l'électricité sur la vingtaine d'années à venir.

La biomasse agricole

La biomasse agricole est définie comme la fraction biodégradable des produits, des déchets et des résidus d'origine biologique provenant de l'agriculture. Les ressources biomasse d'origine agricole concernent : les cultures de lin et de chanvre, les surfaces en herbe, les cultures pérennes, les bois de haies et agroforesterie, les effluents d'élevage, les résidus de cultures. Cette biomasse agricole peut être valorisée de différentes manières, notamment en la transformant en énergies ou en carburants. En 2016, la biomasse utilisée pour un usage énergie représentait 1,9 Mtep.

Les biocarburants

Un biocarburant est un carburant issu de la biomasse, c'est-à-dire obtenu à partir d'une matière première végétale, animale ou de déchets[11]. Les biocarburants

11 « Agriculture et énergies renouvelables : contributions et opportunités pour les exploitations agricoles », étude réalisée pour l'Ademe par les cabinets I Care & Consult, Blézat Consulting, CERFrance, Céréopa, février 2018.

sont en général mélangés à des carburants d'origine fossile, mais peuvent dans certains cas être utilisés comme seule source de carburant.

Il existe trois générations de biocarburants :

- **La première génération utilise de l'huile, de l'amidon, du sucre – généralement issus de produits agricoles classiques (colza, blé, maïs, betterave…). Il peut s'agir également de certains coproduits ou déchets tels que les marcs de raisin, les graisses animales, les huiles usagées (mais elles proviennent principalement du secteur agroalimentaire) ;**
- **La deuxième génération se sert de composés lignocellulosiques, issus de l'agriculture ou de la sylviculture ;**
- **La troisième génération utilise la biomasse généralement issue de la culture d'algues ou de cyanobactéries. Elle ne concerne *a priori* pas ou très peu le secteur agricole.**

Figure 15-3
Résumé des filières technologiques de biocarburants pouvant impliquer le secteur agricole

Filière énergétique	Sous-filière	Génération	Matière première	Produit valorisé	Processus
Gazole	Biodiesel	Première	Colza, tournesol, soja, palme	Huile	Transestérification
	Huile végétale pure				Filtration
	Biomass-to-liquid	Deuxième	Miscanthus, *switchgrass*, essences de bois, pailles	Cellulose et lignine	Gazéification puis synthèses
Essence	Bioéthanol				Hydrolyse et fermentation
		Première	Blé, maïs, betterave, canne à sucre	Sucre	Fermentation
Gaz	Méthane	Première	Effluents agricoles	Sucre, cellulose et lignine	Méthanisation
		Deuxième	Essences de bois, pailles	Cellulose et lignine	Gazéification puis méthanisation
	Dihydrogène				Gazéification
			Méthane	Méthane	Reformage

L'Europe et la France ont fixé des objectifs sur la part d'énergies renouvelables dans les transports à 10 % en 2020, aujourd'hui majoritairement assurée par les biocarburants de première génération. Mais il existe de nombreux débats autour des impacts indirects de la production de ces biocarburants, tels que les changements d'usage des sols et la déforestation, et autour de la compétition avec la production alimentaire. Aussi l'Union européenne a-t-elle fixé en 2016 une limite à la contribution de ces biocarburants à 7 %.

La production française, quasi uniquement composée de carburant de première génération, a augmenté jusqu'en 2009, puis a stagné ces dernières années, plafonnant à des productions proches de 12,5 millions d'hectolitres de bioéthanol et 1,9 million d'hectolitres de biodiesel, notamment du fait de l'atteinte de l'objectif de 7 % de la filière biodiesel.

La biomasse énergie

La biomasse peut aussi être valorisée par combustion[12]. Celle-ci produit de la chaleur par l'oxydation complète du combustible. L'eau chaude ou la vapeur ainsi obtenue peut être utilisée pour les besoins de l'exploitation : séchage, chauffage, production d'eau chaude... ou distribuée pour des industries ou logements voisins via un réseau de chaleur.

Certaines exploitations maraîchères ont recours à la biomasse pour le chauffage des serres, ce qui permet de valoriser des sous-produits de leur exploitation et de diminuer le bilan carbone de leur activité. Selon l'Ademe, l'avenir des cultures sous serres chauffées en France ne peut toutefois pas s'envisager sans un travail important de mutation énergétique de la filière.

La méthanisation agricole

Cette filière revêt de nombreux atouts dans l'agriculture, car elle permet de valoriser des matières organiques largement disponibles sur les exploitations agricoles pour produire de l'énergie et un fertilisant réutilisable en culture.

La méthanisation est un procédé de dégradation de la matière organique par des micro-organismes dans un milieu anaérobie (avec une très faible quantité d'oxygène)[13]. Cette transformation aboutit à la production du digestat, produit

12 *Ibid.*
13 *Op. cit.*

riche en matière organique qui est utilisé comme engrais, et d'un biogaz composé principalement de méthane et de gaz carbonique. Il existe plusieurs filières de valorisation de ce biogaz :

» **La production de chaleur :** cette valorisation thermique nécessite cependant des débouchés de proximité ou d'autoconsommation ;

» **La cogénération :** le biogaz est utilisé comme combustible dans des moteurs à gaz afin de produire de l'électricité et de la chaleur. L'électricité produite est vendue et la chaleur peut être autoconsommée ou vendue. La plupart du temps, elle est utilisée pour réchauffer les digesteurs, les habitations, les bâtiments d'élevage ou utilisée pour du séchage de matières premières. La cogénération est le principal modèle de valorisation du biogaz en France. Plus de 300 unités valorisent le biogaz par cogénération fin 2016 sur 330 unités à la ferme et centralisées ;

» **L'injection de biométhane :** le biogaz, après purification, devient du biométhane, ce dernier est injecté dans les réseaux de gaz. Fin 2016, il existait 26 unités de méthanisation agricole en France valorisant le biogaz en méthane ;

» **Le biométhane carburant :** le biogaz peut également être utilisé comme carburant. Cette pratique ne fait l'objet que de quelques installations pilotes en France pour l'instant.

La méthanisation de matière organique présente de nombreux avantages, notamment :

» une diminution des émissions de gaz à effet de serre ;

» la création de valeur ajoutée pour les agriculteurs ;

» une diminution de la quantité de déchets organiques à traiter par d'autres filières tout en produisant de l'électricité et de la chaleur.

En chiffres

Selon l'Ademe, en France, la part agricole de production d'énergie par la méthanisation est de 148 ktep, fin 2015, soit 26 % de la production totale de cette énergie. Fin 2016, la France comptait 330 unités agricoles de méthanisation.

La production et la récupération de chaleur

La chaleur peut être produite par la valorisation de la biomasse, mais aussi grâce à d'autres procédés.

Le solaire thermique

Le séchage solaire

Le séchage solaire des fourrages a été entrepris à la fin des années 1970. Puis, dans un contexte de crise pétrolière et de développement des énergies renouvelables, cette technique a été étendue petit à petit dans certaines zones à partir des promoteurs locaux. Depuis le milieu des années 1990, la quasi-totalité des installations de séchage en vrac est réalisée avec un capteur solaire.

On estime le nombre total de séchoirs solaires de fourrages entre 600 et 700.

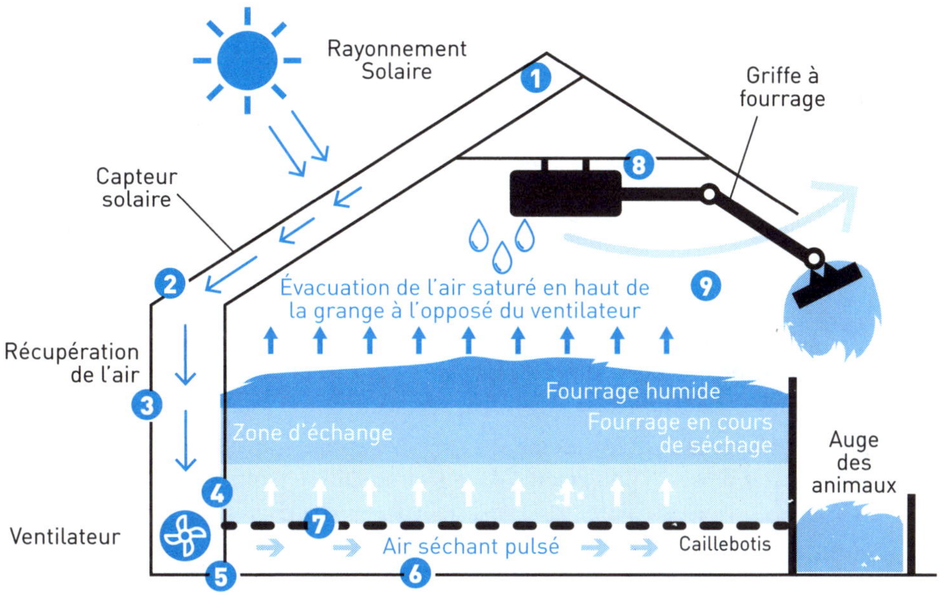

Figue 15-4
Schéma de principe de séchage avec un capteur solaire et une griffe

Le séchage solaire présente un certain nombre d'avantages économiques et environnementaux[14] :

- il améliore et sécurise la qualité du foin ;
- il diminue les charges ;
- il tend vers l'autonomie alimentaire du troupeau ;

14 « Énergies renouvelables en milieu agricole. Le séchage solaire pour améliorer la qualité des produits agricoles », étude Ademe-Bourgogne, juin 2013.

» il limite les impacts environnementaux en favorisant des cultures moins exigeantes en intrant et en utilisant une énergie renouvelable pour le séchage du foin.

Capteurs solaires pour eau chaude sur élevage

Pour les exploitations spécialisées dans l'élevage, l'énergie représente un poste particulièrement lourd, car cette activité nécessite un maintien des températures pour les bâtiments et de l'eau chaude sanitaire. En utilisant une énergie renouvelable locale comme le solaire thermique, l'exploitation devient plus autonome et moins dépendante aux énergies fossiles. Elle réduit ainsi significativement sa facture et ses émissions de gaz à effet de serre.

Selon l'Ademe[15], faire le choix du solaire thermique, c'est :

» opter pour la solution la mieux adaptée aux besoins : les installations solaires thermiques sont particulièrement bien adaptées techniquement à la production d'eau chaude sanitaire, surtout si celle-ci s'avère constante au cours de l'année, comme c'est le cas pour les élevages laitiers et de veaux de boucherie ;

» réaliser un investissement rentable : une installation solaire peut assurer une couverture des besoins énergétiques pour la production d'eau chaude sanitaire comprise entre 40 et 70 % sur une année ;

» une indépendance face à la fluctuation du prix des énergies : en France, on estime que 80 % des élevages de veaux de boucherie utilisent le gaz propane pour chauffer l'eau ;

» préserver l'environnement : 1 m² de capteurs, c'est près de 150 à 300 kg de gaz à effet de serre non rejetés dans l'atmosphère par année[16] ;

» faire le choix d'une technologie simple, fiable et durable.

Récupération de chaleur sur tank à lait

Dans un élevage laitier, le premier bloc de consommation d'électricité est le poste de traite. Une étude menée par l'Ademe en 2001 a montré que le chauffe-eau est l'appareil le plus consommateur dans les petits élevages (180 000 litres en moyenne) et que la consommation du tank devient prépondérante plus la taille de l'élevage augmente.

15 « La production d'eau chaude en élevage laitier et en élevage de veaux de boucherie », Clés pour agir.

16 source : Qualit'EnR

Un peu de technique

Le refroidisseur de lait fonctionne selon le même principe qu'un réfrigérateur domestique. Un fluide frigorigène est liquéfié par compression, puis se vaporise en se détendant et absorbe ainsi la chaleur du lait. Cette chaleur est extraite au niveau d'un condenseur puis évacuée par un ventilateur et, enfin, se répand dans la pièce.

L'idée est donc de récupérer cette chaleur perdue. Pour cela, on installe un récupérateur de chaleur au niveau du tank. Il s'agit d'un simple échangeur entre le fluide frigorigène et l'eau froide.

Figue 15-5 Principe de fonctionnement d'un prérefroidisseur de lait (gauche) et d'un récupérateur de chaleur sur tank (droite)

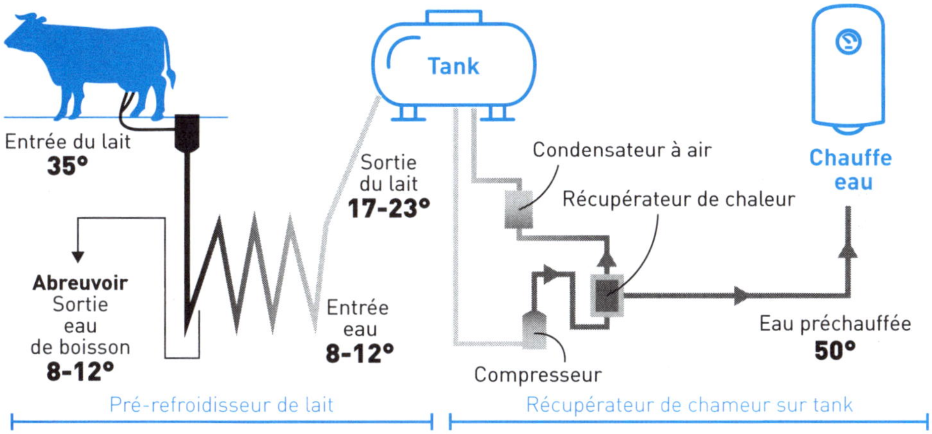

Dans la réalité, les deux systèmes ne peuvent pas cohabiter, car si le lait a été prérefroidi, il y a moins de calories à récupérer au niveau du tank.

Les avantages de ce procédé sont, d'une part, une plus grande efficacité énergétique, et, d'autre part, des économies sur la consommation d'énergie pour la production d'eau chaude. Alors que son principal inconvénient reste un investissement de départ important.

DANS CE CHAPITRE

Chapitre 16

Les énergies renouvelables et la mobilité

Comment réduire la consommation d'énergie ?

Dans le cadre du pacte vert européen, la feuille de route climatique de l'Europe, la Commission européenne s'est engagée en décembre 2019 à réduire les émissions émanant des transports de 90 % d'ici à 2050 (par rapport à 1990) dans l'Union européenne.

En chiffres

Selon l'Ademe, le secteur des transports représentait 33 % de la consommation d'énergie finale en France en 2015, contre 29 % en 1990, et dont les 4/5 sont dus à la route. Il est également le principal émetteur de C02, avec 39 % des émissions totales de gaz à effet de serre (GES). En outre, 90 % des émissions de particules primaires et d'oxydes d'azote liées au transport routier proviennent des véhicules diesel. Provoquant environ 48 000 décès par an et 20 à 30 milliards d'euros de coût de santé liés à la pollution atmosphérique.

Afin de lutter contre le réchauffement climatique, il est donc essentiel de prendre des mesures pour limiter la pollution des différents modes de transport. La mobilité est à la croisée d'enjeux majeurs pour les questions de développement urbain et territorial, mais touche également les enjeux socio-économiques. Aussi les transports sont-ils un des domaines où la recherche pour des carburants moins polluants ou des solutions d'électrification est parmi les plus actives.

Figue 16-1
Émissions de CO_2 par km

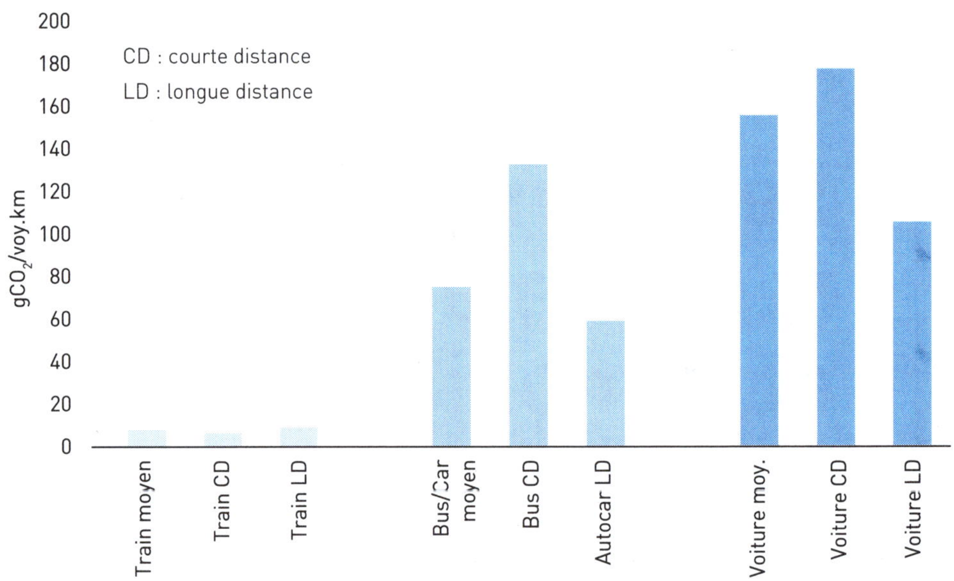

Légende : La barre de gauche représente la moyenne pour le mode de transport, celle du milieu représente seulement la moyenne pour les déplacements à courte distance, et, à droite, les déplacements longue distance, qui sont plus directement comparables à l'aérien en termes de motifs.

Graphique réalisé à partir des données Ademe, ENTD, CGDD, Arafer, Omnil. /CC BY-NC-ND)

L'efficacité énergétique

Important

Pour réduire la consommation d'énergie, il faut d'abord agir sur l'efficacité énergétique du mode de transport, c'est-à-dire diminuer la consommation d'énergie tout en maintenant un niveau de performance finale équivalent. Si les carburants alternatifs sont intéressants pour réduire les nuisances générées par le transport (pollution atmosphérique, émissions de CO_2, équilibre de la balance commerciale), ils ne génèrent pas forcément une baisse de la consommation de carburant !

Afin de réduire les émissions et de rendre les transports plus propres, plusieurs mesures peuvent être prises :

» sur les véhicules eux-mêmes : en jouant sur leur poids, la récupération de chaleur, leur moteur et design... ;
» sur les routes (maritimes, routières, etc.) en les optimisant ;
» sur les zones de transfert et de transit ;
» en adaptant le transport choisi (prendre le train plutôt que l'avion, le transport fluvial plutôt que routier) ;
» individuellement : former à l'écoconduite, limitation de vitesse ;
» en diversifiant les carburants (biocarburants, bioGNV) ou en électrifiant.

Un exemple concret : moderniser les navires existants

La durée de vie d'un bateau est d'environ 25 ans. Ainsi, même en construisant à partir de maintenant uniquement des bateaux fonctionnant grâce à des énergies renouvelables, le marché ne sera pas décarboné avant plusieurs années. Des mesures transitoires peuvent être prises afin de réduire les émissions dès aujourd'hui.

À commencer par l'amélioration de l'efficacité énergétique des bateaux utilisés de nos jours, en modifiant la forme de la coque afin de réduire les frictions. Selon l'International Transport Forum, ajuster la courbe du navire par une extension bulbeuse par exemple permettrait de réduire la traînée et donc les émissions de 2 à 7 %. Une autre solution consiste à optimiser la récupération d'énergie déjà employée. La régulation peut aussi jouer dans la diminution des émissions, en limitant la vitesse ou la taille/le poids des navires autorisés par exemple.

Les carburants « renouvelables »

Alors que le secteur des transports dépend encore à plus de 90 % du pétrole, les enjeux climatiques et économiques incitent au développement d'alternatives plus durables. Quel que soit le mode de transport, la diversification des sources de carburant est un des leviers pour contribuer à décarboner le secteur et à réduire sa dépendance aux importations énergétiques.

Les carburants produits à partir de matière organique, comme les biocarburants ou agrocarburants, ou encore ceux produits à partir de biogaz, comme le biométhane, représentent une alternative aux carburants fossiles, car ils rejettent beaucoup moins de polluants atmosphériques et d'émissions de CO_2.

À retenir

En ce qui concerne les biocarburants, leur principal atout est qu'ils peuvent être mélangés à l'essence et au gazole sans nécessiter de modification majeure des moteurs de véhicules. Leur distribution peut ainsi se faire via le réseau de stations service. Le bioGNV peut également bénéficier du réseau de stations GNV existant.

La Commission européenne s'est engagée à accélérer la production et le déploiement de carburants de transport alternatifs, et notamment à examiner des options législatives pour stimuler la production et l'utilisation de carburants durables pour les différents modes de transport, y compris l'aviation. Un point important à noter est que la Directive révisée sur les énergies renouvelables de 2018 comprend une obligation pour les fournisseurs de carburants d'incorporer une part d'énergie renouvelable dans les transports (les biocarburants avancés et les e-fuels peuvent y contribuer). Les États membres ont jusqu'à 2021 pour transposer cette obligation.

Important

Néanmoins, les coûts de production restent encore très élevés. De plus, la production des biocarburants implique des besoins importants en terres arables, ils entrent ainsi en conflit d'usage avec les terres agricoles dont la production est destinée à la consommation humaine. Les modes de production très intensifs (utilisation d'intrants pétrochimiques) nuisent en outre à la biodiversité. L'avenir des agrocarburants est, pour ces raisons, remis en question, et ne peut être qu'une solution transitoire.

Le véhicule électrique

L'électrification est également un des leviers pour réduire l'impact climatique du transport et répondre aux enjeux de qualité de l'air.

Dans le transport par route, par bateau ou par avion, le vecteur électrique est en plein développement et présente des perspectives d'avenir.

Figure 16-2

Répartition des émissions de CO_2 du transport routier

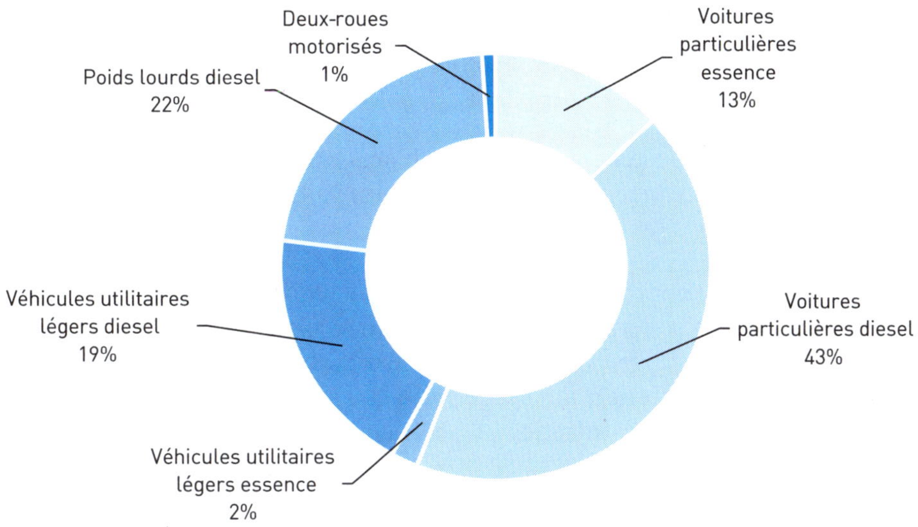

Données utilisées pour réaliser le graphique : CITEPA

Qu'est-ce qu'un véhicule électrique ?

Un véhicule électrique comporte un moteur électrique pouvant être alimenté :

- soit en tout électrique (*Battery Electric Vehicle* - BEV), les véhicules sont équipés d'une batterie à grande capacité qui doit être rechargée à l'arrêt sur prise fixe ;
- soit en électrique à hydrogène, les voitures sont dotées d'une pile à combustible qui transforme l'hydrogène en électricité.

Avantages comparés au véhicule thermique

- Réduction de la dépendance au pétrole importé ;
- réduction des émissions de GES à l'usage, à condition que l'électricité utilisée pour recharger le véhicule soit faiblement carbonée, voire renouvelable ;
- réduction des polluants responsables de la dégradation de la qualité de l'air ;
- réduction du bruit.

Les défis du véhicule tout électrique

Important

La majorité des impacts environnementaux du véhicule électrique se situent lors de la phase de fabrication. Lorsqu'il roule, un véhicule électrique n'émet pas d'émissions, néanmoins l'électricité qu'il utilise peut avoir été produite de manière plus ou moins polluante. En effet, si l'électricité que l'on pompe lors de la recharge est produite à partir de charbon, alors l'utilisation de la voiture électrique est en partie polluante. Au contraire, si l'électricité est produite grâce à des énergies renouvelables, alors, sur l'ensemble du cycle de vie, le véhicule électrique présentera un meilleur bilan GES que le véhicule thermique. Ainsi, plus le mix électrique du pays est vert, plus l'utilisation de véhicules électriques est vertueuse.

À retenir

Les gains environnementaux d'un véhicule électrique par rapport à un véhicule thermique se retrouvent à l'usage. Sur le plan économique, si, à l'achat, il reste globalement plus cher qu'un véhicule thermique (majoritairement en raison du coût de la batterie), son usage permet des économies significatives, car le coût de l'électricité, de l'entretien et généralement de l'assurance est moindre.

Figure 16-3
Contribution d'un véhicule pendant sa durée de vie rapportée à la contribution par habitant pendant un an (Monde)

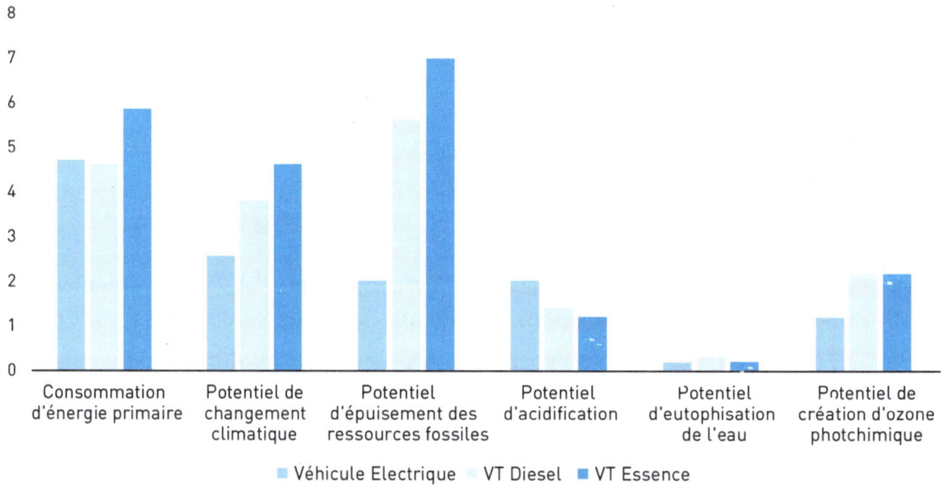

Données : Ademe

L'utilisation en seconde vie et le recyclage des batteries permettent de diminuer ces impacts environnementaux. Des recherches sont menées pour concevoir des batteries réutilisables comme élément de stockage stationnaire de l'électricité du réseau électrique, avec des coûts de reconditionnement limités. Ces recherches s'ajoutent aux innovations en cours pour rendre les batteries plus compatibles avec une filière de recyclage économiquement rentable.

Le parc des véhicules électriques en France s'accroît considérablement ces dernières années, passant de 2 626 immatriculations en 2011 à 110 000 en 2020. Mais des limites demeurent : prix d'achat de la voiture, son poids et la durée de vie des batteries rechargeables.

Les véhicules électriques et le stockage d'énergie

Les batteries des véhicules électriques et les piles à combustible offrent des possibilités de régulation du réseau électrique ou de lissage de la pointe, si elles sont utilisées comme stockage d'énergie. Ce « service » rendu au réseau pourrait d'ailleurs faire l'objet d'une valorisation économique. Les véhicules électriques et à hydrogène pourraient ainsi représenter une source de flexibilité de la demande électrique, un peu comme des batteries ambulantes. Il faudrait néanmoins pouvoir connaître la charge de ces batteries en temps réel et les coordonner afin de répartir leurs usages. En 2020, certaines applications commencent à émerger sur le marché. Elles permettent ces services de flexibilité sur le réseau.

Les véhicules hydrogène

Un peu de technique

L'hydrogène apporte des solutions nouvelles pour l'électromobilité, notamment pour des véhicules lourds, ou pour garantir autonomie et disponibilité à des véhicules utilitaires légers. Cela concerne ainsi en priorité les véhicules à usage professionnel, qu'ils soient terrestres, maritimes, fluviaux, ferroviaires.

En pratique, l'hydrogène alimente une pile à combustible équipant un véhicule électrique. Plus précisément, l'oxydation de l'hydrogène sur une électrode, couplée à la réduction de l'oxygène sur une autre électrode reliée entraine l'apparition d'un courant électrique. Généralement, les voitures à hydrogène comportent aussi une petite batterie pour ménager le moteur.

Les défis du véhicule à hydrogène

Par rapport à un véhicule électrique à batterie, le recours à l'hydrogène permet de prolonger l'autonomie du véhicule et d'embarquer plus de puissance. Cependant, des défis restent à relever :

» **des défis d'ordre technologique** pour améliorer notamment l'autonomie des véhicules ;

» **des défis d'ordre économique** pour réduire les coûts de production de l'hydrogène, de fabrication des composants et de distribution ;

» **des défis d'ordre sociétal** : comme tout gaz, l'hydrogène est inflammable et explosif, ce qui peut générer des craintes quant à sa production, son transport et son utilisation. Des normes de sécurité existent pour garantir la sécurité des usagers ;

- **des défis d'ordre environnementaux** : si les véhicules hydrogène n'émettent pas de CO_2 à l'usage, la phase de production de l'hydrogène et de la pile à combustible peut, en revanche, en émettre. Il faut donc étendre l'analyse des émissions durant tout le cycle de vie : de la production de l'hydrogène à sa consommation.

En effet, il existe plusieurs moyens de produire de l'hydrogène :

- par vaporeformage du gaz naturel ou gazéification du charbon, donc à partir d'hydrocarbures ;
- par électrolyse alimentée par de l'électricité nucléaire ou issue de sources renouvelables, comme le solaire ou l'éolien ;
- par transformation de biomasse.

Par ailleurs, des solutions pour limiter l'emploi de certains métaux précieux devront être étudiées et mises en place (recyclage, éco-conception).

La complémentarité du véhicule électrique et de celui à hydrogène

Bien souvent, on oppose la voiture électrique à batterie et la voiture électrique à hydrogène, mais elles sont en réalité complémentaires. Le développement des véhicules électriques à hydrogène vient diversifier l'offre d'électromobilité, répondant à des besoins dans le domaine de la mobilité professionnelle.

Pour de petites distances en milieu urbain, la voiture électrique sera plus adaptée.

Pour de grandes distances, les véhicules à hydrogène présentent certains avantages : une recharge très rapide (moins de 5 minutes) et une autonomie comparable à celle des véhicules à moteur thermique, environ 500 km. C'est aussi la technologie la plus adaptée pour les poids lourds, notamment du fait du poids de la batterie électrique.

Le rendement des véhicules à hydrogène est moins bon que celui des véhicules électriques, car il y a plusieurs transformations de l'énergie, donc plus de pertes, ce qui entraîne des coûts économiques supplémentaires. Il faut donc que l'usage de l'hydrogène soit justifié par des caractéristiques lui permettant de se différencier du véhicule tout-électrique.

Le transport ferroviaire

Le transport ferroviaire, qui englobe le transport des marchandises et des passagers, est l'un des moyens de transport les plus importants en France aujourd'hui. Or, il s'agit d'un secteur peu émetteur CO_2.

En chiffres

Le réseau ferroviaire français s'étend sur une longueur totale de presque 30 000 km, ce qui en fait le deuxième d'Europe. C'est aussi le deuxième moyen de transport de voyageurs en part voyageurs/km parcourus. En outre, il a permis de transporter plus de 91 millions de tonnes de fret durant l'année 2017. Il émet peu de gaz à effet de serre ou de polluants locaux : en France, 80 % du transport se fait sur des lignes électrifiées. Néanmoins, la moitié des lignes ne sont pas électrifiées, même si elles sont moins fréquentées, et il reste un quart des trains roulants avec un moteur diesel.

Comme la voiture, le train peut fonctionner avec deux types de moteurs : thermique (charbon auparavant, aujourd'hui diesel) ou électrique (à batterie ou à hydrogène). Afin de réduire les émissions, l'industrie ferroviaire a souvent fait le choix de recourir aux batteries électrochimiques (trains électriques à batterie). Mais plusieurs entreprises parient sur les avantages de l'hydrogène (autonomie, temps de recharge, etc.), notamment dans des configurations territoriales particulières (électrification très coûteuse). L'hydrogène est donc une alternative prometteuse pour la sortie du diesel. Sur le plan technologique, elle est à maturité, comme le prouve la circulation en Allemagne de deux trains Coradia iLint d'Alstom depuis le 17 septembre 2018.

Le train électrique

Un peu de technique

L'électricité est captée par un pantographe (dispositif articulé qui permet à une locomotive électrique de capter le courant) qui frotte contre les lignes électriques aériennes (nommées caténaires) situées au-dessus de la locomotive. Puis elle traverse un disjoncteur. Dans un transformateur, redresseur et onduleur, elle subit une transformation de sa tension et de sa fréquence. Elle atteint alors le moteur de traction où elle est convertie en énergie mécanique.

À quand remonte le train électrique ?

En 1837, le Britannique Robert Davidson conçoit le premier prototype de train électrique, mais la batterie utilisée est trop faible pour lui permettre de circuler. En 1841, il fabrique une locomotive plus puissante, nommée Galvanie, qui atteint 6 km/h entre Édimbourg et Glasgow. Johann Georg Halske (1814-1890) et Werner von Siemens (1816-1892) créent la première locomotive électrique transportant des passagers et la présentent à l'Exposition universelle de Berlin en 1879.

Le train à hydrogène

Le principe est simple : l'hydrogène qui est contenu dans des réservoirs se combine avec de l'oxygène dans une pile à combustible. La réaction produit de l'électricité utilisée pour alimenter le train et de l'eau rejetée dans l'atmosphère. Un train à hydrogène affiche les mêmes performances de vitesse qu'un train diesel, tout en étant moins bruyant et, surtout, permet de décarboner ce secteur, si l'hydrogène est issu de sources renouvelables.

À retenir

En France, le train à hydrogène est aujourd'hui conçu principalement sous forme hybride/bimode : hydrogène + batterie. L'hydrogène est ainsi utilisé sur la partie des lignes les moins empruntées et donc les plus chères à raccorder pour le réseau ferroviaire. Puis, la ligne ferroviaire devient électrifiée et le train se branche sur des lignes électriques aériennes. L'électrique prend le relais.

Dans le cadre de la sortie du diesel, programmée pour 2023, la SNCF prévoit le déploiement de TER à hydrogène, ou TER H_2, notamment en collaboration avec les régions, en particulier la Bourgogne-Franche-Comté, l'Occitanie, l'Auvergne-Rhône-Alpes et les Hauts-de-France.

Exemple : le train Coradia d'Alstom

Ce train est le premier train à hydrogène au monde, encore sous la forme d'un prototype, fonctionnant grâce à une pile à combustible. Son fonctionnement est le même que celui décrit plus tôt, mais un peu plus complexe afin d'optimiser le système. L'électricité produite dans la pile à combustible est utilisée par les moteurs ou stockée dans les batteries. Un convertisseur/inverseur permet d'alimenter correctement le moteur en fonction des besoins.

De plus, le système permet de récupérer l'énergie de freinage qui est aussi stockée dans les batteries et qui peut servir de complément lors de l'accélération. Des algorithmes se chargent d'optimiser en permanence l'utilisation complexe des différents flux d'énergie.

Depuis septembre 2018, deux trains H2 – Coradia iLint – circulent en Allemagne, et déjà 64 trains ont été commandés dans différentes régions allemandes. Ils devraient entrer en service entre fin 2021 et fin 2022. L'autriche en mettra 14 en service dès 2022.

L'hyperloop : transport du futur ou transport rêvé ?

Présenté comme le transport du futur, l'hyperloop est un train à très haute vitesse qui évolue dans un tube sous vide. Jules Verne décrivait déjà un principe similaire en 1889, dans *Au XXIXe siècle : la Journée d'un journaliste américain en 2889* :

« S'ils se souvenaient du défectueux fonctionnement des paquebots et des chemins de fer, de leurs collisions fréquentes, de leur lenteur aussi, quel prix les voyageurs n'attacheraient-ils pas aux aérotrains, et surtout à ces tubes pneumatiques, jetés à travers les océans, et dans lesquels on les transporte avec une vitesse de 1 500 km à l'heure ? »

Cette idée a été remise au goût du jour par le milliardaire américain, P.-D.G. de Tesla et de SpaceX, Elon Musk, mais est aujourd'hui développée par différentes start-up en concurrence, dont plusieurs testent leurs recherches en France. Si ce projet voyait le jour, l'Office parlementaire d'évaluation des choix scientifiques et technologiques (OPESCT) énonce que l'hyperloop présenterait des avantages écologiques avec un « très faible niveau sonore », et « décongestionnerait les routes ». Son fonctionnement à très basse pression, en limitant les frottements de l'air, économiserait du carburant : « 70 % de la consommation d'énergie d'un train à grande vitesse est due aux frictions de l'air et des roues. » De plus, « étant alimenté électriquement, il n'émettrait pas de CO_2 en exploitation ».

Le secteur maritime

Au contraire du transport aérien, le transport maritime était autrefois un mode de transport ne générant pas de CO_2, puisqu'on naviguait à la voile grâce à la force du vent. Aujourd'hui toutefois, il est responsable de près de 3 % des émissions mondiales de gaz à effet de serre.

En chiffres

En 2018, les émissions de CO_2 dues au transport maritime atteignaient 693 Mt. L'Organisation maritime internationale (OMI, IMO en anglais) a fixé un objectif de réduction des émissions de gaz à effet de serre d'au moins 50 % d'ici à 2050, avec des objectifs de courte durée pour 2030. Lors du *One Planet Summit*, en décembre 2017, à l'initiative de la France, 34 États ont signé la déclaration Tony deBrum – ancien ministre des Affaires étrangères des Îles Marshall et fondateur de la coalition pour la haute ambition au sein de la convention-cadre des Nations unies sur les changements climatiques (CCNUCC) lors de la COP 21 à Paris – pour la décarbonation du transport maritime.

Figure 16-4
Émissions de CO_2 pour le transport international

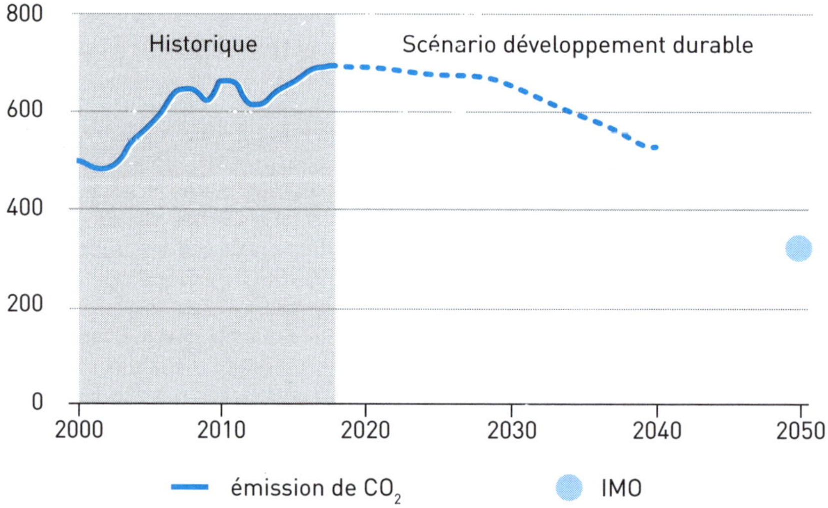

Données utilisées pour le graphique : AIE

Encore une fois, les navires peuvent fonctionner avec un moteur thermique en émettant plus ou moins de CO_2, en fonction du carburant choisi ou grâce à un moteur électrique qui permet de décarboner le transport lorsque celui-ci est en marche, puis l'ensemble de la chaîne, si l'hydrogène ou l'électricité sont produits de manière verte.

Les agrocarburants sont encore peu développés dans le secteur maritime, mais de nombreux essais sont en cours. Par exemple, CMA-CGM, armateur basé à Marseille, a testé avec succès un biocarburant sur deux de ses porte-conteneurs, le *White Shark* et le *Alexander von Humboldt*. « Le combustible utilisé est composé à 80 % de carburant à faible teneur en soufre et à 20 % d'un biofuel à base d'huiles de cuisson recyclées. Celui-ci permet une réduction des émissions de gaz à effet de serre de 80 % et d'éliminer quasi intégralement les émissions d'oxydes de soufre », selon l'armateur.

Les bateaux tout électriques

Le fonctionnement est assez simple, le navire étant généralement équipé d'un moteur à propulsion électrique, d'un système électrique et de batteries. La recharge des batteries peut s'effectuer à quai et grâce à des énergies renouvelables à bord (panneaux solaires, éoliennes...). Ces navires possèdent de nombreux avantages : ils ne polluent pas ni ne rejettent d'effluents, et glissent en silence sur l'eau.

« Il pourrait y avoir dix fois plus de bateaux électriques, mais le frein, c'est le prix, comme pour la voiture électrique », explique Xavier de Montgros, président de l'Association française du bateau électrique (AFBE). En effet, un bateau électrique coûte de 30 à 50 % plus cher qu'un bateau à moteur thermique.

À retenir

Donc le prix encore élevé et les contraintes techniques limitent pour le moment son usage à de petits engins. Avec néanmoins un développement plus important dans le fluvial. Ainsi, en décembre 2019, Sodexo et Vinci Énergies annonçaient équiper la flotte Batobus exploitée sur la Seine d'une technologie hybride associant motorisations diesel et électrique. Entre 2020 et 2024, six bateaux devraient être convertis.

Les navires électriques à hydrogène

Par ailleurs, la pile à combustible et l'emploi d'hydrogène pour la mobilité ne sont pas réservés au transport terrestre, et ce combustible commence aussi à être employé sur l'eau. Néanmoins, l'emploi de l'hydrogène dans le transport maritime nécessite encore de la recherche et du développement pour être commercialisé.

Le principal prototype est l'*Energy Observer*, qui teste cette technologie en parcourant le monde.

L'Energy Observer

Il s'agit du premier navire à hydrogène qui vise une autonomie énergétique sans émissions. Il fonctionne grâce à un mix d'énergies renouvelables et un système de production décarbonée d'hydrogène, grâce à de l'eau de mer. Il possède des panneaux solaires qui lui permettent de recharger ses batteries. Lorsque celles-ci sont pleines, le surplus d'énergie est valorisé en produisant de l'hydrogène par électrolyse de l'eau de mer. Lorsque les conditions se dégradent, une pile à combustible permet de restaurer l'hydrogène en électricité. Une fois en mer, le solaire, l'éolien et l'hydrolien permettent d'équilibrer les consommations électriques de propulsion du navire et de vie à bord.

Le secteur aérien

En chiffres

Le transport aérien représente 15 % des consommations énergétiques en France[17]. Au niveau européen, il représente près de 3,5 % des émissions totales de gaz à effet de serre, avec néanmoins des émissions en forte croissance depuis les années 1990[18].

De plus, les avions rejettent leurs émissions à la limite de la troposphère où le potentiel d'impact sur le réchauffement climatique est démultiplié. En effet, la combustion à haute altitude perturbe les cycles d'autres gaz à effet de serre et notamment le NO_x et le méthane.

Avant la crise de la Covid-19, le trafic aérien connaissait une croissance continue, sous l'effet notamment de la multiplication des offres de vols à bas prix. Dans le même temps, des efforts sur l'amélioration de l'efficacité énergétique des avions ont permis de contenir la hausse des émissions de GES liées à la croissance du trafic. Selon la Direction générale de l'aviation civile, entre 2000 et 2018, ces émissions ont progressé de 21,5 % pour un nombre de passagers en augmentation de 62 %.

Il n'en reste pas moins que l'Agence européenne de l'environnement estimait en 2019 qu'« en 2050, malgré les améliorations en matière de consommation de carburant, les émissions provenant des avions devraient être 7 à 10 fois supérieures aux niveaux de 1990 ».

Conscients de leur responsabilité, les acteurs du transport aérien ont affiché, dans le cadre de l'OACI, l'institution spécialisée des Nations Unies qui assure la gouvernance mondiale du secteur, une cible de réduction de moitié des émissions à l'horizon 2050 par rapport à celles de 2005. Ils misent pour cela sur la com-

17 Chiffre 2018, source SDES.
18 Source : Agence Européenne de l'Environnement : https://ec.europa.eu/transport/sites/transport/files/2019-aviation-environmental-report.pdf

pensation, l'amélioration de l'efficacité énergétique des appareils, les carburants renouvelables, ainsi que l'avion à hydrogène.

En chiffres

En avion, les émissions de CO_2 pour 1 km parcouru sont égales à celles pour 1 km, seul en voiture. Néanmoins, un avion parcourt de longues distances durant de longues durées. Ce qui implique qu'une heure passée en avion est 13 fois plus émettrice qu'une heure sur la route en voiture...[19]

Les biocarburants

Plusieurs filières de biocarburants ont déjà été certifiées et ont permis d'effectuer plusieurs milliers de vols commerciaux depuis 2011. Mais le coût de production est supérieur, de l'ordre du double, à celui du carburant fossile. En outre, elles reposent, pour l'essentiel, sur des bioressources limitées, parfois importées ou déjà en grande partie mobilisées par d'autres usages.

Selon un rapport du ministère de l'Agriculture de novembre 2015, les biocarburants aéronautiques sont classés en trois générations :

- **Les carburants de 1re génération. À partir de cultures (colza ou palme, betterave ou canne à sucre...), filière de production principale des biocarburants routiers ;**
- **Les carburants de 2e génération. Trois filières existent : à partir d'huiles de récupération ; à partir de résidus de bois (éventuellement de déchets urbains organiques) transformés par gazéification ; à partir du traitement biologique des sucres (betterave, canne à sucre, lignocellulose) ;**
- **Les produits de 3e génération. Ils sont seulement au stade de la recherche et d'essai en laboratoire, à partir de microalgues autotrophes notamment.**

L'avion électrique

Traditionnellement, un avion comporte quatre vecteurs d'énergie : thermique, hydraulique, pneumatique et électrique. L'électrification de l'ensemble de l'appareil n'est pas pour demain, notamment parce qu'il n'existe pas de batteries assez puissantes pour un avion avec un nombre de passagers importants. Néanmoins, des systèmes hybrides commencent à voir le jour. Un exemple ? Historiquement, trois réseaux hydrauliques indépendants permettaient d'actionner les gouvernes d'un avion. Désormais, sur les A380 et A350, l'un d'eux est électrique.

19 https://theconversation.com/impact-du-transport-aerien-sur-le-climat-pourquoi-il-faut-refaire-les-calculs-116534

Le problème de la foudre

Un des enjeux, en comparaison avec les autres transports, est de concevoir des systèmes électriques capables de fonctionner dans un environnement électromagnétique éventuellement perturbé, sans générer eux-mêmes de perturbations. « Tout électrique » oblige, il faut s'assurer qu'un aéronef est immunisé contre la foudre. Autrement dit, qu'en cas de foudroiement – ce qui survient environ toutes les 3 000 heures –, le courant parasite induit sur la structure et qui se couple au réseau revient bien à la masse sans dommage pour les équipements.

Power to liquid : un carburant pour l'aviation

La production de carburant à base de *Power to liquid* (PtL) comprend trois étapes principales :

- **Production d'hydrogène à partir d'électricité renouvelable par électrolyse de l'eau ;**
- **Fourniture de CO_2 renouvelable et sa conversion en même temps que l'hydrogène produit ;**
- **Synthèse d'hydrocarbures liquides avec amélioration et raffinage ultérieurs.**

Les carburants PtL peuvent être produits selon des procédés industriels établis, et pourraient permettre au secteur de l'aviation de réduire considérablement son empreinte écologique. Toutefois, l'intégration complète des différentes étapes du processus nécessite encore des efforts de recherche et développement et de passage à l'échelle commerciale. Les avantages environnementaux des carburants PtL produits à partir de matières premières renouvelables (électricité, CO_2 et eau) sont évidents, avec une faible empreinte carbone, une demande en eau négligeable et des besoins en terres beaucoup plus faibles que ceux des biocarburants.

Solar Impulse, un avion sans carburant !

L'avion *Solar Impulse 2* – projet porté par Bertrand Piccard et André Borschberg – a fait un tour du monde de 40 000 km avec escales, sans une goutte de carburant.

L'avion est en fibre de carbone de 72 mètres et pèse 2,3 tonnes. Il est équipé d'un seul siège. L'avion embarque à son bord 270 m^2 de cellules photovoltaïques ainsi que 600 kg de batteries au lithium qui sont rechargées durant la journée afin de lui permettre de continuer à voler la nuit. Le prix à payer pour cet exploit reste une vitesse assez faible : 70 km/h de moyenne et une grande sensibilité aux turbulences.

Trois questions à Bertrand Piccard

Médecin-psychiatre, explorateur, écrivain, conférencier, Bertrand Piccard est le fondateur et président de la fondation Solar Impulse. Il a également été nommé ambassadeur de bonne volonté des Nations unies pour le programme Environnement.

Quelle est votre vision de l'évolution des énergies renouvelables dans nos sociétés ?

Avant de parler d'énergies renouvelables, qu'on le veuille ou non, il faut bien reconnaître que le progrès spectaculaire de notre civilisation au cours des deux derniers siècles est dû à l'utilisation massive d'énergies fossiles. Les entreprises pétrolières, d'ailleurs, affichaient jadis leur fierté de contribuer si directement à l'amélioration de la qualité de vie. Seulement, ce qui était possible avec 2 milliards d'habitants sur Terre ne l'est plus avec le quadruple, et le développement d'autrefois s'est transformé en catastrophe écologique planétaire.

Les lois du marché étant ce qu'elles sont, et quelles que soient nos bonnes intentions, le charbon, le pétrole et le gaz sont restés longtemps les seuls à être économiquement rentables. Ce n'est plus le cas maintenant, et les adeptes de la protection de l'environnement peuvent enfin promouvoir leur cause en parlant le langage de ceux qu'ils veulent convaincre : celui du profit et de la création d'emplois. Le réalisme prend le pas sur l'idéalisme.

On peut, dans la plus grande partie du monde, produire de l'électricité moins chère avec du soleil, du vent, des barrages, de la biomasse ou de la géothermie qu'avec du charbon, du pétrole ou du gaz. Et l'efficience des technologies propres est devenue telle que 50 % de l'énergie produite dans le monde peut être économisée grâce à la diminution du gaspillage.

Pourquoi la transition vers le renouvelable est-elle si lente ?

En raison sans doute de l'inertie des comportements, de la paresse des décideurs et de la peur du changement inhérente à l'être humain. Il s'agit en effet de transformer tout un système économique, financier et industriel, qui fonctionne comme une rente à vie pour un grand nombre d'acteurs. Donnons par conséquent à ces derniers l'envie de changer, de se diversifier dans des activités plus prometteuses, et, quand les résistances sont trop fortes, l'obligation de changer par un cadre légal plus ambitieux.

Quel est le potentiel des énergies renouvelables ?

L'aventure Solar Impulse et son tour du monde sans carburant prouvent le potentiel infini des énergies renouvelables. Au succès de la démonstration symbolique fait suite la mise en œuvre concrète : la sélection et labélisation par la Fondation Solar Impulse de 1 000 solutions – systèmes, produits, processus, technologies – capables de protéger l'environnement de façon financièrement rentable.

Voilà de quoi prôner avec confiance la « croissance qualitative » dont les énergies renouvelables représentent un pilier vital. Loin de la décroissance, prônée par certains, qui mène au chaos social, et du leurre de la croissance quantitative soi-disant illimitée qui mène au chaos écologique, la croissance qualitative permet de générer davantage d'emplois etde profits en remplaçant les systèmes inefficients et polluants par des infrastructures modernes qui protègent l'environnement. Dans les domaines de l'eau, de la construction, de la mobilité, de l'industrie et de l'agriculture, les nouvelles sources d'énergie et

»

Trois questions à Bertrand Piccard *(suite)*

l'efficience énergétique ont un rôle fondamental à jouer.

Un choix très clair s'offre à nous aujourd'hui : continuer à détruire la qualité de vie de l'humanité, par égoïsme ou par bêtise, ou entrer de façon volontariste dans l'aventure des énergies renouvelables. Comme ces dernières sont devenues rentables, le choix est logique autant qu'écologique !

DANS CE CHAPITRE

L'évolution de la consommation des énergies dans l'industrie

•

Les consommateurs d'énergie dans l'industrie

•

Comment approvisionner les industries en énergies renouvelables ?

Chapitre 17
L'énergie et l'industrie

L'énergie est utilisée pour satisfaire les deux besoins de l'industrie : chauffer et mettre en mouvement. Or, chaque procédé industriel peut être alimenté par au moins une source d'énergies renouvelables et de récupération. Il s'agit de déterminer les technologies qui seront les mieux adaptées aux besoins de l'industriel.

Les études de l'Ademe montrent qu'il existe de nombreuses technologies utilisant les énergies renouvelables et la récupération relativement matures, permettant de produire et d'autoconsommer de l'énergie sur un site industriel, que ce soit de la chaleur ou de l'électricité. Avec l'aide des mécanismes de soutien (CEE, Fonds Chaleur, appels d'offre CRE, le fonds décarbonation de l'industrie du plan de relance ou autres dispositifs fiscaux), investir sur des énergies renouvelables et de récupération peut s'avérer rentable sur le long terme dans de très nombreux cas, ces projets permettant par ailleurs de réduire les émissions de CO_2 et de développer une image d'entreprise responsable.

Néanmoins, le déploiement des énergies renouvelables et de récupération est encore trop peu avancé dans l'industrie, alors qu'avec 19 % de l'énergie finale consommée en 2014, le secteur de l'industrie est le troisième plus gros consommateur français d'énergie, après le secteur des transports et du résidentiel.

L'évolution de la consommation des énergies dans l'industrie

En chiffres

Selon les Données statistiques du ministère de la Transition écologique, en 2017, la consommation énergétique de l'industrie s'élève à 27 Mtep. Quant au mix énergétique, il est dominé, à parts quasi égales, par l'électricité (38 %) et le gaz naturel (37 %). Il est complété par les produits pétroliers (9 %, contre 22 % en 1990), les énergies renouvelables (6 %), la chaleur commercialisée (6 %) et enfin le charbon (4 %, contre 11 % en 1990).

Figure 17-1

La consommation par type d'énergie dans l'industrie

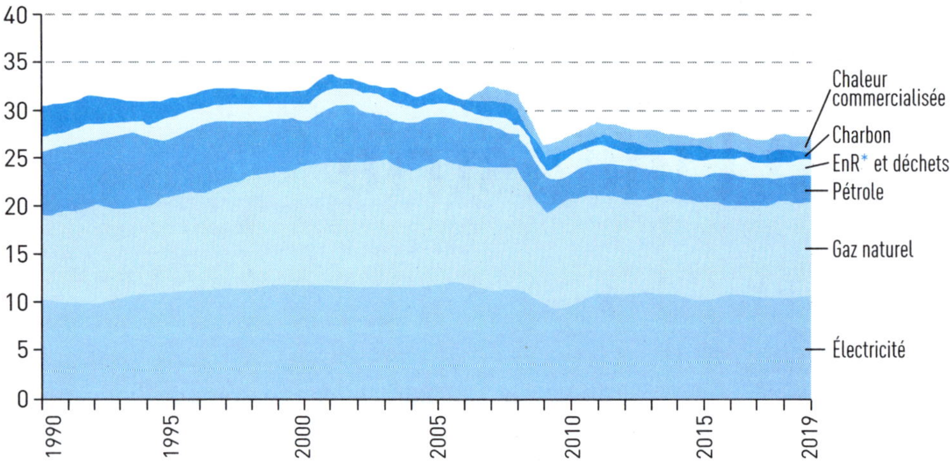

*EnR : énergies renouveables

Périmètre : jusqu'à l'année 2010 incluse, le périmètre géographique est la France métropolitaine. À partir de 2011, il inclut en outre les cinq DOM. L'industrie inclut la construction. En revanche, les hauts-fourneaux sont exclus, étant considérés comme faisant partie de la branche énergie dans le bilan de l'énergie.

Données utilisées pour réaliser le graphique : SDES, Bilan énergétique de la France

Qui sont les consommateurs d'énergie dans l'industrie ?

À retenir

L'énergie est utilisée pour satisfaire les deux besoins de l'industrie : la chaleur et la force motrice.

Les utilités absorbent environ 1/3 de l'énergie consommée par le secteur industriel. Elles regroupent les opérations transverses à différents secteurs industriels :

la production de froid, d'air comprimé, de vapeur, les systèmes motorisés, l'éclairage... Elles sont nécessaires au fonctionnement des procédés du site.

10 % des combustibles sont utilisés comme **matières premières**. Par exemple, le gaz naturel pour la production d'engrais. La majeure partie des entrants matériels consommables nécessaires à la production sont l'eau, les produits bruts et les produits semi-finis.

Les rejets se présentent sous différentes formes : liquides ou gazeux, solides et thermiques, on parle alors de chaleur fatale. Environ 17 % de la consommation de combustibles dans l'industrie sont perdus en rejets thermiques de plus de 100 °C.

La production représente le principal facteur de variation de la consommation énergétique de l'industrie.

Les procédés absorbent environ les 2/3 de l'énergie consommée par l'industrie. Ils sont composés par un ensemble d'opérations unitaires utilisant différents équipements. Les fours et les séchoirs sont les principaux équipements utilisateurs d'énergie.

Comment approvisionner les industries en énergies renouvelables ?

Dans un contexte réglementaire à la fois incitatif et contraignant, les industriels peuvent agir sur trois leviers complémentaires :

» **L'amélioration de leur efficacité énergétique** afin de réduire les besoins en énergie des procédés, puis de réduire les consommations réelles au juste nécessaire, en cherchant à réduire les divers gaspillages (l'énergie non dépensée ne coûte rien et ne pollue pas). Selon l'Ademe, 20 %, c'est le potentiel d'amélioration de l'efficacité énergétique atteignable d'ici à 2035, simplement par l'application de bonnes pratiques humaines (comportements, méthode d'exploitation des outils industriels, organisation) et de meilleures techniques disponibles. L'Ademe a mis en place sur son site Internet un moteur de recherche qui répertorie les pistes d'actions permettant d'optimiser la performance énergétique dans l'industrie ;

» **La récupération de chaleur fatale,** une manne inexploitée. Il s'agit de mettre en regard les sources de chaleur avec les différents besoins du site, voire des sites voisins, afin d'en améliorer l'efficacité énergétique ;

» **L'intégration d'énergies renouvelables.** Il s'agit d'intégrer des actifs de production d'énergie renouvelable en autoconsommation (solaire thermique et/ou photovoltaïque, production de chaleur à partir de biomasse ou de biogaz, géothermie…), pour réduire l'empreinte carbone des industries, de diversifier leur mix énergétique et de réduire leur dépendance par rapport aux énergies fossiles.

Qu'est-ce que la chaleur fatale ?

La chaleur fatale est un rejet. C'est la chaleur résiduelle issue d'un procédé et non utilisée par celui-ci. En 2018, en France, l'industrie présente un potentiel de chaleur fatale de 109,5 TWh, soit 36 % de sa consommation de combustibles, dont 52,9 TWh sont perdus à plus de 100 °C.

À ce gisement s'ajoute 8,4 TWh de chaleur rejetés au niveau des unités d'incinération d'ordures ménagères (UIOM), des stations d'épuration des eaux usées et des *data centers*. Par ailleurs, 16,7 TWh de chaleur fatale à plus de 60 °C sont identifiés à proximité d'un réseau de chaleur existant. Ce potentiel représente un peu plus de 1,66 million équivalents logements.

Chiffres issus d'une étude de l'Ademe : https://www.ademe.fr/sites/default/files/assets/documents/chaleur_fatale-8821-2018-06_pdf.pdf

Que faire de la chaleur fatale ?

Récupérer la chaleur fatale présente deux intérêts complémentaires :

» c'est d'une part une source de chaleur pour répondre aux besoins de l'industriel ;

» d'autre part, elle peut être utilisée pour répondre aux besoins de chaleur d'autres industriels à proximité, ou pour d'autres usages sur le territoire via un réseau de chaleur (logements, équipements publics, hôpitaux, bureaux…).

La chaleur récupérée peut également être transformée en électricité. .

Les enjeux de la récupération de cette chaleur fatale

Pour l'entreprise :

» limiter l'achat d'énergie extérieure (énergie déjà payée) ;

» réaliser un gain économique en valorisant un rejet vers l'externe ;

- réduire les émissions des gaz à effet de serre en utilisant une énergie de récupération à contenu CO_2 nul et réduire dans le même temps l'émission de polluants issus de sa combustion s'il avait fallu la produire directement.

Pour le territoire :

- créer une synergie économique et environnementale avec le tissu industriel ;
- répondre à un besoin en chaleur d'un bassin de population ;
- limiter les GES et contribuer à la lutte contre le réchauffement climatique.

Au niveau national :

- réduire les importations d'énergie pour, dans le même temps, diminuer la dépendance énergétique et améliorer la balance commerciale ;
- favoriser le développement industriel par l'investissement dans des équipements de valorisation ;
- respecter les engagements environnementaux liés aux politiques européennes de lutte contre le réchauffement climatique[20].

Figure 17-2
Récupération de la chaleur fatale

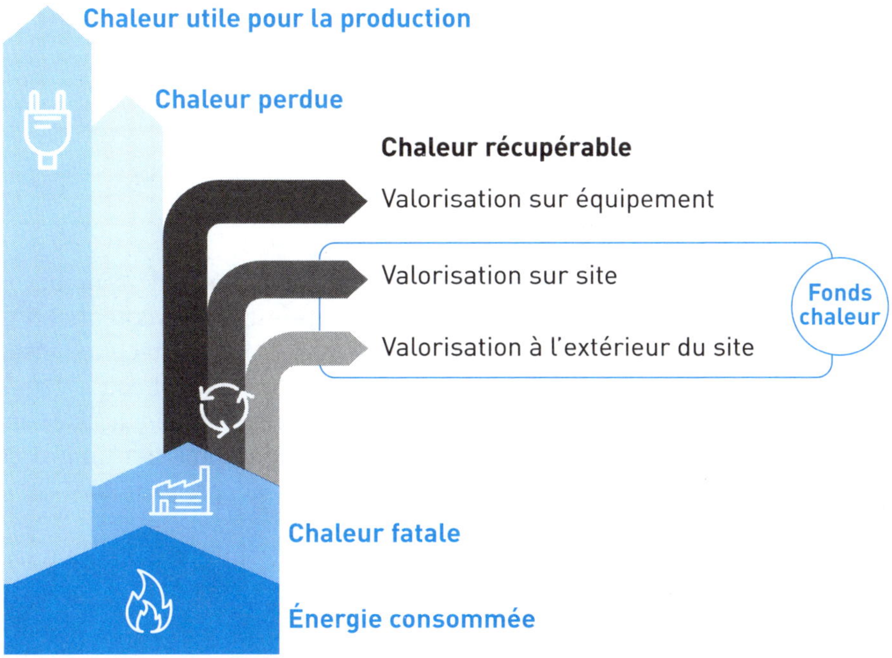

20 https://www.ademe.fr/sites/default/files/assets/documents/chaleur_fatale-8821-2018-06_pdf.pdf

Des technologies adaptées aux besoins des industries

Face aux sources d'énergie carbonée, il existe de nombreuses technologies d'énergies renouvelables et de récupération relativement matures permettant de produire et d'autoconsommer de l'énergie sur un site industriel, que ce soit de la chaleur (à des niveaux de température compatibles avec la plupart des usages) ou de l'électricité.

Des technologies fournissant de la chaleur dite basse température (< 150 °C)

On y trouve la géothermie TBE (très basse énergie), la récupération sur buées de séchage ou le solaire thermique. Ces technologies sont adaptées à des usages tels que la production d'eau chaude sanitaire, le chauffage de locaux, ou des procédés industriels à basse température, comme la pasteurisation dans l'agroalimentaire.

La géothermie

Avantages pour l'entreprise :

- **énergie disponible localement (24 h/24 et 365 jours/an) ;**
- **peu dépendante des variations climatiques.**

Le solaire thermique

Le solaire thermique produit de la chaleur à partir de capteurs solaires pour préchauffer de l'eau chaude. Souvent sous-estimé, le potentiel d'utilisation du solaire thermique est pourtant significatif. Selon les technologies, les niveaux de température atteints peuvent aller de 50 °C pour l'eau à 250 °C pour de la vapeur surchauffée. La chaleur produite peut ensuite être utilisée directement en eau chaude sanitaire ou en eau technique pour alimenter un procédé comme le chauffage de bain, un *process* vapeur ou séchage, par exemple.

Selon l'Ademe, 30 % de l'énergie finale consommée dans l'industrie française pour des températures de moins de 200 °C pourraient être compatibles avec un système solaire thermique.

Des technologies fournissant de la chaleur dite haute température

Il s'agit de la biomasse, du biogaz ou de la récupération sur fumées de certains fours, qui permettent de répondre à des besoins très nombreux, en particulier ceux que l'on peut trouver dans les secteurs de la métallurgie, du verre ou de la chimie.

La biomasse

La biomasse a l'avantage de pouvoir répondre aux multiples besoins des industriels : elle peut être utilisée pour produire de la vapeur, chauffer de l'eau ou de l'huile thermique (en chaudière), produire de l'électricité (par cogénération) ou en combustion directe pour produire de l'air chaud (dans des fours par exemple). La valorisation énergétique de la biomasse est une filière mature en France. Dans l'industrie, plus de 500 installations valorisant de la biomasse ont été recensées début 2017.

Les contraintes d'installation de centrales biomasse sur un site industriel

L'installation d'une chaufferie biomasse nécessite une surface disponible non négligeable, non seulement pour le local de chaufferie, la zone de stockage du combustible, mais aussi du fait de l'emprise des unités de traitement des fumées, de gestion des cendres. À cela s'ajoutent des contraintes logistiques liées à l'approvisionnement en combustible (accès et aire de manœuvre pour la circulation de camions).

Cela étant dit, les démarches administratives sont relativement simples : autorisation d'exploiter, permis de construire et autorisation d'installation classée pour la protection de l'environnement (ICPE). L'autorisation d'exploitation peut néanmoins s'avérer plus complexe dans les zones soumises à un plan de protection de l'atmosphère.

Les usages

Les productions d'électricité et de chaleur peuvent être couplées en cogénération. Les centrales vapeur sont des centrales thermiques classiques produisant de l'électricité et de la chaleur en cogénération à partir d'un combustible (la biomasse).

La cogénération biomasse est de plus en plus courante en industrie. Elle permet de répondre à la fois à des besoins en énergie thermique et en énergie électrique, est relativement facile à opérer et à intégrer, et permet une réduction significative de l'empreinte carbone en remplaçant des sources d'énergie fossile par de l'énergie décarbonée. La filière est en plus particulièrement bien soutenue en Europe.

Le mouvement RE100

» Le collectif RE100 rassemble plus de 100 entreprises dans le monde qui s'engagent à atteindre 100 % d'énergies renouvelables au plus tard en 2050. L'initiative travaille à augmenter la demande industrielle – et la production – d'énergie renouvelable. Cette initiative est portée par le Climate Group. Parmi elles, on peut citer Ikea, Burberry, Danone, Decathlon, Estée Lauder, H&M, JC Decaux, L'Occitane, Nestlé, Facebook, plusieurs grandes compagnies d'assurance et bancaires, dont le Crédit Agricole...

Figure 17-3
Intégration des énergies renouvelables et de récupération dans l'industrie

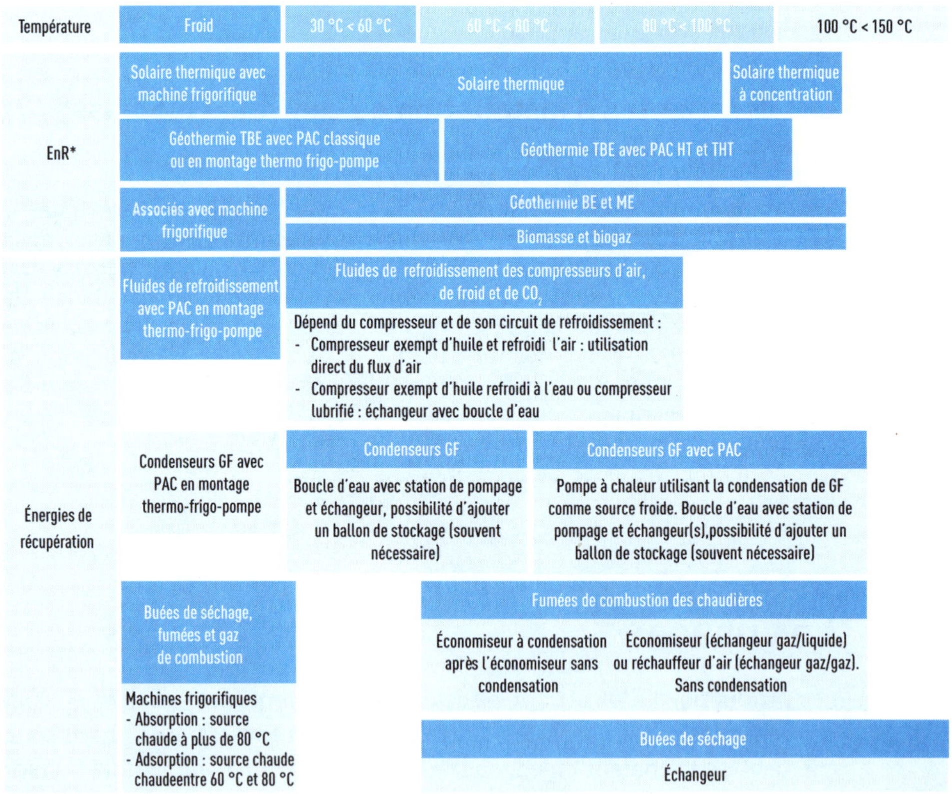

**EnR : énergies renouvelables*
Données de l'Ademe

Les enjeux de l'intégration des énergies renouvelables et de récupération dans l'industrie

L'intégration des technologies d'énergies renouvelables et de récupération doit faire partie d'une réflexion globale sur les besoins et possibilités d'un site industriel, mais de nombreuses solutions existent, permettant de produire et d'autoconsommer de l'énergie sur un site industriel, que ce soit de la chaleur ou de l'électricité.

Adaptations sur site

Intégrer sur un site industriel une installation solaire, une éolienne, une chaufferie biomasse ou une installation de méthanisation demande de la place et des infrastructures adaptées. De plus, les actifs de récupération de chaleur fatale ne peuvent être installés qu'à l'endroit même où cette chaleur fatale est disponible, ce qui peut être assez éloigné des besoins à fournir.

Passer à la chaleur renouvelable peut également nécessiter de revoir les réseaux de distribution. Selon la topologie du site concerné, des contraintes d'intégration, de la localisation des besoins, les modifications peuvent être significatives. Dans un certain nombre de cas, il peut même être nécessaire de déployer de nouveaux réseaux (par exemple, un réseau supplémentaire d'eau chaude alors qu'existait uniquement un réseau de vapeur) ou d'installer des capacités de stockage (en raison du décalage temporel entre le moment où la récupération de la chaleur peut être réalisée et le moment où l'énergie récupérée peut être utilisée, ou en raison de la variabilité de certaines énergies renouvelables).

Dans un certain nombre de cas, intégrer des technologies d'énergies renouvelables et de récupération peut requérir un changement au sein même du processus (chauffage d'un pasteurisateur avec de l'eau chaude issue de récupération de chaleur fatale, en remplacement d'une alimentation vapeur). Ainsi, cela va demander une modification du système de distribution de l'énergie, incluant des stocks tampons adaptés, voire des modifications de *process*. Mais ce n'est pas insurmontable et peut même se révéler une opportunité économique : une bonne stratégie peut consister à profiter des modifications programmées du *process* et/ou du remplacement des équipements de production d'énergie vétustes pour remettre à plat sa stratégie énergétique et introduire des solutions d'énergies renouvelables et de récupération.

Prendre en compte les enjeux de flexibilité

De manière générale, du fait de leur relatif manque de flexibilité, les technologies d'énergies renouvelables et de récupération demandent un savoir-faire opérationnel plus spécifique pour un industriel que leurs concurrentes traditionnelles (électricité du réseau, chaleur produite à partir du gaz naturel).

À retenir

En effet, les technologies de référence ont l'avantage d'être toujours disponibles, réactives et flexibles. Les technologies de récupération ne produisent que lorsque les systèmes sur lesquels elles sont greffées fonctionnent. Les technologies solaires et éoliennes, quant à elles, sont typiquement variables, ne produisant électricité et/ou chaleur qu'en présence de soleil et/ou de vent. Il en est de même du processus global de production et de combustion de biogaz ou de biomasse, qui peut être soumis à la disponibilité de ressources locales (effluents liquides ou déchets divers). En revanche, à noter l'atout de la géothermie, qui est une solution disponible 24 h/24 et 365 jours/an.

La plupart des installations d'énergies renouvelables et de récupération offrent par ailleurs un potentiel de flexibilité limité. Une chaudière biomasse a une certaine inertie qui ne lui permet pas toujours de répondre, selon le profil de consommation, à la totalité des besoins du site (elles sont souvent utilisées avec une solution d'appoint et sont performantes dans ce cadre). Les technologies solaires, éoliennes et de récupération de chaleur produisent une quantité d'énergie qui dépend principalement de la disponibilité de leur ressource et de leur dimensionnement intrinsèque. De plus, pour que le biogaz apporte un certain niveau de flexibilité, il faut qu'il soit disponible au moment où le site en a besoin, ce qui peut demander de grands volumes de stockage.

Pour autant, il est possible de surmonter ces difficultés en combinant intelligemment des énergies conventionnelles avec des technologies de récupération de chaleur et des énergies renouvelables, pour fournir les différents usages du site. Par exemple, l'association de réseaux de chaleur avec des solutions de stockage adaptées est à envisager pour faire face à la variabilité de production de certains actifs d'énergies renouvelables, ou à la production asynchrone des solutions de récupération de chaleur.

À l'échelle d'une entreprise, avec pour volonté d'augmenter le taux de pénétration des technologies d'énergies renouvelables et de récupération dans son mix énergétique, tout le challenge réside dans la construction d'un système énergétique dans lequel les actifs se complètent pour que les forces des uns contrebalancent les faiblesses des autres (chaque technologie amène son lot de bénéfices et d'inconvénients qui nécessitent d'être évalués et pris en compte, au cas par cas, sur chaque site industriel), pour permettre le déploiement de solutions énergétiques efficaces d'un point de vue opérationnel et économique. Et à chaque site industriel correspond une solution spécifique...

DANS CE CHAPITRE

Les systèmes électriques intelligents (ou *smart grids*)

Les *smart grids* et la gestion de l'énergie

Blockchain et réserve d'énergie

Les *microgrids*

Chapitre 18

Les réseaux intelligents, ou « *smart grids* »

Les systèmes électriques intelligents au service de la transition énergétique

Le réseau électrique permet d'acheminer l'électricité depuis son lieu de production (centrales nucléaires, thermiques et renouvelables) vers les lieux de consommation (industries, bâtiments publics, bureaux, logements...). Le gestionnaire de réseau, RTE, a pour mission d'assurer à tout moment l'équilibre entre la production et la consommation. Or, le développement des énergies renouvelables et des usages de l'électricité via l'électronique ou les véhicules électriques, pose de nouveaux défis au réseau.

En réponse à ces nouvelles problématiques, les réseaux électriques intelligents allient technologies des systèmes électriques et technologies de l'information et de la communication pour intégrer efficacement les actions des différents utilisateurs du réseau, du producteur d'énergie au consommateur, afin de maintenir une fourniture d'électricité efficace, durable, économique et sécurisée.

C'est quoi un *smart grid* ?

Selon l'Ademe, l'architecture d'un *smart grid* peut se décomposer en trois niveaux :

- **une première couche d'équipements qui servent à acheminer l'électricité (lignes, transformateurs, etc.) ;**
- **un deuxième niveau formé par des architectures de communication collectant des données issues des différents capteurs réseau ;**
- **un dernier niveau composé d'applications et de services fournissant une information en temps réel et permettant les interventions à distance.**

Le saviez-vous

La France un des pays leader sur les *smart grids* à l'échelle européenne. D'après le Joint research centre (JRC), c'est le premier pays européen en termes de budget annuel alloué à la recherche et à l'innovation sur les *smart grids* (500 millions d'euros pour 2014).

Optimiser l'insertion des énergies renouvelables sur le réseau

Un objectif fondamental des *smart grids* est de faciliter l'insertion des productions renouvelables décentralisées et variables sur le réseau électrique. Concrètement, il s'agit de permettre aux gestionnaires de réseaux :

- **au niveau national, de synchroniser au mieux l'offre et la demande malgré la dépendance forte du niveau de production aux conditions météo et, aujourd'hui, à une flexibilité réduite de la demande ;**
- **au niveau plus local, de mieux connaître et gérer les flux d'électricité potentiellement remontants, pour rester dans les plages d'utilisation du réseau réglementaire (puissance, tension) et conserver une bonne qualité de service pour le client final, tout en limitant les renforcements.**

L'insertion des énergies renouvelables passe aussi par un meilleur échange d'informations entre producteur et gestionnaires de réseaux. Plus ces échanges sont fins, c'est-à-dire contenant de nombreuses données quantitatives (puissance active, réactive, tension courant, et pas seulement de l'information on/off), meilleure est l'insertion des énergies renouvelables.

Nice Grid

Nice Grid est un démonstrateur de quartier solaire intelligent impliquant 1 500 clients résidentiels, professionnels et collectifs sur le territoire de Carros, dans les Alpes-Maritimes. Le projet vise à étudier un concept de réseau électrique intelligent intégrant une forte proportion de production photovoltaïque décentralisée, couplée à des systèmes de stockage de différentes tailles répartis sur le réseau. Une plate-forme d'agrégation permet de gérer la flexibilité des consommateurs en intégrant les prévisions météo. Le projet teste également différents niveaux de pilotage de ressources, jusqu'à tenter l'îlotage d'un territoire, c'est-à-dire gérer une zone de consommation autonome, entièrement isolée du réseau principal pendant quelques heures et dotée de ses propres moyens de production et de stockage.

Le déploiement du comptage communicant Linky

Brique fondamentale des *smart grids*, le comptage communicant va permettre une gestion plus précise des réseaux de distribution et apporter des informations agrégées anonymes à l'échelle des bâtiments ou des territoires pour un suivi précis des politiques énergétiques. C'est un outil qui permet également à chaque consommateur d'appréhender précisément sa consommation d'électricité, et qui offre donc des opportunités pour être accompagné de manière personnalisée afin de la réduire et réaliser des économies. Le consommateur devient ainsi un utilisateur plus conscient et actif du système électrique.

L'infrastructure Linky va permettre de centraliser un grand nombre de données de comptage. L'exploitation de ces données, sous réserve de conserver leur confidentialité, pourrait donner de nouveaux leviers d'action, notamment aux bailleurs, aux copropriétés, et aux collectivités pour ce qui est des données agrégées, ou de nouveaux services basés sur les données individuelles que les ménages consentiraient explicitement à partager avec un fournisseur de services.

Les ménages peuvent accéder à leurs propres relevés quotidiens sur un espace personnel sécurisé sur le site Internet d'Enedis, et y souscrire (ou révoquer) de nouveaux services s'ils le souhaitent. Par exemple, ils peuvent avoir accès à la « courbe de charge » (pour gratuitement visualiser leur consommation heure par heure).

Blockchain et applications à l'énergie

Important

Qu'est-ce que la *blockchain* ? Le mathématicien Jean-Paul Delahaye la décrit comme « un très grand cahier, que tout le monde peut lire librement et gratuitement, sur lequel tout le monde peut écrire, mais qui est impossible à effacer et indestructible ». La *blockchain* est une technologie sécurisée et transparente de stockage et de transmission d'informations entre pairs, sans organe central de contrôle.

Cette technologie est à l'origine de la cryptomonnaie à succès, le bitcoin. Vue comme une nouvelle révolution (à l'instar d'Internet), elle est très médiatique et touche aujourd'hui plusieurs champs d'application : la finance, l'immobilier, les assurances... et l'énergie.

La *blockchain* de l'énergie intéresse aujourd'hui les acteurs du numérique, les fournisseurs d'énergie et les constructeurs. Elle ouvre de nouvelles perspectives en assurant une traçabilité des échanges. Aussi, elle pourrait, par exemple, permettre la revente directe d'énergie photovoltaïque produite localement à des voisins sans passer par les fournisseurs d'électricité. Elle pourrait également optimiser le pilotage automatisé de systèmes d'énergie décentralisés.

Le saviez-vous

Ainsi, à New York, le projet Brooklyn Microgrid souhaite permettre aux habitants de gérer localement et de façon indépendante leur propre réseau électrique, en s'appuyant sur cette technologie. Dans le quartier Confluence, à Lyon, un constructeur a lancé un projet de *blockchain* afin que de l'énergie photovoltaïque produite soit autoconsommée dans le voisinage.

De nombreux projets expérimentaux de *blockchains* ont vu le jour dans le domaine de l'énergie, mais, paradoxalement, cette technologie est très énergivore. À titre indicatif, la consommation annuelle d'énergie pour les seuls besoins du bitcoin est estimée à 30 TWh, soit l'équivalent de la consommation énergétique totale du Maroc.

Les microgrids

Important

Appelés aussi mini *smart grids* ou microréseaux intelligents, les *microgrids* sont des réseaux électriques de petite taille, conçus pour fournir un approvisionnement électrique fiable et de meilleure qualité à un petit nombre de consommateurs.

Ils agrègent de multiples installations de production locales et diffuses (microturbines, piles à combustible, petits générateurs diesel, panneaux photovoltaïques, mini-éoliennes, petite hydraulique), des installations de consommation, des installations de stockage et des outils de supervision et de gestion de la demande. Ils peuvent être raccordés directement au réseau de distribution ou fonctionner en mode îloté.

Le concept est en train de s'élargir aux réseaux de chaleur et de gaz. Le concept de *microgrids* peut ainsi être pensé de façon « multifluide » et concerner différentes échelles du territoire (bâtiment, quartier, zone industrielle ou artisanale, village, etc.).

Selon un rapport du cabinet de conseil américain Navigant Research, le marché des *microgrids* aurait augmenté de près de 30 milliards de dollars entre 2013 et 2020, passant de 10 à 40 milliards.

Les projets de *microgrids* électriques peuvent être classés en fonction de leur taille, mais également de leur utilité (fiabilité, résilience et efficacité des réseaux, difficulté d'accès à l'énergie, conditions météorologiques dégradées, émergence d'écoquartiers, réflexion multiénergie, économies d'énergie, etc.) en cinq grandes catégories :

- **Les *microgrids* des zones commerciales, artisanales ou industrielles :** ces zones, fortement consommatrices d'électricité, regroupent entreprises et industries aux activités diverses, dont les besoins en énergie ne sont pas tous identiques. Il s'agit d'y optimiser la gestion de l'énergie pour qu'elles soient plus neutres vis-à-vis du réseau de distribution ;
- **Les *microgrids* de campus universitaire**s : l'enjeu est d'améliorer la gestion énergétique des campus dans un contexte où ceux-ci se doivent de réduire leur consommation d'énergie ;
- **Les *microgrids* alimentant des zones isolées,** car faiblement ou non raccordées aux réseaux électriques, ou temporairement coupées du réseau pour cause d'intempéries : le déploiement des *microgrids* leur permet d'exploiter les ressources énergétiques renouvelables locales et de ne plus dépendre de groupes diesel polluants et coûteux. Les *microgrids* permettent également à des villes touchées par des intempéries d'éviter d'être totalement privées d'électricité ;
- **Les écoquartiers :** ils fonctionnent peu ou prou sur le même modèle que les *microgrids* dans les zones commerciales ou industrielles ;
- **Les *microgrids* de « base vie »** (camp militaire ou hôpital) : avec ses propres moyens de production et de stockage et ses propres infrastructures de distribution, ce *microgrid* garantit une autonomie énergétique en fournissant de l'électricité pendant les périodes de coupures de courant sur le réseau de distribution, atout essentiel pour les bases militaires ou les hôpitaux, qui ne peuvent pas laisser des pannes d'électricité les empêcher de s'acquitter de leurs missions.

DANS CE CHAPITRE

Le développement des *data centers*

De grands consommateurs d'énergie

Les solutions vertes pour alimenter des *data centers* et valoriser la production de chaleur

Chapitre 19

L'énergie et le numérique

Le développement des *data centers*

Important

Un *data center* – centre de données, en français – est un centre informatique dédié à l'hébergement des équipements informatiques regroupant des serveurs, des éléments réseau, des unités de stockage, des routeurs et des pare-feu. Le livre blanc *Les indicateurs de performance énergétique et environnementale des data centers* précise : « Il comporte également des espaces dédiés aux infrastructures techniques associées aux *process* de transformation et de sécurisation de l'électricité, de climatisation, de sécurité et sûreté, et de secours électrique. »

En effet, les *data centers* (DC) sont « des bâtiments-machines », selon l'expression de l'Ademe, qui recèlent des systèmes de secours et une impressionnante redondance infrastructurelle. Afin de ne pas être fragilisés par d'éventuelles coupures électriques qui pourraient toucher le réseau et impacter le stockage, les DC sont généralement dotés de deux arrivées électriques et de systèmes de secours (générateurs et batteries) qui leur permettent une continuité de service en mode « autonome » en général pendant 48 ou 72 heures.

Depuis les années 1990, les *data centers* se sont développés sous l'effet de plusieurs facteurs, notamment l'explosion du Web commercial et la dérégulation du marché des télécoms.

Les différents usages des *data centers*

L'Ademe classe les *data centers* en deux catégories :

- **Les DC d'exploitation, d'entreprises ou de ministères par exemple, qui hébergent et gèrent leurs propres serveurs de données dans un bâtiment qui leur est réservé. Soit 80 à 85 % de la consommation totale des DC ;**
- **Les DC d'infrastructure ou de colocation (15 à 20 % de la consommation totale), dans lesquels différents usages sont possibles :**

Ces *data centers* ont des usages variés :

- **Hébergement des équipements numériques d'entreprises clientes (l'opérateur fournit l'espace et l'électricité, ce que l'on appelle *power and shell*) ;**
- **Mise à disposition de serveurs et équipements informatiques de l'hébergeur pour ses clients, aussi appelé *bare-metal provisioning*. Les clients peuvent réaliser des réservations temporaires physiques de serveurs, de baies de disques, d'équipements réseau afin de bénéficier d'un usage garanti et non partagé des infrastructures ;**
- **Réservation en mode *Cloud* (voir définition plus loin) : les clients peuvent réserver des machines virtuelles sur les serveurs des DC.**

Selon ENR'CERT, l'accélération numérique en cours, notamment avec le développement très important du *Cloud*, suscite la création continue de nouveaux *data centers*. Le *Natural Resource Defense Council* estimait, en 2014, que 12 millions de serveurs étaient nécessaires dans les DC américains pour supporter l'ensemble des activités numériques. Le nombre de *data centers* de très grande échelle devrait augmenter de 338 en 2016 à 628 en 2021 (représentant plus de la moitié de l'ensemble des serveurs installés).

Outre la migration de données existantes, d'infrastructures internes d'entreprises vers les DC, la création de nouvelles données, toujours en meilleure définition, donc prenant plus de place et d'énergie, continue d'exploser et cette tendance se poursuivra dans les prochaines années.

Plusieurs phénomènes expliquent cette croissance :

» La numérisation de l'économie continue d'atteindre les entreprises qui n'avaient pas encore engagé ce chantier ;

» D'ici o 2030, selon Gartner, l'Internet des objets (IoT : *Internet of Things*) atteindra 50 à 125 milliards d'équipements connectés, sans compter les tablettes et les PC : on parle ici aussi bien des smartphones, des montres connectées, que des appareils domotiques ;

» Selon Intel, le véhicule dit autonome est lui-même un objet connecté qui produira 4 téraoctets de données par jour à traiter et stocker. Entre prophétie autoréalisatrice et croissance réelle, cette escalade interroge dans un monde où les limites de la croissance ont été largement dépassées ;

» La *smart city* est devenue un paradigme dominant de l'urbanisme contemporain, qui suppose la collecte et le traitement de nouvelles données via de multiples capteurs, ainsi que la création de doubles numériques des bâtiments, des villes et des territoires sous la forme du BIM (*Building Information Model*), du CIM (*City Information Model*) et de multiples plateformes 3D ;

» Les individus participent aussi à l'explosion des échanges de données via l'échange toujours croissant de vidéos, photos, messages, *likes*, commentaires, porté notamment par les réseaux sociaux. Cette production exponentielle de données personnelles est largement favorisée par ces mêmes réseaux sociaux. Elle est au cœur de l'économie actuelle du Web, fondée sur la publicité, donc sur le profilage des internautes, et la collecte de leurs données personnelles. Une économie des données s'est ainsi développée autour des *brokers* de *data*, comme Datalogix ou Acxiom, dont l'activité est l'exploitation des données personnelles. Axciom, société américaine, posséderait, d'après la *Federal Trade Commission*, près de 700 millions de données sur les consommateurs à travers le monde, lui permettant de dégager un revenu de près de 850 millions d'euros en 2030 ;

» La vidéo à la demande (en *streaming*) accélère aussi fortement les besoins : elle a atteint 80 % du trafic global en 2020.

De grands consommateurs d'énergie

En chiffres

Concernant les émissions de gaz à effet de serre du numérique, il faut savoir que :

» 25 % sont dues aux ***data centers*** ;

» 28 % sont dues aux infrastructures réseau ;

» 47 % sont dues aux équipements des consommateurs (ordinateurs, smartphones, tablettes, objets connectés, GPS...).

Les *data centers* sont responsables de 1 % des émissions mondiales de gaz à effet de serre !

À retenir

Tous les jours, nous envoyons des e-mails, nous naviguons sur le Web, nous regardons des vidéos, nous archivons des photos ou de la musique dans le Cloud. Nous avons souvent l'impression que tout le processus est « immatériel », mais il n'en est rien.

L'impact environnemental d'un e-mail

Selon l'Ademe, l'envoi d'un e-mail intégrant une pièce jointe de 1 Mo génère 19 grCO_2eq. Soit, dans le cas d'une entreprise de 100 personnes envoyant en moyenne 33 e-mails par jour, l'équivalent en CO_2 sur l'année de 22 allers-retours en avion entre Paris et New York.

Figure 19-1

Ce qu'il se passe lorsque vous envoyez un mail

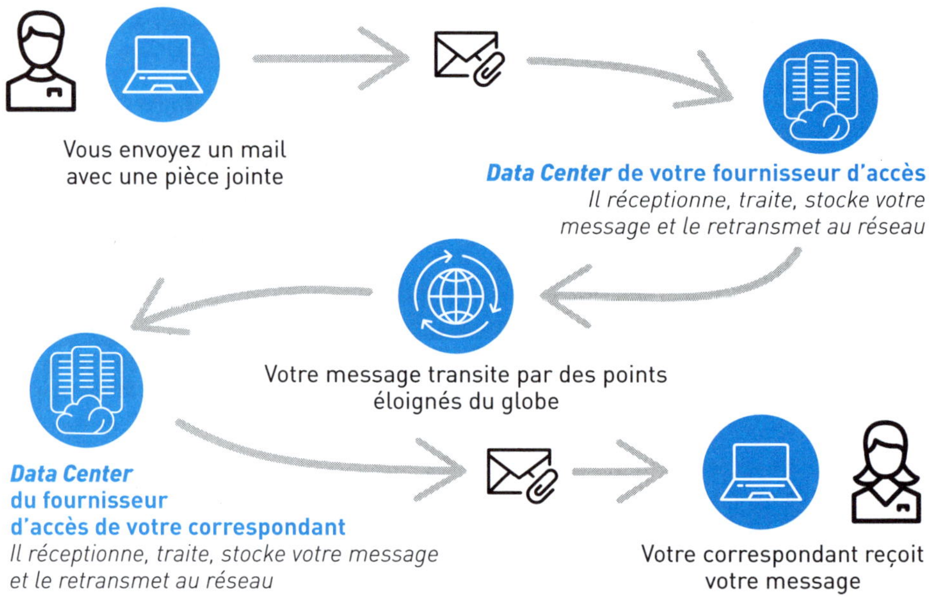

De même, l'impact d'une requête en ligne dépend du temps de recherche et du nombre de pages consultées. On divise par 4 les émissions de GES en allant directement à l'adresse du site.

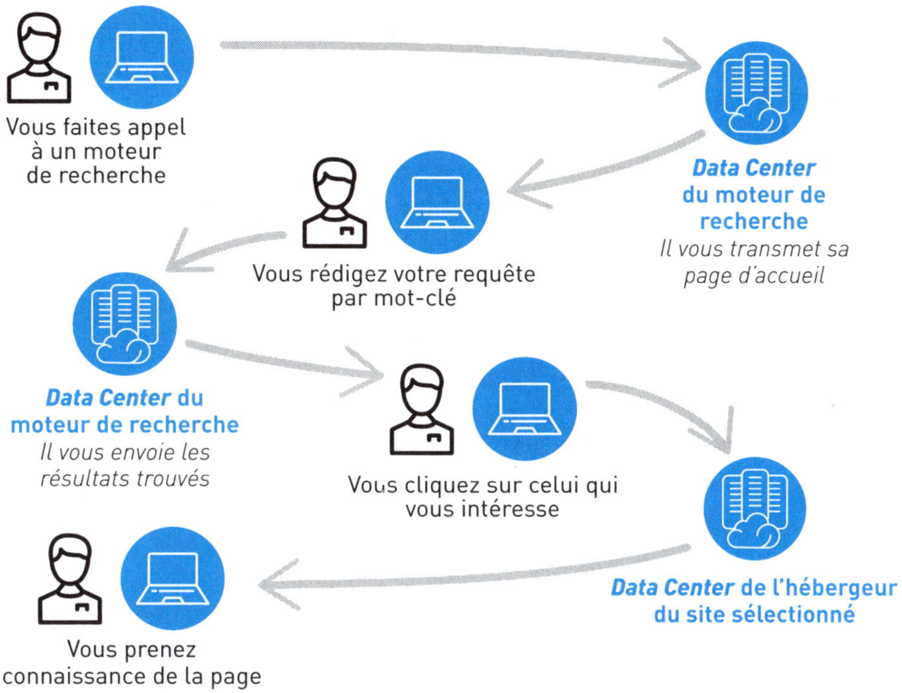

Figure 19-2
Ce qu'il se passe lorsque vous effectuez une recherche sur internet

Important

La phase de fabrication s'avère aussi plus énergivore que la phase d'utilisation du produit par les consommateurs. Plus émettrice en CO_2 aussi, puisque la plupart des composants sont fabriqués en Chine ou en Corée, dont l'électricité provient du charbon et pèse donc lourdement dans le changement climatique.

En outre, un *data center* génère beaucoup de chaleur et doit être refroidi pour maintenir une ambiance optimale. Or, le système de refroidissement représente souvent 50 % de la consommation électrique du DC.

Le stockage des données

Où stocke-t-on nos données ? Dans les équipements personnels (ordinateur, disque dur externe…), mais aussi de plus en plus sur des serveurs e-mails et sur le Cloud, ce qui donne l'impression d'avoir accès à un espace de stockage infini et éternel. De grandes quantités de données s'accumulent : documents, vidéos, photos, musique…

Le *cloud*, une gigantesque armoire de rangement ?

Le *cloud* (« nuage ») est l'ensemble des réseaux, serveurs, unités de stockage, etc. auxquels les usagers se connectent via une liaison Internet sécurisée. Il permet le stockage de données (hébergement de photos, de vidéos, de musique, sauvegarde en ligne de fichiers), ainsi que des applications, des services, des logiciels (streaming vidéo, suites bureautiques connectées). Le *cloud* permet ainsi d'utiliser des ressources sans les posséder.

Les vidéos en ligne

Les vidéos en ligne représentent 60 % du flux mondial de données et sont responsables de près de 1 % des émissions mondiales de CO_2.

Conseils aux consommateurs

» Ne conservez que ce qui est utile, que ce soit en ligne ou sur les équipements.

» Stockez et utilisez le maximum de données localement. À chaque stockage et consultation de données sur le Cloud, on impose des allers-retours entre utilisateurs et serveurs.

» Stockez uniquement ce qui est nécessaire sur le Cloud. L'Ademe indique : « Vous vous protégez contre des utilisations indésirables en plus d'alléger les *data centers*. Sachez que pour garantir leur accessibilité en permanence, vos données sont stockées simultanément sur plusieurs serveurs. Vous pouvez désactiver la synchronisation automatique sur votre smartphone. Vous éviterez ainsi des consommations d'énergie dues à la mise à jour fréquente des données. »

L'Ademe a publié un guide pratique qui liste diverses solutions afin de réduire les impacts du numérique sur l'environnement : https://www.ademe.fr/sites/default/files/assets/documents/guide-pratique-facecachee-numerique.pdf

Les solutions vertes pour alimenter des *data centers*

Les *Power Purchase Agreements* (PPAs) ou contrats d'achat à long terme d'électricité

Des contrats fermes d'achat à long terme (10 à 20 ans) d'électricité entre d'importants *data centers* et des développeurs d'énergies renouvelables ont permis de financer de nouveaux projets d'énergies renouvelables, notamment aux États-Unis. En garantissant un achat d'électricité renouvelable par paquet (*bundle*), l'opérateur du *data center* s'engage, il se pose en partenaire financier fiable et en acheteur d'énergie. Cet engagement permet au développeur d'énergies renouvelables de sécuriser ses financements et de poursuivre sa croissance. Pour l'opérateur du *data center*, les *long term PPAs* assurent un prix fixe de l'électricité, le protégeant d'éventuelles fluctuations, notamment d'augmentation du prix de l'énergie.

À titre d'exemple, Google Cloud revendique 100 % d'énergie renouvelable : « L'intégralité de l'énergie nécessaire aux opérations Google dans le monde est compensée par des projets d'énergies renouvelables, ce qui englobe nos centres de données et Google Cloud. [...] Aujourd'hui, les énergies renouvelables ne sont pas disponibles en permanence dans de nombreuses régions où se situent les DC. Pour y remédier, nous les achetons en excédent dans les régions, ou aux heures où l'énergie solaire ou éolienne est produite en abondance. À l'échelle mondiale, l'énergie renouvelable achetée annule l'empreinte carbone de notre consommation d'électricité annuelle. Mais nous visons un objectif encore plus ambitieux : un futur où chaque centre de données Google sera alimenté jour et nuit par une énergie sans émission de carbone. »

Valorisation de la chaleur fatale d'un *data center*

Les *data centers*, de par le nombre et la puissance des équipements, rejettent une importante quantité de chaleur, ce qui nécessite d'ailleurs des dispositifs de climatisation et de refroidissement. Or, une partie de cette chaleur dite fatale peut être récupérée et utilisée, soit pour alimenter des équipements à proximité via un réseau de chaleur, soit pour produire de l'électricité.

Le site d'Air France à Valbonne compte 1000 personnes, salariés et sous-traitants, et abrite 2000 m^2 dédiés à des salles de calcul. La consommation d'électricité liée à la puissance des machines de calcul représente 45,9 % des consommations globales du site. Par ailleurs, 38,8 % des consommations servent au chauffage, à la ventilation et à la climatisation. Soutenu par l'Ademe, Air France a ainsi mis en place une récupération de chaleur sur les groupes froids existants utilisés pour le refroidissement de ses *data centers*. La chaleur ainsi valorisée permet de chauffer les quatre bâtiments du site et remplace complètement la chaudière à gaz de 1,2 MW qui assurait ce rôle jusqu'alors, désormais mise à l'arrêt, réduisant de manière conséquente les émissions de gaz à effet de serre. Pour distribuer cette chaleur à travers tous les locaux, un réseau de chaleur interne de 387 mètres a été mis en place sur le site et quatre sous-stations ont été installées. Le projet a permis d'assurer 100 % du chauffage des bâtiments.

Les technologies d'immersion, véritable solution pour économiser l'énergie dans les *data centers*

À de rares exceptions près, l'électronique a toujours été refroidie par air en raison de l'impossibilité d'utiliser un liquide tel que l'eau, pourtant meilleur conducteur de chaleur, du fait de son incompatibilité avec l'électricité.

En effet, dès qu'un composant électronique est alimenté électriquement en milieu aérien, il produit de l'électricité statique qui attire la poussière et chauffe. Cette chaleur crée de l'humidité qui génère de l'oxydation, puis de la corrosion. Afin de les protéger, les fabricants de cartes électroniques et de composants ont développé des revêtements spécifiques afin de pallier ces inconvénients qui sont pour la plupart hautement nocifs et polluants.

En revanche, si ces mêmes composants et cartes électroniques sont « immergés » dans un fluide non conducteur de l'électricité (dit diélectrique), les protections ne sont plus nécessaires et leur durée de vie est rallongée. Ce changement de paradigme permet aussi de simplifier grandement l'infrastructure de refroidissement des *data centers* traditionnellement refroidis par air, car on ne refroidit plus une salle informatique, quel que soit son niveau d'équipements, avec une température très basse, mais directement l'électronique contenu dans les systèmes par immersion complète.

Cette méthode, qui ne consomme pas d'eau, permet ainsi notamment :

» de s'affranchir de l'infrastructure traditionnelle de refroidissement très énergivore des *data centers* (la consommation d'énergie peut être réduite de plus de 95 %) ;

» d'éviter l'utilisation des systèmes d'extinction de feu spéciaux polluants ;

» de réduire significativement les équipements de secours ;

» de réduire les coûts de fabrication des cartes électroniques et des composants, et de faciliter leur recyclage ;

» d'éviter la corrosion.

Ce système permet également de récupérer la chaleur dissipée par l'électronique, qui peut donc être réutilisée.

Partie 5
Le marché des énergies renouvelables, comment ça marche ?

Dans cette partie...

Qui décide, contrôle et développe ce secteur des énergies renouvelables aujourd'hui en pleine croissance ? Qu'en est-il au niveau national, européen et international ? Quels sont en France les textes législatifs fondateurs ? Cette cinquième partie se penche également sur les femmes et les hommes, sur les opportunités et les enjeux de la filière, tant économiques, technologiques que financiers.

DANS CE CHAPITRE

Qui fait quoi dans le domaine des énergies renouvelables ?

•

Qui décide, finance, organise, contrôle et développe le secteur ?

•

Comment s'articulent les rôles joués par les autorités internationales, européennes, nationales et locales ?

Chapitre 20

Les acteurs institutionnels

Assurer la transition énergétique

Les énergies renouvelables sont une filière dont la résurgence[21], à compter des années 1990, a été soutenue par les institutions françaises et européennes. Des objectifs de développement ont été fixés, accompagnés de réglementations spécifiques et d'appuis financiers. Ces efforts se poursuivent aujourd'hui, afin de développer et de conforter le recours aux énergies vertes dans nos sociétés.

En France, c'est le ministère de la Transition écologique qui définit le cadre d'action national, dans le respect des directives fixées par l'Union européenne (UE). Récemment libéralisé, le marché de l'énergie est supervisé par la Commission de régulation de l'énergie (CRE). L'Agence de la transition écologique (Ademe) apporte quant à elle un appui technique et financier au secteur, tandis que la Banque publique d'investissement (Bpifrance) soutient les investissements qui y sont opérés.

---

21 Nous parlons ici de « résurgence » et non d'« émergence », car, ne l'oublions pas : pour l'essentiel de son histoire, l'humanité a dépendu des éléments naturels pour s'éclairer et se chauffer !

Les collectivités territoriales jouent enfin un rôle essentiel, en créant les conditions favorables à l'ancrage local des énergies renouvelables en France.

Qui dit énergies renouvelables dit coopération

Les besoins dépassent les frontières et sont d'autant mieux satisfaits qu'ils sont gérés de façon coordonnée. C'est pourquoi l'UE détermine des objectifs régionaux et soutient une transition énergétique harmonisée.

Son action est complétée, à l'échelle internationale, par des agences telles que l'Agence internationale des énergies renouvelables (IRENA), dont l'objectif est de soutenir ses membres dans la mise en œuvre de leurs plans nationaux d'intégration des énergies renouvelables.

Au niveau national

Dans le domaine des énergies renouvelables, l'État fixe un cap politique, puis déploie les dispositifs juridiques et financiers adéquats. Les collectivités locales adaptent ensuite ce cadre général aux territoires. Plusieurs acteurs publics interviennent également aux différentes étapes : de la recherche au déploiement sur le terrain.

Le ministère de la Transition écologique

Le ministère de la Transition écologique soutient le développement des énergies renouvelables en préparant et en mettant en œuvre la politique du gouvernement en la matière. Son action se concrétise en particulier dans :

- **la définition d'objectifs nationaux (notamment par les programmations pluriannuelles de l'énergie, dont la plus récente porte sur la période 2020-2028) ;**
- **l'élaboration des règles de fonctionnement applicables au secteur ;**
- **la diffusion d'appels d'offres, destinés à développer de nouveaux projets ;**
- **l'amélioration des conditions de financement des nouvelles installations ;**
- **la simplification des procédures administratives.**

La Direction générale de l'énergie et du climat

Au sein du ministère, la Direction générale de l'énergie et du climat a pour mission d'élaborer et de mettre en œuvre la politique relative à l'énergie : elle fixe les objectifs de la programmation énergétique, établit les réglementations applicables aux installations d'énergies renouvelables, définit les tarifs d'achat, signe les appels d'offres, instruit les dossiers et anime territorialement les projets.

Elle veille à la sécurité de l'approvisionnement et à la compétitivité énergétique de la France. Elle assure le bon fonctionnement des marchés de l'énergie (électricité, gaz, pétrole) dans des conditions économiquement compétitives et respectueuses de l'environnement. Elle garantit enfin la bonne exécution des missions de service public dans le domaine de l'énergie.

La Direction générale des infrastructures, des transports et de la mer

Toujours au sein du ministère, la Direction générale des infrastructures, des transports et de la mer (DGITM) prépare et met en œuvre la politique nationale des transports terrestres et maritimes, en s'inscrivant elle aussi dans la dynamique du développement durable et de la transition énergétique.

Le ministère de l'Économie et des Finances

L'action du ministère de l'Économie est complémentaire à celle de la Transition écologique et permet la validation des mesures suivantes :

- Tarification : instruction et signature des arrêtés tarifaires ;
- Mécanismes de financement des projets, comme le Fonds chaleur ou le complément de rémunération ;
- Mesures fiscales, telles que la réforme de la contribution au service public de l'électricité (CSPE) en 2015 ;
- Mise en place d'une ingénierie financière idoine, à l'instar du décret du 29 septembre 2016 relatif aux investissements participatifs dans les projets de production d'énergie renouvelable ;
- Proposition de mesures au niveau européen, comme la hausse du prix carbone, pour valoriser les énergies renouvelables ;
- Développement des filières industrielles françaises sur le territoire national et à l'export : par exemple en structurant un réseau de start-up innovantes au sein de la French Tech.

Le ministère de l'Agriculture

L'énergie en agriculture est une question d'avenir majeure, en raison de son triple impact : sur l'environnement (rejet de gaz à effet de serre en fonction des modes de cultures), tout d'abord ; sur la vie économique des exploitations qui consomment directement (fioul, électricité, gaz naturel) et indirectement (énergie consommée lors de la fabrication et du transport des intrants) de l'énergie, ensuite ; et sur l'organisation des filières et l'aménagement des territoires (la distance entre bassins de production et bassins de consommation ainsi que les approvisionnements en intrants ont des incidences sur les consommations énergétiques), enfin. C'est pourquoi le ministère de l'Agriculture a, dès 2010, commandé un rapport intitulé « Prospective Agriculture et énergie 2030 » (à retrouver sur https://agriculture.gouv.fr).

Il appartient en effet au ministère de l'Agriculture de préserver la surface agricole utile (SAU) contre toute forme d'artificialisation. Mais aussi d'assurer la rentabilité du secteur agricole et le niveau de vie des personnes qui y travaillent.

Agriculture et énergies renouvelables : un mariage réussi

À la veille de l'ouverture du 55e Salon de l'agriculture (édition 2018), l'Ademe a dévoilé une étude inédite sur la place de l'agriculture dans le développement des énergies renouvelables. Celles-ci peuvent aujourd'hui garantir aux agriculteurs jusqu'à 15 000 euros de revenus complémentaires chaque année. L'agrivoltaïsme peut aussi aider les exploitants agricoles à accéder au foncier au moment de leur installation.

En 2015, le monde agricole a ainsi contribué à la production de 20 % des énergies renouvelables nationales, à hauteur de 4,5 millions de tonnes équivalent pétrole (Mtep). L'Ademe estime que cette contribution pourrait être multipliée par deux à l'horizon 2030 et atteindre 15,8 Mtep en 2050, par le développement de la méthanisation (procédé de production de biogaz à partir de matière organique), du photovoltaïque et de l'éolien notamment.

Le ministère de l'Enseignement supérieur, de la recherche et de l'innovation

Ce ministère veille à ce que l'enseignement supérieur assure les formations nécessaires au développement des énergies renouvelables (dans le domaine de l'ingénierie, par exemple). Afin de soutenir des solutions technologiques, il apporte également son appui aux réseaux de chercheurs.

Qui fait progresser la recherche en matière d'énergies renouvelables ?

Pour atteindre ses objectifs très ambitieux de compétitivité, la France a confié l'innovation et la recherche et développement à différents organismes, l'INES et le CEA pour l'énergie solaire, et les plateformes pluridisciplinaires que sont les instituts pour la transition énergétique.

L'INES

Fort de 500 collaborateurs, l'**Institut national de l'énergie solaire** (INES) est, depuis 2005, un centre de référence, en France et en Europe, pour la recherche, l'innovation et la formation sur l'énergie solaire (photovoltaïque, thermique, réseaux et stockage). Dans le photovoltaïque, les recherches menées portent notamment sur les matériaux, en particulier l'obtention d'un silicium performant et compétitif, sur les technologies de cellules et l'amélioration des rendements ainsi que sur l'optimisation des modules solaires, en particulier les modules à deux faces. D'autres travaux portent sur le développement d'algorithmes de gestion d'énergie, afin par exemple de permettre une meilleure intégration de l'énergie solaire dans les réseaux électriques. Enfin, ses recherches portent sur le solaire thermique et l'amélioration de la performance énergétique des bâtiments.

Le CEA

Le **Commissariat à l'énergie atomique et aux énergies alternatives** (CEA) est un organisme public de recherche à caractère scientifique, technique et industriel (EPIC) comptant près de 20 000 salariés et 9 centres en France. Il participe au développement de nouvelles technologies et à la mise en place de projets de collaboration avec de nombreux partenaires académiques et industriels.

En lien avec l'INES, il est, par exemple, à l'origine d'une plateforme de recherche et développement consacrée à l'optimisation des systèmes solaires thermiques. Il s'emploie aussi à améliorer le rendement des énergies renouvelables et à intégrer leur diversité dans le réseau.

Reflet du dynamisme de son activité, le CEA était, en 2018, le deuxième déposant français de brevets en Europe.

Le CEA est membre de l'Alliance nationale de coordination de la recherche pour l'énergie (ANCRE), dont l'objectif est de renforcer l'efficacité, la valorisation et le rayonnement international de la recherche publique française.

Make our Planet great again

Initiative du Président de la république, Emmanuel Macron, la plateforme Internet *Make our Planet great again* est un vaste appel aux chercheurs et aux étudiants, ainsi qu'aux entrepreneurs, associations et ONG, à se mobiliser et à rejoindre la France pour mener la lutte contre le réchauffement climatique.

À consulter sur https://www.campusfrance.org/fr/make-our-planet-great-again-0.

Les ITE

Les **instituts pour la transition énergétique** (ITE) sont des organismes pluridisciplinaires rassemblant les compétences de l'industrie et de la recherche publique. Se plaçant dans une logique de co-investissement public-privé et de collaboration étroite entre les acteurs, leur vocation est de renforcer les écosystèmes constitués par les pôles de compétitivité.

Ces centres de recherche constituent un socle structurant pour les activités de recherche et d'innovation dans les domaines suivants :

- chimie verte et matériaux agrosourcés ;
- énergies solaires ;
- réseaux électriques ;
- efficacité énergétique et ville durable ;
- bâtiment durable ;
- véhicule décarboné et connecté ;
- énergies marines renouvelables ;
- géothermie et technologies du sous-sol.

Qui encadre le marché de l'énergie ?

La Commission de régulation de l'énergie (CRE) et le Médiateur national de l'énergie

À la fin des années 1990, l'Union européenne a décidé d'ouvrir le secteur de l'énergie à la concurrence. Deux directives (du 19 décembre 1996 et du 22 juin 1998) en ont fixé le principe.

La France les a transposées dans les lois du 10 février 2000 et du 3 janvier 2003, relatives aux marchés du gaz, de l'électricité et au service public de l'énergie.

Pour garantir la libéralisation du secteur, la Commission de régulation de l'énergie (CRE) a été créée. Afin de s'assurer que le droit de la concurrence est respecté, la CRE surveille les offres présentées, ou encore, les transactions effectuées.

La CRE soutient aussi la production énergétique par différents canaux. Elle se charge des tarifs de rachat de l'électricité renouvelable produite par les petites installations. Elle diffuse aussi des appels d'offres quand les capacités de production ne répondent pas aux objectifs de la programmation pluriannuelle de la production d'électricité.

Un comité règle les différends techniques et financiers entre les gestionnaires et les utilisateurs des réseaux publics d'électricité et de gaz.

Au niveau européen, la CRE est membre du **Groupe des régulateurs européens de l'électricité et du gaz**, créé le 11 novembre 2003 pour assister la Commission européenne dans la réalisation du marché intérieur de l'énergie.

En outre, à côté de la CRE, le Médiateur national de l'énergie a pour mission de proposer des solutions amiables aux litiges avec les entreprises du secteur de l'énergie, et d'informer les consommateurs d'énergie de leurs droits.

Qui accompagne les projets en matière d'énergies renouvelables ?

Le ministère de la Transition écologique a annoncé que le projet de loi de finances de 2021 accroît de 21 % le soutien aux énergies renouvelables. En effet, l'État vise « l'atteinte de l'objectif ambitieux de 33 % d'énergies renouvelables en 2030, contre 17,2 % fin 2019 ». Bras armé de l'État, l'Ademe et Bpifrance accompagnent les institutions, les entreprises et les particuliers dans leurs projets.

L'Agence de la transition écologique (Ademe)

L'Ademe est un EPIC (Établissement public à caractère industriel et commercial) placé sous la tutelle du ministère de la Transition écologique et du ministère de l'Enseignement supérieur, de la Recherche et de l'Innovation. Créée en 1992, l'agence est l'opérateur de l'État pour la transition écologique et, à ce titre, exerce des actions d'orientation et d'animation de la recherche, de financement des innovations bas carbone au travers du programme « d'Investissements d'Avenir », de conseil et de financement de projets, d'information et d'incitation dans les domaines de la lutte contre le réchauffement climatique, de la maîtrise de l'énergie et des énergies renouvelables, de l'économie circulaire, de la mobilité, de la qualité de l'air et des sols, de la ville durable, de l'alimentation, de la consommation responsable notamment. En 2020, son budget s'élevait à plus de 720 millions d'euros (dont plus de la moitié dédiée à l'énergie et au climat). Répartie entre 3 sites centraux, 17 directions régionales et 3 représentations territoriales d'outre-mer, l'agence compte un peu moins de 1000 employés.

Elle intervient à différents niveaux :

» **Recherche et diffusion de l'information (plus de 25000 personnes assistent chaque année aux colloques et formations de l'Ademe) ;**

» **Identification et soutien à l'émergence de solutions bas carbone, plus respectueuses de l'environnement et des ressources ;**

» **Appui financier à des projets (plus de 4000 opérations soutenues en 2019) ou à des programmes de recherche (149 projets de recherche et développement et 53 thèses soutenues en 2019, 850 projets dans le cadre du programme d'Investissements d'Avenir soutenus en 2019) ;**

» **Accompagnement des décideurs publics et privés dans leurs projets (conseils et expertises techniques et économiques) ;**

» **Animation des filières constituées d'entreprises, de centres de recherche, de chambres consulaires, de collectivités territoriales, d'associations et d'organismes homologues à l'étranger (notamment en Europe, par le prisme du Club Énergies renouvelables) ;**

» **Accompagnement des différents acteurs de la société, dans le changement de modes de production, de consommation, et plus largement de comportements, en faveur d'une société plus sobre et solidaire.**

La Banque publique d'investissement (Bpifrance)

Bpifrance soutient financièrement les entreprises innovantes. Elle conduit notamment les projets industriels d'avenir (PIAVE) dont l'objectif est d'assurer la rentabilité du secteur des énergies renouvelables, de façon complémentaire aux PIA.

Bpifrance gère également le Fonds écotechnologies et le Fonds unique interministériel (FUI) qui, en lien avec les Régions, viennent soutenir des projets collaboratifs identifiés par les pôles de compétitivité.

Les acteurs des énergies renouvelables dans les territoires

Les collectivités jouent un rôle central, en bonne coordination avec les services de l'État, dans le développement des énergies renouvelables sur leur territoire, jusqu'à s'impliquer directement et financièrement dans des projets de proximité, et en participant à leur gouvernance.

Les préfectures

L'État dans les territoires incite, soutient, planifie, prévient (par exemple, les atteintes aux espaces protégés), instruit les demandes, délivre les actes (en fixant les prescriptions nécessaires) et contrôle.

Les préfets de région planifient, en contribuant aux :

» **schémas régionaux sur le climat, l'air et l'énergie déterminés en lien étroit avec les conseils régionaux ;**

» **schémas régionaux de raccordement au réseau électrique des énergies renouvelables, élaboré dans chaque région par RTE (Réseau de transport d'électricité).**

En concertation avec les autres partenaires, ils peuvent fixer les actions prioritaires des plans de performance énergétique (dont l'un des objectifs est de promouvoir la production d'énergies renouvelables), en fonction des spécificités locales.

Les préfets de département coordonnent, quant à eux, les différents acteurs institutionnels et administratifs afin de faciliter et d'accélérer la réalisation de projets locaux, tout en gérant le foncier de façon équilibrée.

Dans cette perspective, des plans d'action peuvent être définis, afin d'identifier les objectifs prioritaires (par exemple, le développement du photovoltaïque dans des zones commerciales, avec cofinancement de l'État), la méthodologie (concertation systématique avec le monde agricole, pour éviter l'artificialisation des sols) et les outils (plateforme d'information sur le site de la préfecture, offrant aux élus des informations, recommandations et expertises utiles à leurs projets de développement).

L'administration déconcentrée

Les projets locaux en matière d'énergies renouvelables font intervenir différentes autorités, soit au moment de l'instruction, soit en phase de décision, selon le contexte. Par exemple, les Architectes des bâtiments de France n'interviennent qu'en cas de projets développés à proximité de monuments historiques ou sur des sites classés. À l'inverse, lorsqu'elles ne relèvent pas de l'autorité ministérielle, toutes les autorisations spéciales sont soumises à la signature du préfet, conseillé par ses directions départementales techniques.

Les Directions départementales des territoires (DDT)

Responsables de l'aménagement du territoire, les DDT sont chargées d'instruire les demandes de permis de construire formulées par les porteurs de projets (par exemple, en vue de l'installation d'éoliennes), les autorisations de défrichement, l'évaluation des incidences au titre de Natura 2000 (sites naturels identifiés par l'UE, du fait de leur faune et de leur flore exceptionnelle), les dérogations à l'interdiction de destruction des espèces protégées, ou encore, les autorisations ou déclarations relatives à la loi sur l'eau.

Les Directions régionales de l'environnement, de l'aménagement et du logement (DREAL)

Les DREAL instruisent, pour leur part, les autorisations ou déclarations au titre du Code minier (régissant la géothermie), celles délivrées au titre des installations classées pour la protection de l'environnement (ICPE : installations industrielles ou agricoles susceptibles de créer des risques, des pollutions ou des nuisances), les demandes de certificats ouvrant droit à l'obligation d'achat d'électricité et les attestations ouvrant droit à l'obligation d'achat du biogaz injecté.

Les Directions départementales de protection du public (DDP)

Les DDP sont compétentes en matière d'ICPE (installations industrielles ou agricoles susceptibles de créer des risques, des pollutions ou des nuisances) soumises à obligation de déclaration (installations les moins polluantes ou les moins dangereuses) et les projets de méthanisation agricole faisant intervenir des sous-produits animaux (cadavre, parties d'animaux ou produits d'origine animale non destinés à la consommation humaine, et lisier).

Les collectivités territoriales

À différents titres, les collectivités territoriales participent, de façon essentielle, au développement des énergies renouvelables.

Elles peuvent :

- **consommer, distribuer, produire de l'énergie ;**
- **planifier et aider à l'organisation du territoire ;**
- **animer, sensibiliser et concerter des projets avec les acteurs (en conseillant ceux-ci sur les lieux possibles d'implantation, ou encore, en présentant ces projets à la population locale) ;**
- **apporter des financements aux projets.**

Garantes de la cohérence, de l'équilibre et de la solidarité territoriale, les régions ont un rôle de planification, contribuant à l'élaboration des schémas d'aménagement avec l'État (SRADDET et SRCAE).

À l'instar des collectivités de plus de 50 000 habitants, les départements participent aussi à la planification locale, par la voie des plans Climat Air Énergie territoriaux (PCAET), déclinés en plan d'action.

Les communes et intercommunalités mènent quant à elles différents types d'actions en faveur des énergies renouvelables :

- **Production et distribution d'énergies renouvelables : les collectivités peuvent produire des énergies renouvelables, sachant qu'elles sont propriétaires des réseaux de distribution ;**
- **Réhabilitation de leur patrimoine, selon une logique d'innovation énergétique (obligation fixée par le Grenelle de l'environnement à l'horizon 2020) ;**
- **Ajustement administratif aux enjeux (SCOT [schémas de cohérence territoriale], PLU [plans locaux d'urbanisme]...) : à titre d'illustration, les maires peuvent désormais recommander, dans le cadre des PLU, l'utilisation des énergies locales renouvelables pour l'approvisionnement énergétique des constructions nouvelles ;**
- **Adaptation des réseaux d'électricité, de gaz et de chaleur aux énergies renouvelables (pour les autorités concédantes) ;**
- **Mise en place de subventions, d'appels à projets, d'exonérations, etc. ;**
- **Création d'une structure porteuse : sociétés d'économie mixte, sociétés coopératives d'intérêt collectif, régies...**

Les syndicats spécialisés dans les énergies renouvelables

Créé en 1993, le **Syndicat des énergies renouvelables** (SER) regroupe 380 adhérents. Son objectif est de favoriser le développement du secteur, en garantissant sa compétitivité et, plus largement, en contribuant à la protection de l'environnement et à l'indépendance énergétique française. À cette fin, il agit comme une force de proposition auprès des pouvoirs publics français et européens.

D'autres syndicats interviennent dans des secteurs plus restreints, rassemblant les représentants des filières énergétiques (éolien, bois énergie, biogaz, etc.) ou par usages (réseaux de chaleur et de froid, services énergétiques par exemple).

Les structures soutenant la compétitivité et l'innovation

Pour favoriser l'innovation, différents acteurs accompagnent les entreprises dans leurs démarches. Ils s'attachent à susciter, détecter ou soutenir des projets innovants.

» **Les pôles de compétitivité** rassemblent, sur un territoire bien identifié et sur une thématique ciblée, des entreprises, petites et grandes, des laboratoires de recherche et des établissements de formation. Les pouvoirs publics nationaux et locaux sont étroitement associés à cette dynamique. Ces pôles favorisent le développement de projets collaboratifs de recherche et développement particulièrement innovants ;
ils accompagnent ensuite la mise sur le marché des produits en découlant.
Sur les 56 pôles de compétitivité labellisés en 2019, 21 étaient spécialisés dans le secteur de l'environnement et 7 dans celui de l'énergie. Tel est le cas de Cap-energies, dont l'objectif est de développer des filières énergétiques décarbonées dans les régions PACA, Corse, Guadeloupe, île de La Réunion, ainsi que dans la Principauté de Monaco.

» Très en amont de la création de l'entreprise, les **incubateurs** mettent de nombreux services à disposition des porteurs de projets innovants (accompagnement personnalisé, hébergement, mise en relation, documentation...).

» Les **Centres européens d'entreprises et d'innovation** (CEEI) détectent et accompagnent des projets de création d'entreprises innovantes, mais aussi le développement d'entreprises s'inscrivant dans une logique d'innovation

» Les **technopoles** poursuivent ce même but, à l'instar des **agences régionales de l'innovation** (ARI) et des **centres régionaux de l'innovation** (CRI).

Au niveau européen

L'objectif du paquet « Une énergie propre pour tous les Européens », issu de la directive EU 2018/2001, est de faire de l'UE le chef de file à l'échelle mondiale dans le domaine des énergies renouvelables et, plus généralement, de l'aider à respecter ses engagements en matière de réduction des émissions dans le cadre de l'accord de Paris.

Les acteurs

Au sein de la Commission européenne, le poste de commissaire européen à l'Action pour le climat a été créé en 2010. Il se focalise sur les questions de changement climatique. La direction générale placée sous son autorité (DG CLIMA) définit et met en œuvre cette politique climatique, contrôle les émissions de dioxyde de carbone de chaque État membre et participe aux négociations internationales en la matière.

La commissaire et la direction générale en charge de l'énergie s'emploient, pour leur part, à développer un marché de l'énergie intégré, tout en développant les emplois et en appuyant les investissements dans l'innovation, la recherche, les infrastructures, le logement et la formation. Par ailleurs, ce sont eux qui mènent les études d'impact et proposent les objectifs d'énergie renouvelable pour chacun des États membres, qui seront ensuite adoptés par le Collège des commissaires européens puis le Conseil européen.

La commissaire à la cohésion et aux réformes, appuyée de la direction générale à la politique régionale et urbaine, a une mission plus large, qui inclut toutefois aussi des actions en faveur des énergies renouvelables : ils sont effectivement chargés d'améliorer la situation économique et la qualité de vie des résidents européens, en ciblant les investissements aptes à stimuler la croissance.

Le financement

La Banque européenne d'investissement (BEI) apporte un appui aux actions de facilitation des collectivités (sensibilisation, formation, réglementation locale), propose une assistance technique (volets prospectif, financier et opérationnel) et contribue directement à la viabilité économique des projets, par l'octroi de subventions et d'autres outils financiers (prêts, prises de participation, garanties).

Dans sa stratégie sur les énergies renouvelables de novembre 2019, la BEI a décidé de mettre un terme au financement de projets ayant trait aux énergies fossiles ; elle a parallèlement affirmé son objectif de consacrer 50 % des financements à l'action climatique et environnementale à l'horizon 2025.

La recherche

Les objectifs de recherche sont fixés dans un programme européen. Pour la période 2014-2020, Horizon 2020 a ainsi soutenu ces efforts à hauteur de 74,3 milliards d'euros – dont 5,67 milliards réservés au défi Énergies sûres, propres et efficaces. Le programme Horizon Europe prendra sa suite de 2021 à 2027.

Au niveau international

La priorité aux énergies renouvelables est l'objectif de développement durable n° 7 de l'ONU, adopté en 2015. Son intitulé complet est : « Garantir l'accès de tous à des services énergétiques fiables, durables et modernes, à un coût abordable ». L'AIE, l'Irena et plusieurs missions internationales ont la lourde tâche de les piloter et de les soutenir.

Les acteurs institutionnels

L'Agence internationale de l'énergie (AIE) est une organisation intergouvernementale autonome rattachée à l'Organisation de coopération et de développement économique (OCDE). Elle est composée de 30 pays membres (dont la France, depuis 1992) et de 8 pays associés, pour la plupart importateurs de pétrole. Fondée en 1974 à la suite de la première crise pétrolière, sa mission consistait à coordonner les mesures à prendre en cas de difficultés d'approvisionnement sur les marchés pétroliers.

L'AIE favorise aujourd'hui la convergence des différentes politiques énergétiques et des pratiques environnementales de ses pays membres. Avec plus de 200 statisticiens et experts de l'énergie, elle assure aussi un rôle de conseil. L'agence publie chaque année des études, dont la plus connue est le *World Energy Outlook*, elle y dresse un état des lieux du secteur énergétique et émet des hypothèses pour l'avenir.

L'Agence internationale pour les énergies renouvelables (Irena : *International Renewable Energy Agency*) a été créée en 2009. Elle inclut un nombre bien plus élevé de pays membres (160 à la mi-mars 2019), encourage les gouvernements à adopter des politiques en matière d'énergies renouvelables, leur fournit des conseils et des outils (évaluations locales, études de coûts/bénéfices en matière d'énergies renouvelables, synthèses techniques...), tout en facilitant le partage de connaissances et de transfert technologique.

Les alliances et coalitions internationales

Lancée lors de la COP21, l'Alliance solaire internationale (ISA en anglais) est une initiative conjointe de la France et de l'Inde. Selon le site de l'agence intergouvernementale, l'Alliance solaire internationale a été conçue comme une coalition de pays riches en ressources solaires (qui se situent complètement ou partiellement entre le tropique du cancer et le tropique du Capricorne) pour répondre à leurs besoins énergétiques particuliers.

Les intérêts et les objectifs de l'ISA sont :

- » relever collectivement les principaux défis communs pour étendre les applications de l'énergie solaire en fonction de leurs besoins ;
- » mobiliser des investissements de plus de 1 000 milliards de dollars d'ici 2030 ;
- » agir de manière coordonnée à travers des programmes et activités lancés sur une base volontaire, visant à une meilleure harmonisation, agrégation de la demande, des risques et des ressources, pour promouvoir la finance solaire, les technologies solaires, l'innovation, la recherche et développement, le renforcement des capacités, etc. ;
- » réduire le coût du financement pour augmenter les investissements dans l'énergie solaire dans les pays membres en promouvant des mécanismes financiers innovants et en mobilisant des financements auprès des institutions ;
- » mettre à l'échelle les applications des technologies solaires dans les pays membres ;
- » faciliter les activités collaboratives de recherche et développement dans les technologies de l'énergie solaire entre les pays membres ;
- » promouvoir une cyber-plateforme commune pour le réseautage, la coopération et l'échange d'idées entre les pays membres.

L'organisation compte plus de 70 pays membres et 90 pays signataires.

La recherche

Lancé en 2015 lors de l'ouverture de la COP 21 à Paris, le projet Mission Innovation doit renforcer le financement de la recherche et développement dans le domaine des technologies décarbonées. En 2018, il regroupait 24 membres (23 États et la Commission européenne), qui représentaient ensemble plus de 80 % des efforts de recherche et développement en énergie au niveau mondial.

L'initiative cherche à renforcer la coopération internationale en matière d'innovation bas carbone, grâce à 8 défis en matière d'innovation ; ces derniers portent, par exemple, sur l'accès à l'électricité hors réseau, la conversion directe de l'énergie solaire en composés chimiques, ou encore, l'hydrogène propre et renouvelable.

Ces défis donnent lieu à une variété d'activités telles que des conférences scientifiques, la publication de feuilles de route technologiques ou encore l'organisation de concours internationaux d'innovation.

L'initiative Mission Innovation est complémentaire des initiatives issues du secteur privé, à l'instar de la *Breakthrough Energy Coalition* : placé sous la coordination de Bill Gates, ce groupe d'investisseurs privés internationaux soutient des prises de risque à long terme, dans le secteur de l'énergie bas carbone.

Trois questions à Ambroise Fayolle

Ambroise Fayolle est Vice-Président de la Banque européenne d'investissement (BEI). Son champ d'intervention concerne notamment le financement de l'environnement, de l'action en faveur du climat et de l'économie circulaire via le Fonds européen pour les investissements stratégiques (FEIS) et les financements en Allemagne, en France, dans les pays ACP (pays d'Afrique, des Caraïbes et du Pacifique), les pays et territoires d'outre-mer et en Afrique du Sud. Il a précédemment travaillé à l'Agence France Trésor, la Banque mondiale, le Fonds monétaire international et la Direction générale du Trésor.

Pouvez-vous nous indiquer le rôle de la BEI en matière de lutte contre le changement climatique et de quelles manières la banque intervient au niveau des énergies renouvelables ? Comment est financée la BEI et quel est le budget alloué aux énergies renouvelables ?

La Banque européenne d'investissement (BEI) est la banque de l'Union européenne, dont les États membres sont les actionnaires. Chargée de mettre en œuvre les objectifs de l'Europe, elle finance sur le long terme des projets d'investissement avec quatre priorités : les infrastructures, les PME, l'innovation et l'environnement. Elle dispose pour cela d'outils de prêt et de garantie, et son activité ne pèse pas sur le budget européen : elle emprunte sur les marchés internationaux, à bas coût, compte tenu de la qualité de ses actionnaires. Elle prête chaque année de l'ordre de 60 milliards d'euros, ce qui en fait la plus grande banque publique mondiale.

Quel bilan tirez-vous depuis la mise en œuvre du Plan Junker de 2015[1], prolongé en 2020 ?

La ressource publique européenne est un élément mobilisateur pour attirer les financements privés, mais elle n'est pas suffisante : la réussite du Plan Juncker, mis en œuvre par la BEI, en est un élément probant. Près de 500 milliards d'euros ont ainsi été mobilisés grâce à un fonds de garantie européen, avec un effet de levier significatif : pour 1 euro public mobilisé, nous avons financé 15 euros de projet dans des secteurs divers comme la rénovation thermique des bâtiments, les usines de batteries, l'innovation « verte », etc.

C'est cette capacité de mobilisation que nous souhaitons utiliser pour déclencher un intérêt fort pour le climat, c'est-à-dire la conviction acquise par les investisseurs – qu'ils soient privés ou publics – que les projets instruits par la BEI sont solides et servent les intérêts de l'Europe.

Pouvez-vous préciser les nouveaux objectifs de la BEI à moyen et long terme ?

La BEI répond aux priorités qui lui sont données par les États de l'Union européenne : elle a ainsi mobilisé tous ses moyens pour faire face à la crise liée à l'impact de la Covid-19 sur les économies européennes. Sa priorité de moyen et long terme, c'est l'environnement, intégrant le climat, la biodiversité, la santé !

1 Plan d'investissement initié en 2015 par le président de la Commission, Jean-Claude Juncker, et mis en œuvre par la BEI pour relancer l'investissement en Europe. Il repose notamment sur la constitution d'un fonds de garantie permettant de mobiliser des financements privés vers des projets stratégiques plus risqués que ce que la BEI pourrait financer seule.

»

»

Trois questions à Ambroise Fayolle *(suite)*

Pour ce faire, et avant la crise sanitaire, la Banque européenne avait pris trois grandes décisions. La première a été de stopper le financement des énergies fossiles. C'est un engagement très important, car la BEI a été le premier financier international à le faire, avec des débats relativement consensuels à l'échelle européenne. Malgré des niveaux de développement énergétique différents, les États membres ont fait le choix d'accélérer la transition et d'adopter ainsi de nouveaux modèles énergétiques. Nous espérons que cette décision aura un effet d'entraînement sur les autres institutions financières.

La deuxième décision a été de s'engager à ce qu'aucun des projets que nous financerons en 2021 n'ait d'impact négatif sur le climat : nous ne voulons pas soutenir d'un côté des énergies renouvelables et de l'autre des usines polluantes. C'est la neutralité carbone de notre activité.

Enfin, nous nous sommes engagés à doubler nos financements en faveur de la lutte contre le changement climatique à l'horizon 2025, intégrant notamment les énergies renouvelables : à toutes choses égales par ailleurs, nous passerions ainsi de 15 à 30 milliards d'euros d'investissement par an.

Sur un horizon de dix ans, notre capacité de mobilisation de ressources en faveur de l'environnement doit ainsi atteindre 1 000 milliards d'euros d'investissement.

Cette transformation de la BEI en banque européenne du climat est en pleine cohérence avec le Green New Deal appelé par la présidente de la Commission, Ursula von der Leyen. Ce grand plan a pris tout son sens avec la crise sanitaire. S'agit-il d'une crise environnementale ? C'est à coup sûr une crise de l'homme dans son environnement. Nous travaillons donc pour rendre l'environnement européen plus sûr : la sécurité climatique, environnementale (biodiversité notamment) et sanitaire. C'est la priorité de l'Europe pour ses citoyens et le rôle de la BEI.

DANS CE CHAPITRE

Chapitre 21

Le cadre réglementaire européen

Le contexte international

Sur le plan international, la promotion des énergies renouvelables s'inscrit dans un mouvement global de lutte contre le changement climatique. En 1997, la signature du protocole de Kyoto concrétise l'engagement commun de la majorité des États de la planète à diminuer considérablement leurs émissions de gaz à effet de serre afin de réduire les impacts observés sur l'environnement.

De la même manière, le 12 décembre 2015, le consensus international débouche cette fois-ci sur la signature de l'accord de Paris, accord inédit et quasi universel, dans lequel les États s'engagent à contenir « l'élévation de la température moyenne de la planète nettement en dessous de 2 °C par rapport aux niveaux préindustriels ». Il faut noter que l'Union européenne (UE), signataire du traité, a joué un rôle moteur dans les négociations de ce texte.

Progressivement, les énergies renouvelables connaissent un réel essor grâce aux politiques volontaristes des différents États. L'UE en a d'ailleurs fait un pilier de sa politique énergétique, à l'instar de la France.

Le cadre réglementaire européen

Les États membres ont attribué à l'UE des compétences dans des domaines bien précis, pour lesquels ils acceptent, dans une certaine mesure et sous certaines conditions, que l'Union agisse en leur lieu et place.

La compétence de l'UE dans le secteur énergétique

Aujourd'hui, l'UE est le troisième plus gros consommateur d'énergie au monde, derrière la Chine et les États-Unis. L'Union se compose de profils énergétiques très hétérogènes, tout simplement parce que pendant plus de cinquante ans, aucune disposition ne lui a donné explicitement de compétence pour développer une politique énergétique européenne. Ainsi, sans vision stratégique commune, les États membres ont fait des choix énergétiques très différents, allant d'un bouquet électrique principalement composé de nucléaire, comme c'est le cas de la France, à un bouquet nettement plus diversifié, comme le Portugal, dont le mix est composé d'énergies renouvelables (25 % en 2019), de charbon (5,8 %), de gaz (24 %), etc.

Pour autant, la construction européenne s'est très largement fondée sur la coopération dans les domaines énergétiques, avec la création de la Communauté européenne du charbon et de l'acier (CECA) en 1951, suivie de la création de la Communauté européenne de l'énergie atomique (Euratom) lors des Traités de Rome en 1957. Cependant, l'énergie est restée une compétence exclusivement souveraine. Seules quelques dispositions disparates, insérées au fil de la modification des traités, ont néanmoins permis à l'Union d'avoir un certain « droit de regard » sur les questions énergétiques.

Important

Le traité de Lisbonne de 2007 est venu remédier à cette lacune, en consacrant l'existence d'une « politique de l'Union dans le domaine de l'énergie ». Ainsi, bien que longtemps resté du ressort des États membres, le domaine de l'énergie fait désormais partie des compétences partagées.

Depuis l'entrée en vigueur du traité de Lisbonne, la politique énergétique européenne vise à assurer le fonctionnement du marché de l'énergie, la sécurité d'approvisionnement énergétique, à promouvoir l'efficacité énergétique, les économies d'énergie, ainsi que le développement des énergies nouvelles et renouvelables et l'interconnexion des réseaux énergétiques, cela « en tenant compte de l'exigence de préserver et d'améliorer l'environnement ».

La compétence tardive de l'UE dans ce domaine illustre la réticence des États membres à toute emprise dans ce secteur stratégique. De ce fait, si l'Union ne peut intervenir directement dans la gestion du mix énergétique des États, le principe de la liberté prévalant dans ce domaine, elle peut néanmoins harmoniser dans une certaine mesure le secteur de l'énergie lorsque cela est nécessaire.

C'est donc sur cette base que l'Union s'est fixé des objectifs ambitieux à atteindre dans le cadre de la lutte contre le réchauffement climatique.

Pour aller plus loin

Dans le cadre des compétences partagées entre l'Union et ses États membres, l'action de l'UE est soumise au respect de deux conditions :

Tout d'abord, une priorité d'action est reconnue aux États membres, subordonnant ainsi l'éventuelle action de l'Union à la valeur ajoutée de son action. En d'autres termes, l'UE intervient « seulement si, et dans la mesure où les objectifs de l'action envisagée ne peuvent pas être atteints de manière suffisante par les États membres, tant au niveau central qu'au niveau régional et local, mais peuvent l'être mieux, en raison des dimensions ou des effets de l'action envisagée, au niveau de l'Union ».

Ensuite, son action est limitée à ce qui est strictement nécessaire pour atteindre les objectifs fixés dans les traités.

Ainsi, le choix d'une compétence partagée va permettre aux États membres de l'Union de conserver leur souveraineté, en encadrant strictement l'action de l'UE dans ce domaine sensible qu'est l'énergie.

Des objectifs ambitieux

L'Union européenne fixe des objectifs précis en matière de réduction des émissions de GES : au moins 40 % en 2030 par rapport à 1990, qui ont constitué le cœur de son engagement dans le cadre de l'Accord de Paris de décembre 2015.

L'adoption de « paquets énergie »

Si l'énergie est à l'origine de la construction communautaire, aucune disposition ne faisait explicitement référence à l'environnement. Cette absence de prise en compte s'explique par la vocation purement économique de l'Union européenne à ses débuts. La prise de conscience s'est faite de manière brutale avec la catastrophe de Tchernobyl en 1986, générant la dispersion d'un nuage radioactif dans toute l'Europe. La même année, le terme de « protection de l'environnement » apparaît en droit de l'UE, pour devenir au fil du temps un objectif incontournable.

Important

Face à l'urgence environnementale, l'UE s'engage dans la lutte contre le réchauffement climatique. Convaincue que l'énergie, et notamment l'utilisation de sources renouvelables, a un rôle crucial à jouer pour limiter la dégradation des écosystèmes, l'UE va développer une politique intégrée en matière d'énergie et de climat. Cette politique va, d'une part, permettre de sécuriser dans une certaine mesure les approvisionnements en énergie, et, d'autre part, permettre de promouvoir une énergie durable, à des prix abordables, tout en procurant des avantages en matière environnementale.

Figure 21-1 Évolution des objectifs de l'UE

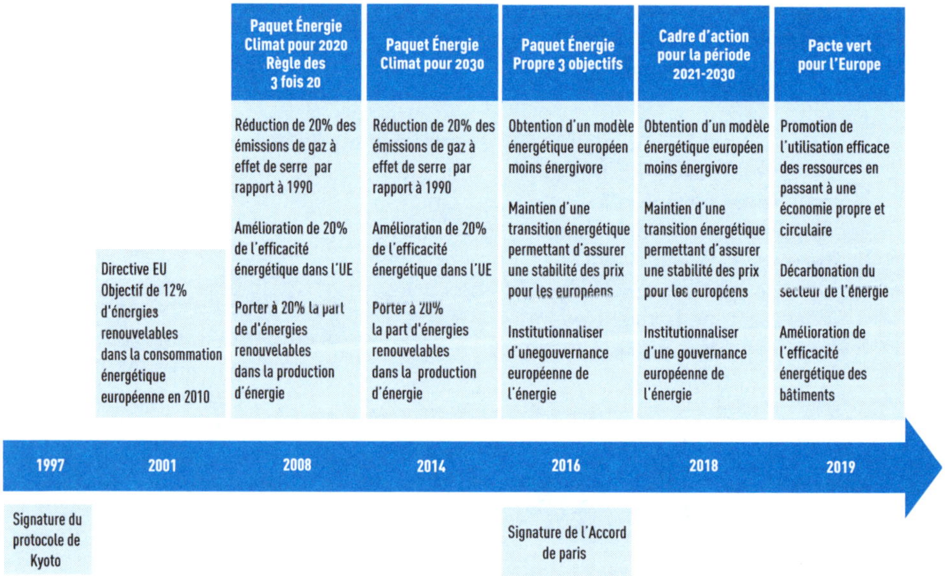

L'UE donne le ton en 2001 en se fixant un objectif de 12 % d'énergies renouvelables dans la consommation énergétique européenne en 2010. De manière conjointe, en 2008, les États membres donnent naissance au premier paquet « Énergie-Climat » fixant des objectifs pour 2020 et visant à mettre en œuvre la règle des « trois fois vingt », à savoir :

- **Une réduction de 20 % des émissions de gaz à effet de serre par rapport aux niveaux rencontrés en 1990 ;**
- **Un accroissement de 20 % de l'efficacité énergétique dans l'UE ;**

- **Une part de 20 % d'énergies renouvelables dans la production d'énergie, avec un objectif de 10 % de source renouvelable dans les transports.**

Pour ce faire, le paquet se décline en diverses mesures relatives à différents pans du secteur énergétique (règles relatives au marché de l'électricité, du gaz, à la création d'une Agence de coopération des régulateurs de l'énergie, aux conditions d'accès aux réseaux pour les échanges transfrontaliers d'électricité...).

Décidée à jouer un rôle moteur dans ce combat devenu planétaire, l'UE actualise le cadre juridique en 2014, révisant à la hausse les objectifs préalablement fixés pour l'horizon 2030 :

- **Réduire de 40 % les émissions de gaz à effet de serre, toujours par rapport aux niveaux rencontrés en 1990 ;**
- **Intégrer une proportion de 27 % d'énergies renouvelables dans la consommation énergétique finale de l'UE ;**
- **Améliorer l'efficacité énergétique de 27 %.**

Après 2015, afin de mettre en œuvre ses engagements dans le cadre de l'accord de Paris, l'Union modifie en profondeur sa stratégie énergétique avec l'adoption du paquet « Énergie propre », qui s'articule autour de trois principaux objectifs :

- **Privilégier l'efficacité énergétique avec un objectif contraignant de 30 % ;**
- **Faire grimper l'UE au premier rang mondial dans le domaine des énergies renouvelables ;**
- **Adopter des mesures équitables pour les consommateurs.**

Pour finir, en 2018, l'Union a de nouveau complété son cadre d'action en matière de climat et d'énergie. Ce dernier revoit une nouvelle fois à la hausse, les objectifs pour la période 2021-2030 :

- **La réduction des émissions de gaz à effet de serre doit atteindre les 40 % par rapport aux niveaux de 1990 (objectif inchangé par rapport à 2014) ;**
- **La part des énergies renouvelables dans la consommation finale d'énergie doit quant à elle atteindre au moins 32 % ;**
- **L'efficacité énergétique doit être améliorée pour atteindre au moins 32,5 %.**

Ces paquets « Énergie-Climat » se déclinent en diverses mesures sectorielles (électricité, gaz, efficacité énergétique, etc.).

Le Pacte vert pour l'Europe

En décembre 2019, lors de la prise de fonction du nouveau collège de commissaires européens, la Commission a réitéré son engagement dans la lutte contre le réchauffement climatique et pour la protection de l'environnement.

Le 11 décembre 2019, Ursula von der Leyen, présidente de la nouvelle Commission, a proposé son Pacte vert pour l'Europe (*European Green Deal*), avec pour objectif de devenir le premier continent climatiquement neutre en carbone au monde d'ici à 2050. En climatologie et en matière de politique climatique, la neutralité carbone à l'intérieur d'un périmètre donné est un état d'équilibre à atteindre entre les émissions de gaz à effet de serre d'origine humaine et leur retrait de l'atmosphère par l'homme ou de son fait.

Afin d'apporter une réponse efficace aux défis climatiques et environnementaux, cette nouvelle feuille de route a pour ambition de transformer l'UE en une « société juste et prospère, dotée d'une économie moderne, économe en ressources et compétitive, dans laquelle il n'y a pas d'émissions de gaz à effet de serre et dans laquelle la croissance est découplée de l'utilisation des ressources ». Ce pacte englobe tous les secteurs de l'économie (énergie, transports, agriculture, bâtiment, industrie du ciment, le textile…).

Plusieurs propositions phares verront le jour dans les années à venir, des propositions nouvelles comme la première réglementation climatique européenne, un mécanisme de transition juste ou encore la stratégie de la « Ferme à la table », et des modifications en profondeur de législations déjà existantes (nouveau plan d'action pour l'économie circulaire, réexamen des règles relatives aux transferts de déchets, extension du système d'échange de quotas d'émissions).

Loi Européenne sur le climat

En décembre 2020, les ministres de l'environnement de l'UE sont parvenus à un accord sur la proposition de loi, notamment sur l'objectif de réduction des émissions de GES d'au moins 55 % d'ici 2030. Un accord a également été trouvé sur le fait que 30 % des dépenses totales du budget de l'UE 2021-2027 cibleraient des projets liés au climat.

Un cadre réglementaire complet

Afin de mettre en œuvre les différents objectifs afférents à la transition énergétique dans laquelle elle s'est engagée, l'UE est intervenue dans plusieurs domaines du secteur énergétique, en passant par l'ouverture du marché de l'électricité à l'adoption d'une politique volontariste en matière de renouvelables. Néanmoins, il faut relever l'existence d'un certain déséquilibre dans la stratégie de promotion des énergies renouvelables. Alors que les énergies renouvelables électriques ont été prises en compte dès 2001, les thermiques ne sont apparues dans le droit de l'UE qu'en 2009. Le *Green Deal* européen, nouvelle stratégie de croissance qui pilotera la législation européenne jusqu'à 2050, complète ce cadre réglementaire.

Les paquets « électricité »

Historiquement, dans la plupart des pays européens, les activités de production et de fourniture de l'électricité relevaient de la compétence des monopoles publics ou des entreprises privées concessionnaires de service public.

Dès les années 1990, la question de la « mutualisation des enjeux énergétiques » s'est retrouvée au cœur des préoccupations de l'Union. Pour garantir le fonctionnement du marché et la sécurité d'approvisionnement de son territoire, l'UE va ouvrir les secteurs du gaz et de l'électricité à la concurrence à partir de 1996. Amenée par deux directives – une relative au système gazier, l'autre au système électrique –, la libéralisation de ces deux secteurs clés est continuellement approfondie depuis 2003, entraînant la suppression progressive des monopoles historiques. Désormais, les particuliers et consommateurs sont libres de choisir leur fournisseur de gaz et d'électricité parmi un panel de concurrents.

Ce mouvement de libéralisation s'accompagne de profonds changements réglementaires, notamment en termes de promotion des énergies renouvelables.

Directive sur les énergies renouvelables

Favoriser la pénétration des énergies renouvelables sur le marché européen va non seulement permettre à l'Union de renforcer son indépendance énergétique et sa sécurité d'approvisionnement, mais aussi améliorer la protection de l'environnement.

Très tôt, dès 1997, la Commission européenne a établi une stratégie pour favoriser l'utilisation des sources d'énergies renouvelables, jusqu'alors « exploitées de façon inégale et insuffisante dans l'UE ». À cette occasion, elle demandait aux États de faire le nécessaire pour y recourir le plus possible, en raison de son potentiel économique considérable, afin de satisfaire la demande énergétique grandissante.

Pour y parvenir, l'UE a adopté en 2001 la directive relative à la promotion de l'électricité produite à partir de sources d'énergies renouvelables.

Cependant, les maigres avancées réalisées par les États ont poussé l'Europe à faire évoluer son cadre réglementaire en 2009. La nouvelle directive fixe comme objectif contraignant l'atteinte d'une part de 20 % d'énergies renouvelables dans la consommation énergétique de l'UE d'ici à 2020, se déclinant en un objectif spécifique à atteindre par chacun des États membres. Cet objectif tenait compte du point de départ de chaque État et du potentiel des énergies renouvelables sur son territoire, allant ainsi de 10 % pour Malte à 49 % pour la Suède. Dans le cas spécifique de la France, dont le bouquet énergétique est composé à presque 75 % de nucléaire, la part des énergies renouvelables dans la consommation finale brute devait atteindre les 23 % d'ici à 2020, contre 10,3 % en 2005.

À retenir

Consciente de la nécessité de poursuivre l'intégration des énergies renouvelables dans les États membres, c'est dans une démarche proactive que la Commission européenne adopte des lignes directrices concernant les aides d'État à la protection de l'environnement et à l'énergie pour la période 2014-2020, reconduites jusqu'en 2022. Ce nouveau régime permet aux États membres de déroger, sous certaines conditions, à l'interdiction des aides d'État. Ces dernières sont incompatibles avec les règles du marché commun, dès lors qu'elles « affectent les échanges entre États membres » et qu'elles sont « accordées par les États ou au moyen de ressources d'État sous quelque forme que ce soit qui faussent ou qui menacent de fausser la concurrence » (Article 107 du Traité sur le fonctionnement de l'Union européenne). En définissant un régime favorable au soutien public, l'UE va accélérer l'intégration des énergies renouvelables dans les États membres.

Durant les années suivantes, le cadre réglementaire va être bousculé tout en restant inchangé. En effet, malgré les propositions de refonte de la directive, ce n'est finalement qu'en 2018 que la procédure a abouti. En fixant l'objectif contraignant d'au moins 32 % d'énergies renouvelables dans la consommation finale d'énergie, l'UE rehausse nettement ses ambitions à l'horizon 2030 et s'engage résolument dans la transition énergétique de son territoire. Pour y parvenir, l'UE va mettre à disposition de ses États une série de mesures.

Directive établissant un système d'échange de quotas d'émission de gaz à effet de serre

En complément de mesures visant à promouvoir l'utilisation des énergies renouvelables pour réduire la dépendance des États aux énergies fossiles, l'Union européenne s'est également mobilisée pour la réduction des émissions de gaz à effet de serre (GES) en son sein.

La pièce maîtresse de la politique européenne dans ce domaine a vu le jour en 2005. Le système d'échange de quotas d'émission de l'UE (SEQE-UE), premier système mondial d'échange international de quotas d'émission, repose sur le principe du plafonnement et d'échange des droits d'émission. Le but de l'Union est de mesurer et de contrôler les émissions de son industrie, de ses entreprises, mais aussi de ses producteurs d'électricité. La limite « plafond » va ainsi permettre de limiter le niveau total des émissions polluantes.

Ce système s'applique aux 27 États membres, mais aussi en Islande, en Norvège et au Liechtenstein. Il couvre environ 11000 centrales électriques et usines de fabrication.

À retenir

Le principe est le suivant : chaque année, une limite est fixée concernant la quantité totale de certains GES pouvant être produits par les entreprises concernées. Chaque quota permet de couvrir l'émission de 1 tonne de CO_2 ou équivalent. Ainsi, à la fin de l'année, les entreprises doivent restituer un nombre spécifique de quotas d'émissions, afin de couvrir ses émissions de GES. Les entreprises n'ayant pas « dépensé » tous leurs quotas ont la possibilité de les conserver pour couvrir des besoins futurs ou de les vendre à une autre entreprise dans le besoin.

D'un côté, ce système va permettre de limiter les émissions polluantes de l'industrie européenne. De l'autre, il va aussi inciter les entreprises à investir dans des technologies propres et sobres en carbone.

En chiffres

Fin 2019, ce système a permis de faire diminuer de 21 % les émissions des secteurs concernés par rapport aux niveaux recensés de 2005. Selon les estimations, d'ici à 2030, le système révisé va permettre de continuer à faire baisser les émissions de 43 %. Le cadre législatif du SEQE-UE pour la prochaine période d'échange (phase 4) a été révisé au début de l'année 2018 afin d'atteindre les objectifs de réduction des émissions, conformément au cadre d'action 2030 en matière de climat et d'énergie et à la contribution de l'UE à l'accord de Paris adopté en 2015.

Pour aller plus loin

L'Union européenne a aussi établi des cadres communs dans le secteur des biocarburants, du bâtiment et de l'efficacité énergétique.

Ces directives, fortement complémentaires, veillent à améliorer la performance des bâtiments, à décarboner le secteur des transports et à obliger les États membres à effectuer des efforts supplémentaires pour économiser de l'énergie.

Le *Green Deal* européen, la nouvelle stratégie de croissance européenne

Le *Green Deal* est la nouvelle stratégie européenne de croissance qui veut permettre à l'Union d'atteindre son objectif de neutralité climatique à l'horizon 2050. Le *Green Deal* – qui comprend une révision de plusieurs législations déjà existantes, mais également l'adoption de nouvelles mesures renforçant la lutte contre le réchauffement climatique – est la nouvelle feuille de route de la Commission européenne, afin de faire de l'Union un continent économiquement prospère, socialement équitable et respectueux de l'environnement. Tout le cadre réglementaire sera revu à la lumière de l'objectif de neutralité climatique à l'horizon de 2050 – en éliminant les législations incohérentes.

La politique Climat-Énergie s'appliquera dans quasiment tous les secteurs, dont ceux énergivores et fortement émetteurs de GES, comme l'énergie, le transport et l'industrie. Dans le domaine de l'énergie, le *Green Deal* doit notamment assurer une énergie propre, abordable et sûre pour tous et améliorer l'efficacité énergétique du continent. Concrètement :

- **arrêter progressivement les financements des projets émetteurs de gaz à effet de serre : charbon, gaz, et favoriser les énergies renouvelables ;**
- **lancer une grande vague de rénovation de bâtiments qui sera financée en partie par l'outil de relance *Next Generation EU* mis en place par la Commission européenne à l'été 2020 ;**
- **baisser les émissions de GES de 55 % d'ici à 2030 et éventuellement rehausser les objectifs par des énergies renouvelables dans le mix énergétique européen ;**
- **imposer une taxe carbone aux frontières destinée aux États qui n'ont pas de standards environnementaux/climatiques aussi élevés qu'en Europe pour lutter contre le « dumping environnemental »[22].**

Lors de son discours sur l'état de l'Union européenne en septembre 2020, Ursula von der Leyen, présidente de la Commission européenne, annonçait que 37 % de l'outil financier de relance *Next Generation EU* (plan de relance mis en place à la suite de la crise de la Covid-19 visant à relancer l'économie tout en accélérant la transition écologique et numérique en particulier) – voté pendant l'été 2020 – seraient dépensés dans les prochaines années pour accomplir directement les objectifs du *Green Deal*. Cet outil servira également à mettre en place une transi-

22 On parle de « dumping environnemental » lorsqu'un État adopte des normes environnementales moins rigoureuses que d'autres pour attirer des firmes multinationales sur ses terres.

tion qui ne laisse personne de côté et soit source de croissance et de création de nouveaux emplois. La dimension sociale de l'innovation, telle que la lutte contre la précarité énergétique, l'acceptation sociale de la transition énergétique et la formation aux nouveaux emplois créés par la transition, est également vitale.

La stratégie d'industrialisation

Alors que l'Union européenne se lance dans son objectif de neutralité climatique, l'industrie est au cœur de cette transformation – toutes les chaînes de valeur, émettrices de gaz à effet de serre et dépendantes des acteurs extraeuropéens, doivent être repensées, modernisées et décarbonées. Afin de maintenir une compétitivité du continent tout en rendant l'industrie plus verte, circulaire et numérisée, la nouvelle stratégie d'industrialisation, dévoilée en mars 2020, vise à :

- **soutenir l'industrie vers la neutralité climatique, avec notamment une nouvelle stratégie pour la durabilité des matières chimiques et d'acier, ou encore le mécanisme d'ajustement aux frontières pour le carbone ;**
- **promouvoir la reconversion de la main-d'œuvre européenne par le lancement d'un Pacte européen pour les compétences ;**
- **intégrer la circularité dans les chaînes d'approvisionnement grâce à un nouveau plan d'action pour l'économie circulaire (l'économie circulaire consiste à produire des biens et des services de manière durable en limitant la consommation et le gaspillage des ressources et la production des déchets. Il s'agit de passer d'une société du tout-jetable à un modèle économique plus circulaire) qui se concentre sur les secteurs où ce potentiel est élevé : l'électronique et les nouvelles technologies, les batteries et les véhicules, l'emballage, les plastiques, les textiles, la construction et l'alimentation...**

La stratégie industrielle promeut des orientations sur les marchés publics verts et une réflexion sur l'innovation, l'investissement et les compétences liés aux énergies propres. Les énergies renouvelables ont en effet tout leur rôle à jouer dans cette stratégie, grâce à leur potentiel de création d'emplois, leur côté novateur et les opportunités qu'elles peuvent créer pour la capacité exportatrice des technologies vertes de l'Europe.

L'accompagnement de la recherche

L'objectif des programmes de recherche est d'assurer la compétitivité du territoire européen, sa reconnaissance et sa visibilité dans le monde, mais surtout de trouver des solutions aux enjeux de nature très variée.

Programme Horizon Europe

Le programme-cadre pour la recherche et l'innovation « Horizon Europe » – le plus important au monde dans ce domaine – a pour ambition de faire en sorte que l'Union européenne atteigne « un niveau scientifique et technologique de classe mondiale qui stimule la croissance économique ». Outre simplifier l'accès aux financements européens, par le biais d'une procédure d'attribution simplifiée, ce programme vise aussi une hausse de participation des PME de 15 % à 20 %. Doté d'un budget total de 100 milliards d'euros, il repose sur trois axes :

» **la science d'excellence, qui consiste à renforcer le rôle de premier plan joué par l'UE dans le domaine scientifique, mais aussi à développer les connaissances et les compétences des différents acteurs ;**

» **les problématiques mondiales et la compétitivité industrielle européenne dont le soutien sera destiné aux domaines suivants : le numérique, l'énergie, la mobilité, l'alimentation et les ressources naturelles ;**

» **le pilier « L'Europe innovante », qui va mettre l'accent sur la promotion de l'innovation. Cela passe par la création d'un Conseil européen de l'innovation offrant un guichet unique aux innovateurs qui présentent un potentiel élevé.**

Le soutien à l'innovation

La Commission européenne fait de l'innovation un pilier de ses politiques et de ses instruments de soutien.

Le fonds Innovation

Le fonds Innovation, lancé en juillet 2020, se définit comme le premier instrument de financement qui soutient tangiblement la vision de neutralité climatique de l'Europe pour 2050. Le fonds soutiendra le financement des technologies hautement innovantes permettant de réduire les émissions de GES. Le but du fonds est d'amener ces nouvelles technologies sur le marché.

DANS CE CHAPITRE

- La loi de transition énergétique pour la croissance verte
- La loi relative à l'énergie et au climat
- La programmation pluriannuelle de l'énergie
- Le soutien financier aux énergies renouvelables

Chapitre 22
Le cadre réglementaire français

La France occupe une place singulière dans l'Union européenne. Avec un profil électrique très peu carboné – l'électricité étant majoritairement produite par l'intermédiaire du nucléaire –, sa politique en faveur des énergies renouvelables, au départ relativement timide, s'inscrit dans le cadre des objectifs fixés par l'UE.

À retenir

En 2005, pour faire suite aux engagements pris à l'échelle européenne, la France a adopté la loi POPE (Programme d'orientation de la politique énergétique), première loi française à chiffrer des objectifs de promotion des énergies renouvelables. L'ambition de « diversification du bouquet énergétique français » visait à satisfaire d'ici à 2010 10 % des besoins énergétiques à partir de sources d'énergie renouvelables.

En 2007, plusieurs parties prenantes (l'État, les collectivités locales, des organisations syndicales et des associations) se sont réunies au sein du Grenelle de l'environnement, dans le but de faire ressortir les « objectifs prioritaires en matière de maîtrise de la consommation énergétique et de promotion des énergies renouvelables ». Cette concertation constitue sans conteste le point de départ qui va permettre de faire des énergies renouvelables un pilier de la stratégie énergétique et climatique française.

Diverses lois ont ensuite été adoptées en faveur de la promotion des énergies renouvelables.

La loi de transition énergétique pour la croissance verte (2015)

Alors que la part des énergies renouvelables dans la consommation finale brute d'énergie n'a cessé d'augmenter (9,2 % en 2005 et 15,7 % fin 2016), la France a opéré un virage très volontariste en 2015 avec l'adoption de la fameuse loi de transition énergétique pour la croissance verte (TECV) qui fait des énergies renouvelables le nouveau pilier de la transition énergétique.

Ce tournant majeur dans la politique énergétique française entérine la volonté du Gouvernement français de contribuer de manière efficace à la lutte contre le dérèglement climatique ; d'une part, en renforçant son indépendance énergétique, d'autre part en garantissant un accès à l'énergie à des coûts compétitifs.

La loi fixe divers objectifs à atteindre d'ici à 2030 :

- **Augmenter la part d'énergies renouvelables dans la consommation finale brute d'énergie à 23 % en 2020 et à 32 % en 2030 ;**
- **Atteindre une part de 40 % d'énergies renouvelables dans la consommation finale d'électricité ;**
- **Atteindre une part de 38 % de la consommation finale de chaleur renouvelable ;**
- **Atteindre une part de 15 % de la consommation finale de carburant d'origine renouvelable ;**
- **Atteindre une part de 10 % de la consommation de gaz d'origine renouvelable en 2030 ;**
- **Multiplier par cinq la quantité de chaleur et de froid renouvelables et de récupération livrée par les réseaux de chaleur et de froid à l'horizon 2030.**

La loi relative à l'énergie et au climat (2019)

Dans la même lancée, pour entériner les engagements de la France en matière de lutte contre le changement climatique, la loi Énergie Climat, adoptée en 2019, vient « graver dans le marbre » l'ambition climatique affichée par la France, à la suite de la signature de l'accord de Paris en 2015.

Au titre des mesures phares, le gouvernement a tenu à inscrire dans la législation française l'urgence écologique et climatique, ainsi que l'objectif d'une neutralité carbone d'ici à 2050. La loi Énergie Climat modifie également deux objectifs pour 2030 :

- **l'objectif de baisse des consommations d'énergies fossiles en 2030 passe de -30 à -40 % ;**
- **l'objectif de part des énergies renouvelables dans la consommation finale d'énergie passe de 32 % à 33 %.**

La programmation pluriannuelle de l'énergie

Instaurée par la loi relative à la transition énergétique de 2015, la programmation pluriannuelle de l'énergie (PPE) est un document stratégique qui présente la trajectoire que le gouvernement français va suivre au cours de la décennie à venir. Conçu comme un outil de pilotage en matière de politique de l'énergie et de transition écologique, il couvre l'ensemble des énergies afin de développer une « vision transversale de l'énergie ». Il se divise en deux programmes de cinq années : 2019-2023 et 2024-2028.

L'objectif affiché de la France est de parvenir à la neutralité carbone en 2050.

Il se décline en plusieurs axes principaux :

À retenir

- **La baisse de la consommation énergétique finale : de 7,6 % en 2023 et de 16,5 % en 2028 par rapport à 2012 ;**
- **La réduction de la dépendance aux énergies fossiles. Objectif : une baisse de 20 % de la consommation primaire d'énergies fossiles en 2023 et de 35 % en 2028 par rapport à 2012 ;**

» La diversification du mix énergétique grâce à une réduction progressive de la part du nucléaire au profit des énergies renouvelables électriques : 50 % d'électricité nucléaire dans la production d'électricité en 2035 contre plus de 70 % aujourd'hui ; augmentation de plus de 70 % de la capacité installée des énergies renouvelables électriques entre 2019 et 2023. La PPE prévoit aussi une augmentation comprise entre 40 et 60 % de la consommation de chaleur renouvelable d'ici 2028. L'objectif plus global est une augmentation des énergies renouvelables dans la consommation finale brute d'énergie, qui doit passer de 15 % en 2014 à 32 % en 2030 ;

» Croissance économique et création d'emplois : 246 000 emplois en 2023 par rapport au scénario tendanciel, et 413 000 en 2028.

Figure 22-1

Objectif PPE : production d'électricité renouvelable par filière

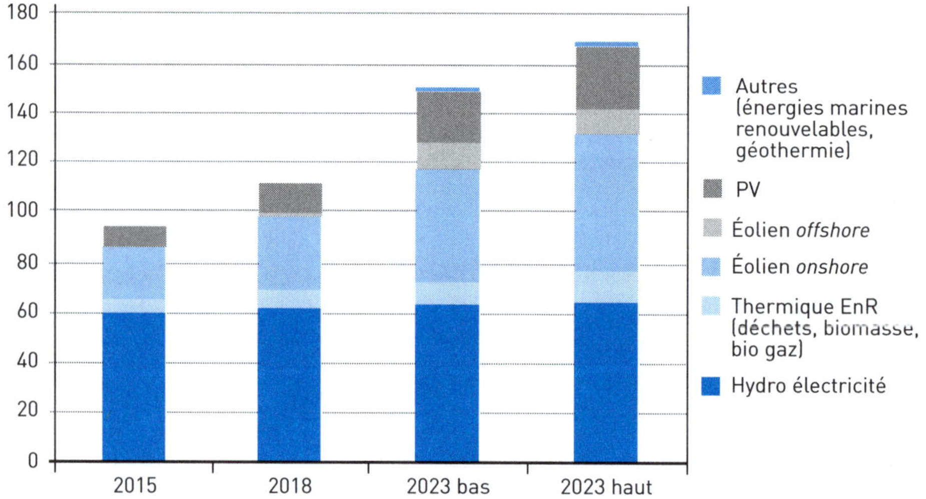

Graphique réalisé à partir des données de la synthèse de la programmation pluriannuelle de l'énergie.

Des enjeux spécifiques aux territoires d'outre-mer

La PPE prévoit des objectifs différenciés pour la métropole, la Corse et les territoires ultramarins. En effet, ces derniers présentent un profil énergétique très distinct : forte dépendance aux énergies fossiles et absence de nucléaire dans le mix électrique. Conséquence de la non-connexion au réseau électrique national : un prix et un coût de production de l'électricité très élevé.

Cependant, les territoires ultramarins présentent également de forts potentiels en matière de développement des énergies renouvelables pour des raisons géographiques évidentes : fort ensoleillement, forte exposition au vent, géothermie dans les Caraïbes.

Aussi, la loi de transition énergétique pour une croissance verte a fixé des objectifs ambitieux pour ces territoires : en 2020, générer 50 % de l'énergie consommée à partir de sources renouvelables et, à l'horizon 2030, atteindre l'autonomie énergétique.

Le soutien financier aux énergies renouvelables

Au début du développement des énergies renouvelables, le soutien public était indispensable en raison de leur manque de compétitivité. Avec toutes les évolutions intervenues dans ce secteur, les mécanismes de soutien ont été progressivement modifiés.

En matière de soutien financier, l'Union européenne encadre fortement la pratique des États membres. La Commission européenne a adopté des lignes directrices applicables pour la période 2014-2020, qui permettent aux États d'évaluer la compatibilité des mesures d'aides avec le fonctionnement du marché intérieur de l'UE (voir plus haut).

Afin d'être conforme aux règles européennes, la France a été contrainte de modifier ses dispositifs de soutien aux énergies renouvelables. Cela s'est notamment traduit par la mise en place du mécanisme de complément de rémunération[23].

En 2021, la France prévoit de consacrer 7 milliards d'euros à la production d'énergie renouvelable, pour l'essentiel à l'électricité renouvelable sous forme de tarifs d'achat ou de compléments de rémunération.

Il faut différencier le cas des énergies renouvelables électriques et thermiques.

Pour les énergies renouvelables électriques

Le soutien dépend des spécificités de chacune des filières (solaire, éolien, biomasse, hydraulique...). Les pouvoirs publics disposent de deux modalités d'attribution du soutien aux énergies renouvelables électriques et à la cogénération :

» **Le dispositif d'appels d'offres, qui permet au gouvernement de piloter les volumes développés ; d'une part, par la fixation d'un volume d'énergies**

---

23 Selon la CRE, les producteurs d'électricité à partir d'énergie renouvelable commercialisent leur énergie directement sur les marchés et une prime vient compenser l'écart entre les revenus tirés de cette vente et un niveau de rémunération de référence, fixé selon le type d'installation par la puissance publique dans le cadre d'un arrêté tarifaire ou par le producteur dans le cadre d'une procédure de mise en concurrence. Ce complément de rémunération peut généralement être qualifié de prime variable dans la mesure où son montant s'ajuste pour compenser la différence entre la rémunération de référence et un revenu marché de référence.

renouvelables à soutenir, et d'autre part, par la classification des offres soumises par les différents producteurs en fonction de leur coût. Cette procédure de mise en concurrence va permettre de sélectionner un lauréat, le seul projet qui bénéficiera du soutien, qui est généralement le projet le plus intéressant pour la collectivité concernée ;

» La politique du guichet ouvert, qui permet à chaque producteur éligible de bénéficier du soutien financier avec une limite de puissance installée. Pour ce faire, il faut que l'installation envisagée remplisse les critères du cahier des charges défini par la Direction générale de l'énergie et du climat. Cette procédure va considérablement simplifier la tâche aux producteurs, car il n'y a pas de mise en concurrence. Dès lors que l'installation remplit les critères, elle bénéficiera du soutien.

En France, il existe deux formes de rémunération au bénéfice des producteurs d'énergies renouvelables électriques : l'obligation d'achat et le complément de rémunération :

» **Mécanisme de l'obligation d'achat.** Dans ce système, toute l'électricité produite est rachetée par l'acheteur obligé – EDF ou les entreprises locales de distribution (ELD) – à un prix fixe durant toute la durée de l'exploitation de la centrale. Le tarif d'achat est fixé à l'avance et les contrats sont généralement conclus pour une durée de 15 à 20 ans. Ce système va donc garantir au producteur un revenu stable et constant toute la durée de vie de l'installation. L'acheteur obligé est ensuite compensé par la Caisse des dépôts et consignations. Depuis 2015, les producteurs peuvent déléguer par transfert la gestion de leur obligation d'achat vers un organisme agréé.

» **Mécanisme du complément de rémunération.** Dans ce système introduit en 2015 par la loi TECV, les producteurs vendent directement leur électricité sur le marché de gros et perçoivent une prime qui vise à compenser la différence entre le prix du marché et le tarif de référence. Si elle est négative, les producteurs doivent reverser le surplus perçu. Le montant est fixé par l'État selon le type d'installation, soit après un appel d'offres, soit par arrêté. Le complément de rémunération va donc être variable, étant donné que son montant s'ajuste en fonction de la différence entre la rémunération de référence et le revenu du marché de référence. Il ne peut excéder une durée de 20 ans.

» Ces mécanismes ont pour principal objectif de permettre aux producteurs d'assurer la rentabilité de leur installation, tout en percevant un niveau de rémunération suffisant.

Pour les énergies renouvelables thermiques

Les énergies renouvelables thermiques ne bénéficient que de 10 % du soutien accordé aux énergies renouvelables. Le soutien passe par différents mécanismes :

» **Le dispositif du « fonds chaleur »**, qui existe depuis 2008, permet l'octroi de subventions d'investissement à des projets portés par des entreprises et collectivités préalablement sélectionnés. Les fonds sont alloués soit par le biais d'un appel à projets national annuel pour la majorité de la production de chaleur issue de la biomasse ; soit par des aides accordées au niveau régional pour des projets issus d'autres sources (solaire thermique, biogaz, géothermie...) et des projets biomasse spécifiques ;

» **Le fond « déchets économie circulaire »** soutient également des projets de production et de valorisation de biogaz, ainsi que des projets de production énergétique à partir de déchets (CSR) ;

» **L'aide aux particuliers « Ma Prim'Renov »** permet de financer la rénovation du logement, et notamment le passage aux énergies renouvelables (chauffage bois, chauffe-eau solaire, pompes à chaleur...). Elle est cumulable avec les aides proposées dans le cadre du dispositif des Certificats d'économie d'énergie ;

» **Le soutien au biogaz.** La production d'électricité à partir de biogaz est soutenue par un tarif d'achat garanti (pour les méthaniseurs de moins de 500 kW) ou fixé par appels d'offres pour les méthaniseurs plus puissants. Le biométhane est injecté dans le réseau par un fournisseur de gaz naturel de l'installation à la production. Des dispositifs financiers comme le prêt BPIfrance et le fonds public-privé Eiffel gaz vert viennent compléter la palette de soutiens à la production de gaz renouvelable.

Le financement du soutien aux énergies renouvelables

Comme ces mécanismes de soutien garantissent aux producteurs de sources renouvelables une rémunération supérieure à la valeur réelle du marché, cela entraîne un surcoût qui va devoir être compensé par l'État au titre des charges de service public de l'énergie.

Le financement de celles-ci a été entièrement réformé en 2015 par la loi de finances rectificative. Ainsi, jusqu'en 2015, elles étaient financées par des contributions spécifiques prélevées sur les factures des consommateurs d'électricité et de gaz, par le biais des contributions au service public de l'électricité (CSPE) et du gaz (CSPG).

Depuis 2016, le financement de ces charges est intégré au budget de l'État par le biais du compte d'affectation spéciale « Transition énergétique », financé depuis 2017 par deux taxes sur les énergies fossiles (charbon et pétrole) :

» taxe intérieure de consommation sur les produits énergétiques (TICPE). Cette taxe a remplacé la TIPP (taxe intérieure sur les produits pétroliers) et est donc supportée par les produits pétroliers ;

» **taxe intérieure de consommation sur le charbon (TICC). Elle concerne les houilles, lignites et cokes et est collectée par les fournisseurs dès lors qu'ils effectuent des livraisons de charbon à destination du consommateur français.**

Cette évolution permet de financer la transition énergétique en taxant les « pollueurs », en fonction de l'impact environnemental engendré.

Projets énergies renouvelables et aménagement du territoire

Les collectivités territoriales, via des outils d'aménagement du territoire, contribuent à la fois à favoriser et à encadrer le développement des projets d'énergies renouvelables.

Schéma régional d'aménagement, de développement durable et d'égalité des territoires (SRADDET)

Les schémas d'aménagement régionaux ont été créés en 2015 par la loi Nouvelle organisation territoriale de la République (NOTRE). Ce sont des documents de planification élaborés par les différentes régions dans le but de définir leurs règles et leur stratégie en matière d'aménagement du territoire. Ainsi, chacune des régions peut mettre en exergue ses atouts et potentiels, mais aussi repérer ses points faibles.

En exposant des objectifs d'aménagement du territoire liés au développement durable, le SRADDET constitue ainsi un support important pour le développement des projets énergies renouvelables à l'échelle des régions.

Plus précisément, cette feuille de route a vocation à définir « les objectifs de la région à moyen et long terme en matière d'équilibre et d'égalité des territoires, d'implantation des différentes infrastructures d'intérêt régional, de désenclavement des territoires ruraux, d'habitat, de gestion économe de l'espace, d'intermodalité et de développement des transports, de maîtrise et de valorisation de l'énergie, de lutte contre le changement climatique, d'air, de protection et de restauration de la biodiversité, de prévention et de gestion des déchets ».

En matière d'énergies renouvelables, le potentiel d'un territoire est présenté dans les schémas régionaux du climat, de l'air et de l'énergie. Ceux-ci permettent d'identifier les ressources potentielles d'énergies renouvelables, la part déjà valorisée et le solde techniquement et économiquement accessible. Grâce à l'ensemble de ces données, les collectivités peuvent envisager les utilisations possibles des ressources énergétiques et, sur cette base, engager des études de faisabilité pour investir dans des projets d'énergies renouvelables.

Du plan local d'urbanisme (PLU) au permis de construire

Le plan local d'urbanisme est un document stratégique, cette fois élaboré à l'échelle locale, qui comporte des orientations relatives aux évolutions envisagées de la ville concernée. Il donne une traduction spatiale de la stratégie climat-air-énergie de la collectivité. Il définit les règles sur la forme des constructions, les zones devant rester naturelles, celles qui sont réservées à des constructions futures, etc. Il peut également être intercommunal. On parle alors du plan local d'urbanisme intercommunal.

Pour aboutir, tout projet d'installation d'énergies renouvelables doit être compatible avec les prérogatives du PLU. L'instruction du permis de construire est prise en charge par les services déconcentrés de l'État, notamment la Direction départementale des territoires (DDT) et la Direction régionale de l'environnement, de l'aménagement et du logement (DREAL). Après instruction, le permis de construire est délivré ou non par le préfet de région.

Le schéma régional biomasse

Ce schéma s'articule avec la stratégie nationale de mobilisation de la biomasse pour optimiser à l'échelle régionale la valorisation de cette ressource. Il vise notamment à satisfaire les besoins de la programmation pluriannuelle de l'énergie (PPE).

Schéma directeur des réseaux de chaleur

Les réseaux de chaleur sont un outil essentiel du développement des énergies renouvelables dans les territoires. La loi de transition énergétique pour la croissance a donné aux communes la compétence pour créer et exploiter un réseau de chaleur. Elle a également imposé la réalisation de schémas directeur pour les réseaux de chaleur et de froid publics.

Le schéma directeur d'un réseau de chaleur ou de froid est un outil de planification territoriale, co-construit avec les acteurs locaux et qui permet de réaliser un exercice de projection sur l'évolution du réseau. Cela permet ainsi à la collectivité de mieux planifier des travaux pour augmenter la part d'énergies renouvelables dans le réseau et/ou l'étendre.

L'installation classée pour la protection de l'environnement

Les installations classées pour la protection de l'environnement (ICPE) sont des installations particulières soumises à un régime complexe de déclaration, d'enregistrement ou d'autorisation, en fonction du niveau de risques ou des inconvénients qu'elles peuvent engendrer. Les installations concernées peuvent être de nature très différentes, allant de l'exploitation bovine jusqu'au dépôt pétrolier, en passant par les usines, les incinérateurs et les décharges, les éoliennes ou les carrières… Pour avoir le droit d'exercer ces activités, l'exploitant de l'installation doit demander au préfet de département soit une autorisation environnementale, soit une autorisation simplifiée, soit déclarer son activité et ainsi respecter des obligations de nature à limiter ou maîtriser l'impact environnemental. Ces obligations varient suivant le type d'installation (carrières, chantiers, usines de stockage de déchets, élevages industriels…).

Les programmes d'investissement locaux

Les collectivités territoriales et locales jouent aussi un rôle dans le développement des énergies renouvelables en investissant dans des projets.

Dans le cas de projets d'énergie participatifs et citoyens, les collectivités peuvent être amenées à prendre part à l'installation d'énergies renouvelables. Ceci est permis par la loi TECV de 2015, qui autorise les collectivités territoriales et les établissements publics de coopération intercommunale (EPCI) à investir en capital dans les sociétés portant des projets d'énergies renouvelables sur leurs territoires ou à proximité.

DANS CE CHAPITRE

Les étapes de la vie d'un projet

•

Les acteurs contribuant au projet

Chapitre 23

Les différents acteurs de la filière de production

Un projet d'énergie renouvelable stimule le dynamisme et l'esprit d'innovation de la région où il est implanté. Il rassemble les compétences et les interlocuteurs nécessaires à son développement : élus locaux, riverains, développeurs de projets, ainsi que des ingénieurs et des spécialistes de l'intégration des projets dans leur environnement.

Les étapes de la vie d'un projet

Afin de voir le jour, un projet de centrale à énergies renouvelables doit passer par plusieurs étapes successives que nous allons détailler : le développement, la structuration industrielle et financière, la construction et l'exploitation.

» Analyses de préfaisabilité :
  - **Identification des zones favorables ;**
  - **Identification des capacités de raccordement ;**

- Contact avec les exploitants, propriétaires agricoles et les administrations ;
- Sécurisation du foncier avec propriétaires exploitants.

» Conception du projet :

- Analyse environnementale, paysagère et patrimoniale ;
- Mesure du productible (niveau du vent, ensoleillement, débit en eau...) ;
- Choix de l'équipement ;
- Dialogue et concertation avec les parties prenantes locales ;
- Études techniques et analyse financière ;
- Réalisation des études d'impact et du dossier d'autorisation environnementale.

» Autorisations :

- Procédure d'autorisation environnementale ;
- Enquête publique ;
- Consultation de la Commission départementale nature, paysage et sites (CDNPS) ;
- Obtention des autorisations administratives (permis...) ;
- Possibilité de recours contentieux.

» Financement :

- Mise en place d'un financement bancaire ;
- Financement en fonds propres.

» Construction :

- Contractualisation avec les contractants sélectionnés ;
- Génie civil ;
- Contrôle de conformité ;
- Raccordement.

» Exploitation, mise en service :

- Production d'énergie renouvelable ;
- Exploitation et maintenance ;
- Inspections régulières.

» Démantèlement :

- Démontage de la centrale ;
- Remise en état du site ;
- Recyclage des matériaux.

Le développement

Cette première étape consiste à réunir les conditions rendant possible la construction et l'exploitation de la centrale. Ces conditions peuvent être aussi bien de nature technique qu'administrative. Il s'agit de sécuriser le foncier, d'obtenir les autorisations nécessaires auprès des collectivités territoriales et des services déconcentrés de l'État, d'effectuer des études de faisabilité technique ainsi que de garantir la disponibilité du réseau électrique local pour accueillir l'énergie injectée par le nouveau projet.

La phase de développement peut être elle-même décomposée en plusieurs sous-étapes :

- » **L'étude de préfaisabilité :** elle consiste à évaluer les contraintes techniques, à obtenir les accords des élus locaux, des propriétaires fonciers et, le cas échéant, des exploitants agricoles ;
- » **L'étude de faisabilité :** elle comprend des études techniques, des études d'impact (sur l'environnement, le paysage) et des concertations locales. L'implantation du projet doit répondre à une analyse indépendante et exhaustive des enjeux environnementaux et humains grâce à des études environnementales sur la faune, l'avifaune et la flore, ainsi que la mise en place de partenariats avec des associations de protection de la nature ;
- » **La signature des accords fonciers** qui accordent un droit réel sur toute la durée du projet ;
- » **L'obtention de l'autorisation préfectorale :** déposée par le développeur, la demande d'autorisation est instruite par les services déconcentrés de l'État compétents (directions départementales des territoires [DDT], directions régionales de l'environnement, de l'aménagement et du logement [DREAL]). Ensuite, le président du tribunal administratif désigne un commissaire enquêteur pour le lancement de l'enquête publique. Cette étape se conclut par l'autorisation du préfet ;
- » **La sécurisation du raccordement** ;
- » **La sécurisation du contrat d'achat d'électricité** avec la CRE ou un client privé.

La structuration industrielle et financière du projet

Cette deuxième étape doit permettre au porteur de projet de définir la stratégie d'exécution du projet, de finaliser les budgets, le modèle financier, et ensuite de trouver des fonds extérieurs (dette et/ou capital) pour assurer la construction de la centrale.

Important

Jusqu'à la fin du développement, les besoins de financement du projet pour les études (préfaisabilité, impact, raccordement) ou le support juridique (recours, etc.) s'adressent directement aux fonds propres du porteur de projet. Et pour cause : les projets en développement sont encore trop risqués pour les banques et investisseurs privés, car ils pourraient ne jamais voir le jour (recours administratif, contentieux, difficulté technique majeure, indisponibilité du réseau électrique…).

Une fois le développement achevé, et la plus grande partie des risques levés, le porteur de projet cherche des solutions de financement auprès des banques de fonds d'investissement ou de particuliers (financement participatif) pour construire la centrale. La plus grande partie du projet est souvent financée par une banque à travers une dette dite « sans recours ». C'est-à-dire que cette dette est directement rattachée à la société-projet. En cas de défaut (incident de construction, perte de revenus d'exploitation, etc.), le porteur de projet ne peut pas être tenu pour responsable du remboursement de la dette.

Afin que ce financement puisse être mis en place, il est essentiel que le design de la centrale, le choix des fournisseurs de matériel, ainsi que des entreprises réalisant la construction de la centrale garantissent un respect des délais et des niveaux de performance attendus par les partenaires financiers. Pendant cette phase de structuration, il y a donc un processus clé : la contractualisation avec les partenaires industriels qui mèneront le projet à terme.

Les assureurs ont un rôle clé à jouer aussi, étant donné qu'ils couvrent les dommages et/ou les pertes de production qui ne seraient pas sous la responsabilité des fournisseurs ou constructeurs. Par exemple, les dommages causés par un événement climatique, vandalisme, vol, etc.

À retenir

Les particuliers ou acteurs locaux peuvent contribuer au financement du projet, notamment en participant au capital. Le réseau pour la transition énergétique CLER souligne qu'il existe d'ailleurs un grand nombre d'outils facilitant l'investissement des citoyens et/ou local en faveur des énergies renouvelables. Le porteur de projet doit faire preuve de transparence et de pédagogie, afin de permettre aux acteurs locaux de se positionner en connaissance de cause. Plus forte sera la participation des acteurs locaux aux différents maillons de la chaîne de valeur du projet (et notamment en capital), plus importantes seront les retombées économiques et sociales.

Les étapes de structuration industrielle et financière d'une société de projet

- » La création d'une société d'exploitation spécifique au parc.
- » Une fois les autorisations obtenues, la société lance la structuration industrielle et financière.
- » Elle ouvre le financement à l'investissement participatif : aux secteurs privé (riverains, sociétés privées) et public.
- » Lors de la mise en service des unités, les investisseurs privés et collectivités sont ainsi rémunérés à hauteur de leur souscription dans la société de projet.

La construction

Important

Le chantier de construction d'une unité de production d'énergies renouvelables commence une fois le financement obtenu et finit une fois que la centrale est connectée au réseau en toute sécurité (pour une centrale électrique) et produit de l'énergie selon les attentes définies dans les contrats de fourniture et construction signés en phase de structuration.

Le suivi du chantier est assuré par des représentants de la société de projet et consiste à assurer :

- » la conformité des travaux afin de mettre en service les installations en accord avec la réglementation ;
- » le respect des accords contractuels entre la société de projet et les entreprises, en termes de délai et de qualité ;
- » l'interface entre les différentes professions du chantier ;
- » la relation avec les acteurs locaux (communes, propriétaires, etc.).

L'exemple d'un parc éolien

La construction du parc éolien commence entre 8 et 12 mois avant l'arrivée des turbines sur le site : par la réalisation des voies d'accès, des aires de grutage, des fondations et du réseau électrique interéolien.

L'exploitation et la maintenance

Une fois la centrale à énergies renouvelables mise en service, les équipes d'exploitation et de maintenance prennent en charge sa supervision, avec pour objectifs d'atteindre le niveau de performance attendu, d'assurer la sécurité du site, de gérer la relation avec les entreprises assurant la maintenance de la centrale, afin d'intervenir en cas de panne et d'assurer une bonne communication avec les partenaires financiers du projet.

L'entretien adéquat d'une installation de production d'énergie renouvelable est essentiel pour optimiser à la fois le rendement énergétique et la durée de vie utile de l'installation.

Les unités de compostage, de méthanisation, certaines centrales biomasse ou cogénération sont soumises à la réglementation sur les installations classées pour la protection de l'environnement (ICPE) car elles peuvent avoir des impacts (pollution de l'eau, de l'air, des sols…) et présenter des dangers sur l'environnement (incendie, explosion…). L'exploitant ou le maître d'ouvrage doit constituer un dossier et faire une demande d'autorisation environnementale avant toute mise en service ou réalisation.

Comment influer sur le cycle de vie d'un projet ?

La phase d'instruction du permis de construire d'une centrale peut être longue, et contribuer à en retarder la construction. Selon le risque qu'elle présente pour l'environnement et la taille de l'installation, celle-ci doit faire l'objet d'une demande de déclaration, d'enregistrement ou d'autorisation auprès du préfet. La réglementation s'appliquant à ces projets est donc lourde, ce qui rend le temps d'instruction relativement long.

À titre d'illustration, il peut s'écouler 5 à 10 ans entre la phase d'étude et la mise en service d'une centrale éolienne.

Cependant, des mesures cherchent à optimiser la phase de développement afin de favoriser la production de centrales à énergies renouvelables. Par exemple, un décret de 2016 relève les seuils de puissance au-delà desquels une demande d'autorisation est obligatoire pour les projets éoliens terrestres et solaires. Ceux-ci sont alors fixés à 50 MW, ce qui facilite le développement de centrales d'une puissance inférieure. Les projets d'éolien *offshore*, quant à eux, ne requièrent pas d'autorisation, car ils sont exclusivement le fruit de réponses à des appels d'offres publics.

Les acteurs contribuant au projet

Cette liste n'est pas exhaustive, mais vise à donner une vue d'ensemble des différents acteurs impliqués dans le développement, la production et l'exploitation de centrales à énergies renouvelables. Ces acteurs amenés à intervenir sont classés dans différentes catégories :

» **les développeurs ;**

» **les experts techniques ;**

» **les investisseurs ;**

» **les fabricants d'équipements ;**

» **les constructeurs ;**

» **les exploitants.**

Les développeurs

Les développeurs de projets sont des personnes ou des entreprises qui financent et portent le risque de la phase de développement du projet. Certains suivent le projet jusqu'à la phase d'exploitation et d'autres se limitent au développement en vendant leurs projets à la fin de cette première phase.

La qualité d'un développeur réside avant tout dans sa capacité à être un aménageur du territoire, en travaillant main dans la main avec les acteurs locaux afin d'écouter leurs besoins et de proposer des réponses intégrant des projets d'énergies renouvelables qui peuvent être combinés avec d'autres projets énergétiques, agricoles, éducatifs, de revalorisation de terrains ou autres.

Avec l'essor des énergies renouvelables, le marché du développement de projets est devenu très spéculatif pour certains acteurs qui visent une pure rentabilité financière à court terme et sans vision de la transition écologique du territoire dans lequel ils opèrent, là où d'autres s'inscrivent dans une vision à long terme et travaillent main dans la main avec les territoires dans lesquels ils s'implantent.

Le chef de projet

Il gère la création des centrales et pilote leur développement, assure les liens entre les différents acteurs et suit le déroulement du projet.

Ses missions : prospecter du foncier pour développer les centrales, compiler les différentes études de faisabilité et d'impact, gérer les relations avec l'administration, les clients, les investisseurs et les fournisseurs.

Sa formation : école d'ingénieur généraliste, ou spécialisé en génie énergétique, énergies renouvelables.

L'ingénieur projet spécialisé

Il est chargé d'évaluer les conditions d'installation, de mesurer l'impact de la construction sur l'environnement, et de négocier l'obtention du permis de construire.

Sa formation : Bac + 5 en génie civil, mécanique des sols.

L'ingénieur d'études ou ingénieur procédé

Il assure la mise en œuvre concrète du projet, selon un cahier des charges précis.

Ses missions : mener les études de faisabilité, concevoir et tester des prototypes du produit ou du projet final, anticiper les failles techniques et les coûts du projet, veiller à ce que ce dernier respecte les normes et réglementations.

Sa formation : études d'ingénieur généraliste, avec une possible spécialisation dans la branche technique dont il relève.

Le cartographe topographe

Il appuie le chef de projet à différents stades du développement en produisant des cartes sur la base d'informations topographiques.

Ses missions : il identifie les sites favorables au développement de centrales, actualise les bases de données cartographiques territoriales, gère les bases de données sur les projets d'énergies renouvelables en France.

Sa formation : DUT/licence en géomatique ou cartographie/topographie ou licence de géographie. Il doit posséder des connaissances en aménagement et en urbanisme.

Les experts

Experts environnementaux

L'expert environnemental réalise une analyse de l'état initial de la zone et des milieux susceptibles d'être affectés par le projet, portant notamment sur la faune et la flore, les équilibres biologiques, les espaces naturels et les interrelations entre ces différents éléments. Le travail suivant consiste à analyser les effets du projet sur l'environnement et à valider si celui-ci est conforme à la réglementation en vigueur. L'expert est également en charge de proposer des parades et autres moyens de mitigation aux risques environnementaux identifiés, et de s'assurer de leur respect tout au long du projet.

Experts techniques

Les projets renouvelables font appel à différents experts techniques, que ce soit au niveau de la géotechnique, par exemple pour l'analyse de la composition du sol et de sa résistance à l'installation d'une structure (éolienne, structure photovoltaïque…), ou au niveau de l'analyse de la ressource renouvelable, afin d'estimer la quantité d'énergie qui pourra être produite, un élément clé pour calibrer le projet et déterminer sa rentabilité.

Les banques et les investisseurs

En apportant des financements aux projets d'énergies renouvelables, les banques, fonds d'investissements et autres types d'investisseurs sont un maillon important dans le développement de la filière renouvelable.

Métiers au sein des banques

» **Chargé d'affaires entreprises :** il analyse l'environnement des entreprises clientes et leur propose des montages financiers viables tout en veillant à l'objectif de rentabilité de la banque.

  Sa formation : Bac + 5 banque/finance avec une spécialité marché des entreprises.

» **Banquier-conseil** ou *investment banker* : au sein de la banque, il est en charge, entre autres, d'identifier les opportunités d'investissement pour ses clients.

  Même type de formation.

- **Analyste des risques :** il s'occupe d'évaluer les risques des opérations que finance la banque (risques de marché, risques clients ou opérationnels). Concernant les projets d'énergies renouvelables, les risques en question sont majoritairement opérationnels.

  Sa formation : niveau bac + 5 avec une spécialisation en mathématiques, statistiques, économétrie, finance.

Le chargé d'affaires en capital investissement dans un fonds d'investissement

Il participe à la bonne gestion du portefeuille d'investissement du fonds, notamment en allant à la rencontre de PME et en analysant les projets d'investissement qui leur sont destinés (analyse stratégique, recherche d'informations sur les entreprises cibles...). Il assure aussi le suivi des participations.

Sa formation : Bac + 4/5.

Le chargé de financement de projet

Il assure l'interface entre les porteurs de projets et les investisseurs. Il réalise le montage financier du projet dont il analyse les risques et pour lequel il établit un prix de participation des investisseurs. Il se charge de faire approuver le modèle financier par les différentes parties. Pour cela, il doit analyser les aspects juridiques, financiers et fiscaux liés au projet.

Sa formation : école de commerce, d'ingénieurs avec spécialité finance, formation bac + 5 en droit, économie, gestion avec spécialité finance.

Les fabricants d'équipements

Il s'agit là d'entreprises spécialisées. Elles varient selon la branche :

- **Pour les éoliennes :** fabricants de mâts, de pales, génératrices, rotors, nacelles, et autres matériels. En 2019, une centaine d'entreprises sont spécialisées dans la fabrication de ces équipements ;
- **Pour l'hydroélectricité :** fabricants de turbines hydroélectriques ;
- **Pour le photovoltaïque :** fabricants de capteurs, de composants électriques comme les onduleurs, et d'éléments de couverture. On compte une quarantaine d'entreprises actives en France dans le segment des équipements électriques, et une dizaine sont présentes sur le marché des éléments de couverture ;

- **Pour les pompes à chaleur :** fabricants de compresseurs, condenseurs, évaporateurs, ballons. Du fait d'une demande fluctuante et relativement faible, l'activité est centrée autour de grands groupes ;
- **Bois-énergie :** fabricants de chaudières, d'appareils de chauffage (poêles, inserts) et divers équipements ;
- **Biocarburants de la filière essence :** dans l'industrie sucrière, il n'y a qu'un seul fabricant d'équipements liés à la production d'éthanol en France ;
- **Biogaz :** fabricants de machines, turbines et moteurs. En Europe, les principales entreprises du secteur de la méthanisation sont allemandes ou autrichiennes. On n'en compte qu'une seule en France ;
- **Solaire thermique :** fabrication de capteurs et de composants. Les principaux fabricants européens sont allemands.

Panneaux solaires : les principaux fabricants

Le marché de la production de panneaux solaires est largement dominé par les entreprises chinoises. Parmi celles-ci, 7 figurent dans le top 10 des fabricants en 2019, dont les 4 premiers. Selon l'Agence internationale de l'énergie (AIE), la Chine représentait plus de 50 % de la fabrication de panneaux solaires photovoltaïques en 2017.

Les constructeurs

Il s'agit des entreprises qui assurent la conception, l'achat d'équipements ainsi que la construction et la mise en service des centrales.

Il y a dans cette catégorie deux types d'acteurs :

- **Les contractants généraux,** qui ont en général la responsabilité de la conception, qui assurent l'achat des équipements principaux, ainsi que la coordination du chantier. Ce sont eux qui sont l'interface de la société de projet ;
- **Les sous-traitants,** qui sont en relation contractuelle avec le contractant général et prennent en charge les différents corps de métier d'un projet (génie civil, génie électrique, montage, mise en service, SCADA, etc.).

Le choix du ou des constructeurs est un facteur clé dans la réussite d'un projet, car l'intégration locale d'un projet dépend fortement du degré d'implication des entreprises locales dans la construction de la centrale. Un développeur engagé dans la transition écologique cherchera toujours à impliquer un maximum d'entreprises locales afin de favoriser l'emploi et l'acquisition de compétences dans le réseau du territoire dans lequel il opère.

Le conducteur de travaux

Il coordonne les travaux d'installation des centrales et s'assure du bon déroulement du chantier (conformité, respect des délais...) en organisant les moyens financiers, humains et techniques à sa disposition.

Ses missions : analyser les plans des architectes et des bureaux d'études, préparer et planifier les chantiers, gérer les approvisionnements, encadrer les ouvriers, veiller au respect du budget, assurer la qualité des installations...

Sa formation : Licence, BTS ou DUT en génie civil, génie électrique, école d'ingénieurs.

Le technicien en énergies renouvelables

Il est chargé de l'installation, de l'assemblage, de l'entretien et de la maintenance des équipements énergétiques.

Sa formation : BTS ou licence professionnelle d'électricien en installation des énergies renouvelables et dans la maintenance en lien avec le bâtiment.

Les exploitants

Les exploitants sont des entreprises chargées de la gestion de l'opération de la centrale, et donc du respect des engagements pris avec les autorités locales et centrales, les partenaires financiers et autres parties prenantes du projet. Les exploitants peuvent posséder, ou pas, une partie de l'actionnariat de la société de projet.

Les exploitants ont une équipe dont la mission est de s'assurer que les centrales à énergies renouvelables produisent de l'énergie au niveau attendu tout en respectant les autorisations, la réglementation et, en particulier, les normes de santé et sécurité.

Une partie de cette équipe supervise la production des centrales via les outils informatiques et assure l'interface avec les équipes de terrain qui réalisent les opérations de maintenance préventive et corrective (en cas de panne). Ils assurent aussi la bonne communication avec les partenaires financiers en ce qui concerne en particulier la production réelle de la centrale par rapport aux prévisions attendues en phase de structuration de projet, et avec les parties prenantes locales dans le cadre du respect des autorisations obtenues par la société de projet.

Le responsable d'exploitation de centrales

Il est chargé de la gestion des centrales éoliennes, solaires, ou des barrages et usines de production hydroélectrique à l'échelle d'un territoire.

Ses missions : optimiser, piloter et surveiller la production d'électricité, inspecter les équipements, analyser les données de contrôle de conformité fournies par les techniciens ou les capteurs, manager les équipes d'exploitation, gérer le budget d'exploitation, du stockage, rédiger les rapports.

Sa formation : diplôme d'ingénieur avec spécialisation selon la technologie.

L'ingénieur thermohydraulique

Pouvant exercer dans différentes technologies (solaire, hydroélectrique, éolien), il est chargé, en relation avec les services de sûreté, de développer des projets de production d'énergie et de réaliser des études sur certaines installations.

Ses missions : réalisation d'études d'ingénierie sur les réacteurs, étude des incidents, réalisation de rapports de fonctionnement et d'accident.

Sa formation : école d'ingénieurs avec spécialisation dans les technologies.

Le responsable qualité, sécurité et environnement (QSE)

Le responsable qualité, sécurité et environnement (QSE) prévient les risques professionnels et veille au respect des normes environnementales. Il contribue, en collaboration avec la direction générale, à la définition de la politique QSE de l'entreprise.

Ses missions : évaluer les risques, veiller au bon fonctionnement des centrales, trouver la source des incidents, améliorer la qualité de la production, mettre en place une politique RSE (limiter l'impact de l'entreprise sur l'environnement, former les employés au développement durable, installer des pratiques de tri des déchets, améliorer l'hygiène de vie au travail).

Sa formation : BTS, DUT ou master avec une spécialisation QSE/HSE (hygiène, sécurité, environnement).

Le technicien en génie civil

Il assure l'entretien et la réparation des machines, organise et supervise les travaux de maintenance.

Sa formation : Bac pro ou technologique, BTS, DUT ou CFPA en mécanique.

À ces métiers s'ajoutent des équipes aux fonctions transversales de support et d'accompagnement au développement, à la construction et à la maintenance des centrales : comptables et juristes (gestion des contrats, facturation, réponse aux demandes juridiques), ressources humaines, informatique, communication, etc.

DANS CE CHAPITRE

Les outils de financement

•

Les modèles de financement

•

La question de l'emploi

Chapitre 24
Le financement des énergies renouvelables

Le financement des énergies renouvelables est directement lié à une double ambition : assurer l'indépendance de la France et de l'Europe face aux importations d'énergie étrangère et accompagner la lutte contre le changement climatique. C'est pourquoi, depuis plus de trente ans, de multiples outils ont été mis à disposition des entreprises.

Les enjeux sont essentiels, de la protection de l'environnement à la souveraineté énergétique, et nécessitent de nombreuses formes de financement qui passent par le soutien des pouvoirs publics ou par l'appel classique au crédit bancaire. Du point de vue de l'entreprise, quelle forme de crédit privilégier ? Voilà l'objectif de l'analyse, qui révèle qu'une tendance de fond se dessine : l'importance de l'ancrage des projets d'énergies renouvelables au niveau local.

Historique du financement des énergies renouvelables

L'histoire des énergies renouvelables ne se résume pas à des innovations technologiques récentes et à l'énergie verte. Leur financement remonte en réalité à la première crise pétrolière en 1973.

Des années 1970 aux années 1980 : aux origines de l'énergie verte, le pétrole

Tout commence donc dans les années 1970, les années du pic de production du pétrole américain, qui met fin à l'autosuffisance énergétique du pays. Pour assurer leurs besoins énergétiques, les États-Unis sont désormais contraints d'importer du pétrole produit par des puissances étrangères.

Ce renversement des rapports de force en faveur des pays producteurs, qui peuvent ainsi influencer le cours du dollar et les possibilités d'exportation, a une incidence directe sur le marché européen. En témoigne la poussée d'importation de fioul vers les États-Unis en janvier-février 1970, qui eut pour effet de doubler le prix du pétrole en Europe.

En réaction à cette situation, dans différents pays européens, des fonds sont débloqués pour la recherche de systèmes alternatifs de production d'énergie. Les énergies renouvelables vont à ce titre jouer un rôle stratégique.

En France est créé en 1978 le Commissariat à l'énergie solaire. Cette initiative s'inscrit alors dans le renforcement de l'autonomie énergétique du pays. Ainsi, à la fin des années 1970, selon le degré de conviction, on espère que les applications solaires pourront représenter rapidement 5 % à 25 % des besoins énergétiques de la France[24].

Cette recherche se poursuit durant les années 1980, qui voient la naissance des énergies renouvelables, portées par les aides publiques. Le premier financement, dédié aux énergies renouvelables et à l'environnement, voit le jour en 1980, avec la Sofergie (société de financement des énergies).

---

24 Archives nationales, Commissariat à l'énergie solaire (COMES) (1972-1983), répertoire (20010454/1-20010454/42) ; https ://www.siv.archives-nationales.culture.gouv.fr/

L'ère du financement bancaire s'ouvre également, parallèlement à l'apparition des premières usines, au début des années 1990, avec la production en série d'installations d'énergies renouvelables. Un des symboles de cette période est l'inauguration, en 1999, de la première éolienne de grande puissance (750 kW), de conception entièrement française, la J48 de Jeumont Industries. Se pose alors spontanément la question du financement privé de ces installations et de ces entreprises éco-innovantes.

D'autres instruments sont construits depuis la fin des années 1980, permettant de distinguer trois grandes périodes dans le financement, qui correspondent donc à trois grands stades d'évolution du marché.

De 1990 à 1999 : le temps des pionniers

Dans les années 1990 apparaissent les premiers financements verts, en Europe et dans le monde, pour accompagner le démarrage du marché des énergies renouvelables dans un contexte sociétal favorable à la première vague d'économie verte. Cette vague est portée initialement par les banques locales via une offre et une démarche d'accompagnement *ad hoc*.

Les premiers crédits bancaires verts sont créés en France en 1990 par la Banque Populaire dans le Haut-Rhin. Mouvement emblématique de cette période, l'ouverture de banques vertes spécialisées, comme la GLS Bank en Allemagne, qui ouvre en 1974 et fait office de pionnière, mais aussi la banque Triodos, aux Pays-Bas, ou la NEF, en France, en 1989.

Le frein du risque

Mais les banques sont très vite confrontées à une difficile évaluation du risque : un risque lié au financement d'installations innovantes, relevant d'une technologie très avancée et portée par de jeunes entreprises, qui plus est positionnées sur un marché naissant, donc sans retour d'expérience quant à sa fiabilité. Bref, financer ces équipements paraît beaucoup plus risqué que prometteur et c'est un frein au développement. Cet attribut collera longtemps à la peau des acteurs des énergies renouvelables.

Dès lors, le financement s'accompagne d'une structuration de l'analyse du risque vert en Europe. En Suisse, une loi fédérale votée en 1993, soit un an après la

Conférence de Rio[25], impose à partir de 1995 une analyse systématique du risque écologique pour tout crédit aux PME de plus de 200 000 francs suisses de l'époque.

Le développement des fonds de garantie

Parallèlement à cela, les autorités cherchent à faciliter ces financements privés en réduisant le risque. Le déploiement des fonds de garantie publics est le premier outil utilisé. Leur principe est de garantir une partie (50 %, dans la majorité des fonds) des crédits bancaires verts octroyés au client : si un client bénéficie d'un crédit bancaire vert, la banque sait que 50 % de ce crédit lui seront remboursés si le client est défaillant. Le fonds de garantie SAF-Environnement pour le financement de la géothermie profonde, créé dès 1980 et actif dans cette décennie, en est une illustration. En 1996, le Fonds européen d'investissement (FEI) lance la première ligne de crédit vert pour les banques, avec une garantie gratuite à 50 %.

Cette décennie permet aux banques de développer la culture du risque « vert » dans leurs pratiques. Cela contribue à générer une vraie dynamique du financement vert en Europe et à faire du continent un chef de file de cette pratique : ainsi, au milieu des années 1990, deux tiers des banques les plus actives en matière d'environnement sont européennes. Cependant, en volume, les financements verts ne permettent pas d'atteindre les ambitions des pays européens en termes d'autonomie énergétique, car la période est marquée par un prix du pétrole bas et stable, qui vient concurrencer cette dynamique.

De 2000 à 2009 : le temps de la structuration

Cette nouvelle décennie est marquée par une remontée des prix du pétrole, jusqu'à leur point culminant lors de la crise financière de 2007. Cela relance donc le besoin des pays de mobiliser un déploiement des énergies renouvelables.

Pour l'Europe, la préoccupation reste sa dépendance à l'énergie importée, qu'elle juge critique, comme le montre le livre blanc qu'elle publie en 1997. La Commission européenne y résume le rôle stratégique des énergies renouvelables : « La dépendance de l'UE vis-à-vis des importations d'énergie représente déjà 50 % de sa consommation et devrait se renforcer au cours des prochaines années si aucune mesure n'est prise, atteignant 70 % en 2020. C'est en particulier le cas pour le pétrole et le gaz qui proviendront de sources de plus en plus éloignées de l'Union, ce qui comporte souvent certains risques géopolitiques. La sécurité de

25 La Conférence des Nations unies sur l'environnement et le développement a eu lieu en juin 1992 à Rio de Janeiro.

l'approvisionnement retiendra donc de plus en plus l'attention. Étant indigènes, les sources d'énergies renouvelables auront un rôle important à jouer dans l'abaissement du niveau des importations d'énergie, avec les effets positifs que cela entraînera pour la balance extérieure et la sécurité de l'approvisionnement[26]. »

La directive européenne de 2001

Une fois les premières réponses techniques et industrielles élaborées, encore faut-il en soutenir le déploiement. Ce sera l'objet de la première directive européenne de promotion des énergies renouvelables, publiée en 2001[27]. Elle fixe un objectif de 22 % des consommations d'électricité à l'échéance de 2010, et une organisation pour suivre cet objectif.

Surtout, cette promotion des énergies renouvelables profite de la libéralisation croissante des marchés des énergies de réseau. Cette libéralisation, souhaitée par l'Europe, doit permettre de faciliter l'accès au marché pour de nouveaux fournisseurs, en particulier ceux d'énergies renouvelables. Plusieurs mesures et projets ouvrent la voie à la production massive de ces énergies. Et d'abord grâce à un élargissement des sites de production d'énergie verte. En effet, jusque-là, les installations de production étaient réservées aux sites isolés, comme les refuges en montagne. Par anticipation, en 1999, un projet européen nommé HIP HIP développe les premières installations d'énergies renouvelables dites « raccordées réseau ».

La vente d'énergies renouvelables favorisée

Dans un second temps, c'est la vente d'énergies renouvelables qui est facilitée. La loi du 10 février 2000, relative à la modernisation et au développement du service public de l'électricité, instaure ainsi l'obligation d'achat d'énergies renouvelables produites et introduites dans les réseaux de distribution d'énergie.

En 2002 est publié le premier arrêté tarifaire fixant le prix sur de longues périodes. Ce tarif d'achat sera revu périodiquement et deviendra de plus en plus avantageux jusqu'à 2009.

Ces décisions ont un impact considérable du point de vue financier pour les producteurs d'énergies renouvelables. Elles confèrent une rentabilité aux investissements, qui intéressent désormais les particuliers, les PME, les fonds d'investissement, mais aussi les banquiers, prêts à financer ce marché. Symptôme de cette attention récente portée aux énergies renouvelables : la puissance

---

26 Livre blanc établissant une stratégie et un plan d'action communautaires.
27 Directive 2001/77/CE.

cumulée des applications photovoltaïques raccordées au réseau installé en France devient, en 2005, plus importante que celle des sites isolés.

Un prêt à 0 %

Dans ces conditions, au début de la décennie, on assiste à une première massification du financement du marché des énergies renouvelables.

Ce développement est d'abord porté par les dynamiques de marchés locaux et nationaux, constitués essentiellement de PME. Il incite les pouvoirs publics à s'appuyer sur les banques – au premier rang desquelles les banques coopératives et publiques – pour mettre en place un circuit de financement adapté : livrets verts, prêts verts, garanties publiques sur les prêts.

Ce savoir-faire est reconnu lors du Grenelle de l'environnement en 2007, avec un rapport sur la contribution des banques à la croissance verte, axé sur les outils bancaires de proximité. L'emblème de cette période sera la sortie de l'écoPTZ en 2009, le premier prêt à 0 % pour financer les équipements verts des ménages.

Dans ce domaine, la France fait partie des trois pays « leaders » dans le monde, avec les Pays-Bas (Rabobank) et l'Allemagne (KfW via les réseaux Sparkassen et Volsbanken).

L'Europe s'affirme également comme le continent le plus expérimenté dans le financement des énergies renouvelables. Cette expérience se diffuse à l'international au gré des coopérations, comme en 2008, avec le crédit vert bancaire français présenté aux banques chinoises.

Des livrets d'épargne verts

À l'issue de ce premier développement du financement, de nouveaux produits de financement seront construits pour accompagner l'accroissement du marché.

Ce fut le cas des dépôts bancaires privés locaux et à faible rémunération, sous la forme de livrets d'épargne verts. La marge dégagée par le paiement de taux d'intérêt moins élevés aux détenteurs de ces comptes privés est répercutée par la banque, sous la forme de taux réduits, sur l'investisseur dans le domaine des sources d'énergies renouvelables.

Ce sera la naissance, dès 1999 en France, des livrets d'épargne verts, comme le livret CODEV'air dont les sommes collectées seront fléchées sur les crédits verts, dont ceux destinés à la promotion des énergies renouvelables. Cet exemple, comme d'autres en Europe, influencera l'orientation du livret CODEVI en livret de Développement durable en 2006.

Ce fut le cas aussi en 2003, avec le fonds de capital investissement public/privé FIDEME pour accélérer les investissements dans le domaine des énergies renouvelables et des filières de recyclage et de valorisation des déchets. L'objectif de ce fonds était de donner confiance aux investisseurs en capital en prouvant le sérieux de cette filière. Le fonds fut un succès et continue d'exister sous une forme entièrement privée et sous le nom d'Eurofideme.

L'envolée des marchés

Vers la fin de la décennie, cette dynamique bancaire est relayée par les activités de finance et de marchés spécialisés. Mi-2008, les investissements mondiaux dans les secteurs des énergies renouvelables et de l'efficacité énergétique atteignent le chiffre record de 155 milliards de dollars, en hausse de 5 % par rapport à 2007.

De 2003 à 2008 se produit une véritable envolée des marchés : la production totale de produits verts a été pratiquement multipliée par dix, avec des taux de croissance annuels compris entre 40 et 80 %[28]. Cette conjoncture favorable incite les banques de marché à créer des équipes ou des outils pour suivre spécifiquement ces produits. Ainsi, la Société Générale créera en 2006 le *World Solar Energy Index*[29], indice boursier composé des plus grandes sociétés dans les domaines de l'énergie photovoltaïque et des applications thermiques solaires.

Fin 2008, la crise financière et économique met un terme à cette dynamique.

De 2010 à nos jours : le temps de l'internationalisation

La nouvelle décennie marque le début de la course à la protection de l'environnement, dans laquelle vont se lancer de grands groupes industriels.

La crise de 2009

La crise économique de 2009 crée une situation paradoxale. D'un côté, elle touche de plein fouet le marché des énergies renouvelables. Les filières les plus dynamiques, comme le photovoltaïque, qui s'étaient endettées pour augmenter leurs

28 *PV Status Report 2009*.
29 https://sgi.sgmarkets.com/fr/index-details/TICKER:SOLEX

capacités de production, sont confrontées à un trou d'air de la demande et à une forte montée de la concurrence chinoise, et se retrouvent en surcapacité de production. Cela laissera des traces profondes dans le tissu des PME de la filière, avec de nombreuses restructurations, le déclin de la production nationale et une chute de l'emploi vert.

D'un autre côté, la crise arrive en plein pic du prix du pétrole conventionnel dans le monde. À partir de 2009, un mouvement de bascule s'opère, entre une baisse des marges de rentabilité de la filière pétrolière et, comparativement, la montée en rentabilité des énergies renouvelables et de l'efficacité énergétique.

Sur la période 2010-2020, le pétrole de schiste va être exploité en relais du pétrole conventionnel pour répondre à la demande mondiale, mais avec des rentabilités très décevantes, ne pouvant contrecarrer l'attractivité des énergies renouvelables pour les investisseurs.

La *green race* et le *green bond*

Une période de compétition économique internationale, dite « *green race*[30] » s'ouvre alors, transformant profondément le marché, les acteurs et la nature des outils de financement utilisés. Le leitmotiv dans cette compétition est d'aller plus vite et plus grand.

Ce changement d'échelle a deux conséquences notables. D'une part, il met en lumière l'intérêt croissant que suscite le renouvelable dans des groupes industriels et énergétiques à l'origine très conservateurs, qui rentrent sur un marché principalement occupé jusqu'alors par des PME pionnières. D'autre part, cela conduit au développement d'outils financiers de marché dédiés aux énergies renouvelables, complétant l'offre de financement proposée jusqu'alors par les outils bancaires de crédit et de garantie. Le nouvel emblème de ce changement est le « *green bond* » ou « obligation verte », qui permet aux grands projets verts d'emprunter sur les marchés et non plus directement via les banques.

30 « The Muddle over Green Race », également publiée dans les collections Iddri (*Studies* n° 01/12, Tancrède Voituriez & Bettina Balmer).

La finance climat

Les pouvoirs publics mettent également en avant l'innovation financière afin de soutenir les investissements privés bas carbone, en réponse à leurs contraintes budgétaires et à la compétitivité des énergies renouvelables.

La finance s'impose progressivement comme l'outil essentiel employé par les acteurs privés et publics pour accompagner le développement de l'économie bas carbone. Objectif prioritaire au sommet de Copenhague en 2009, elle est consacrée lors de la COP21 à Paris en 2015 avec le terme « finance climat ».

La question de l'ancrage local

À retenir

Le déploiement rapide des énergies renouvelables sous forme de grands parcs a généré une situation paradoxale : d'un côté, les Français dans leur ensemble étaient favorables à ce type d'énergie, de l'autre, on assistait à une augmentation des recours juridiques et à une gronde des citoyens et des élus locaux contre ces installations. La cause : l'absence d'un ancrage local de l'entreprise en charge du projet, le plus souvent détenue par des structures financières non locales, et un déséquilibre des retombées économiques au détriment de la collectivité.

Deux mesures correctrices furent prises pour améliorer la participation des populations locales et des autorités locales à des projets en matière d'énergies renouvelables.

Le rôle des plateformes de *crowdfunding*

La première mesure a été la reconnaissance, en 2014, des plateformes de *crowdfunding*[31]. Il s'agit de plateformes en ligne permettant de mobiliser l'épargne de particuliers sur des projets d'investissements locaux.

Certaines plateformes spécialisées dans les énergies renouvelables ont le statut de conseiller en investissements participatifs.

Au-delà de leur pertinence en tant qu'outil de financement, ces mécanismes et la présence de citoyens dans les organes de gestion des sociétés de projet

31 Ces plateformes ont soit un statut de conseiller en investissements participatifs (CIP), soit d'intermédiaire en financement participatif (IFP) : les plateformes ayant le statut de CIP proposent sur leurs sites Internet d'investir dans des projets par le biais de souscriptions à des titres financiers (actions de sociétés, obligations ou parts ou actions de fonds d'investissement) ; les plateformes ayant le statut d'IFP proposent d'investir dans des projets sous forme de prêts (avec ou sans intérêt) ou de dons.

permettent de réaliser les engagements du projet vis-à-vis des populations locales (respect de l'implantation, partage des revenus...).

Ainsi, l'importance du *crowdfunding* est aussi reconnue par les pouvoirs publics : par exemple, les appels d'offres sur les énergies renouvelables de la Commission pour la régulation de l'énergie bénéficient depuis 2016 d'un « bonus participatif » lorsqu'ils incluent une participation financière de citoyens habitant à proximité des installations. Jusqu'à présent, ce bonus sur l'achat d'énergie est de 3 euros par MWh pour le financement participatif, afin d'inciter le porteur de projet à associer les habitants aux projets d'énergie près de chez eux.

Les sociétés d'énergies renouvelables

La seconde mesure pour renforcer l'ancrage local des projets a été d'associer la collectivité territoriale, représentée par des citoyens, au capital d'une société d'énergies renouvelables, aux côtés des investisseurs classiques.

Les communes, les regroupements de communes, mais aussi les départements et régions peuvent participer « au capital d'une société anonyme ou d'une société par actions simplifiée dont l'objet social est la production d'énergies renouvelables par des installations situées sur leur territoire ou sur des territoires situés à proximité et participant à l'approvisionnement énergétique de leur territoire »[32].

De plus, les sociétés d'économie mixte locales, ou les sociétés coopératives « constituées pour porter un projet de production d'énergie renouvelable peuvent, lors de la constitution ou de l'évolution de leur capital, en proposer une part aux personnes physiques, notamment aux habitants dont la résidence est à proximité du lieu d'implantation du projet ».

En conséquence, de nombreuses collectivités ont créé leur propre structure d'investissement local ou régional. Cela constitue une nouvelle trame d'investissement public utile pour des porteurs de projets indépendants.

32 Loi n° 2015-992 du 17 août 2015 relative à la transition énergétique pour la croissance verte, art. 109, modifiant le Code général des collectivités territoriales, art. 2253-1.

Figure 24-1 Carte des fonds d'investissement locaux en énergies renouvelables

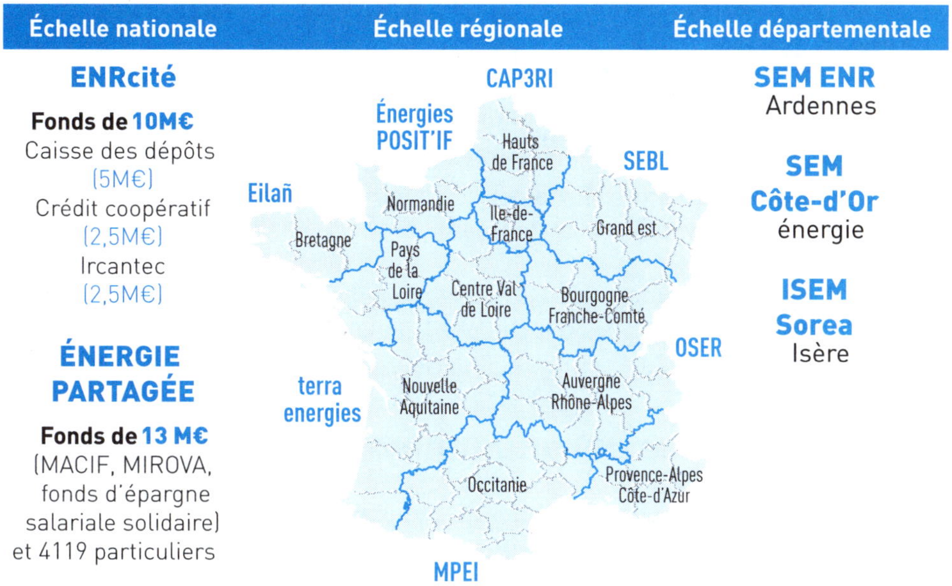

La finalité de ces outils

Ces nouveaux outils de *crowdfunding* dédié aux énergies renouvelables et ces structures en capital des collectivités visent à rétablir une gouvernance locale des projets d'énergies renouvelables à travers la maîtrise du capital et à augmenter la richesse partagée, notamment en abaissant le coût du capital autour de 5-7 %.

Ainsi est née une nouvelle organisation de l'investissement dans les énergies renouvelables avec, pour l'avenir, un retour du rôle bancaire dans le financement de ces projets locaux.

Quels outils de financement ?

Se pose désormais la question des garanties en matière de financements et d'assurance de la filière.

Le financement par les aides publiques (directes-indirectes)

Le besoin des pouvoirs publics de réaliser des économies budgétaires depuis la crise économique de 2009 et l'amélioration de la compétitivité des énergies renouvelables par la forte baisse de leurs coûts ont changé le visage du soutien des pouvoirs publics à cette filière.

Les outils de subvention directe et de défiscalisation importante ont progressivement été remplacés par des outils plus en phase avec les pratiques de marché afin d'assurer l'autonomie économique des énergies renouvelables.

La Banque européenne d'investissement (BEI)

La Banque européenne d'investissement (BEI), organisation à but non lucratif, est l'institution de financement de l'Union européenne. Détenue par les États membres, elle est le premier prêteur multilatéral et le principal bailleur de fonds de l'action en faveur du climat dans le monde.

La BEI, qui se procure des fonds en émettant des obligations sur les marchés internationaux de capitaux, apporte des financements aux secteurs public et privé.

Depuis 2012, elle a mis à disposition 150 milliards d'euros de financements qui ont soutenu 550 milliards d'euros d'investissements connexes. En 2015, la banque a renforcé son engagement en faveur de la lutte contre le changement climatique en proposant 100 milliards d'euros aux projets soutenant l'action climatique à l'horizon 2020. En 2019, elle s'est fixé comme objectif de mobiliser 1000 milliards d'euros d'investissements à l'appui de l'action pour le climat et l'environnement d'ici à 2030.

Le soutien financier aux énergies renouvelables se fait par prêts, garanties, investissements en fonds propres, soit au niveau des entreprises, soit par le biais de fonds d'infrastructures ou de fonds environnementaux.

L'assurance

Aujourd'hui, l'Europe, où a pris naissance le marché du photovoltaïque, n'occupe plus que 10 % des parts de marché au niveau mondial, dominé aujourd'hui par la Chine[33].

Le facteur bancaire et assurantiel a joué un rôle déterminant dans cette évolution du marché.

La filière photovoltaïque s'est développée en France sans que soit anticipée la couverture en assurance de la filière pour la fiabiliser. Cela a d'abord freiné les acteurs locaux dans leur développement, et donc la croissance du marché local. Par exemple, l'assurance « responsabilité civile professionnelle » des électriciens n'avait pas été adaptée pour leur permettre d'évoluer sur les toitures et poser les panneaux photovoltaïques.

Cette question a ensuite handicapé plus généralement les acteurs nationaux face à des concurrents étrangers qui apportaient des lettres de garanties financières de banques étrangères et des assurances sur leurs projets.

Important

Aujourd'hui encore, malgré la multitude de rapports et de propositions pour soutenir le marché du photovoltaïque et, plus largement, les filières de la croissance verte, la question de l'assurance n'est toujours pas traitée, elle est même devenue un point de blocage fin 2017. L'Agence Qualité Construction (AQC) a inscrit un moratoire sur l'assurance des installations photovoltaïques intégrées en toiture (BIPV) par manque de fiabilité du marché, privant de nombreux professionnels de la possibilité de s'assurer.

Un peu de technique

Ce moratoire empêche l'assurabilité dont bénéficient automatiquement les produits sous ATec (Avis Technique délivré par le CSTB) ou équivalents. Les solutions BIPV doivent avant tout passer en C2P (Commission Prévention Produits de l'AQC, constituée d'assureurs), qui ne se limite pas à l'avis formulé par le CSTB, mais nécessite une inscription sur la « Liste Verte » de l'AQC avant d'envisager toute installation. Cette exigence rend encore plus longue et complexe la mise sur le marché des produits BIPV.

---

33 La Chine ressort comme dominant le marché photovoltaïque à l'aune de l'usage du premier instrument de la puissance considérée dans l'étude TARANIS de mars 2016 « La mobilisation de politiques publiques et de l'investissement ».

Aussi, la filière hydrogène vert empruntant la même voie que celle du photovoltaïque, la question des garanties financières des PME et celle de l'assurabilité des équipements, des procédés de mise en œuvre, d'analyse des modes de défaillance, de leurs effets et de leur criticité pour une veille de la sinistralité doivent-elles être anticipées ? Générer la confiance dans ce marché implique de sécuriser la relation entre professionnels et banquiers dans les investissements verts locaux.

Les modèles de financement des projets

Le financement de projets est la solution la plus couramment présentée pour soutenir des équipements d'énergies renouvelables. Les modalités varient. Cependant, dans tous les cas, l'élément central dans le financement reste la question des fonds propres (part de l'investissement en capital apportée par le développeur et/ou des partenaires financiers, par opposition aux prêteurs sous forme de dette), qui conditionnent la capacité d'une entreprise à développer des projets sur son activité propre ou à préférer les développer via des « sociétés-projets », si elle manque de fonds propres. En outre, la rentabilité des fonds propres est le facteur le plus important du coût de l'énergie vendue et du partage de la richesse générée par une installation d'énergies renouvelables.

La société de projet

Il s'agit d'un mode de financement du développement ou du fonctionnement d'un projet identifié et non porté au sein de la société d'énergies renouvelables. L'approche consiste à s'intéresser davantage au projet en lui-même qu'à la santé financière de l'actionnaire ! Dans ce cas, une société de projet, ou SPV (*Special Purpose Vehicule*), est créée pour porter l'installation à laquelle tous les droits et obligations sont transférés. Elle est propriétaire du projet et de la centrale alimentée par les énergies renouvelables lorsqu'elle est construite, et perçoit les recettes du projet.

Le financement de projet repose donc sur les « revenus futurs » qui vont être générés par le projet, objet du financement. Il s'agit en pratique de recueillir des fonds pour un investissement dont le remboursement sera réalisé sur les recettes de vente d'énergie verte issue du projet. Un tel montage donne à l'entreprise la possibilité d'isoler le projet du reste de ses activités commerciales d'énergies renouvelables et de limiter ainsi son apport en capitaux propres.

Figure 24-2
Les parties prenantes dans une société de projet

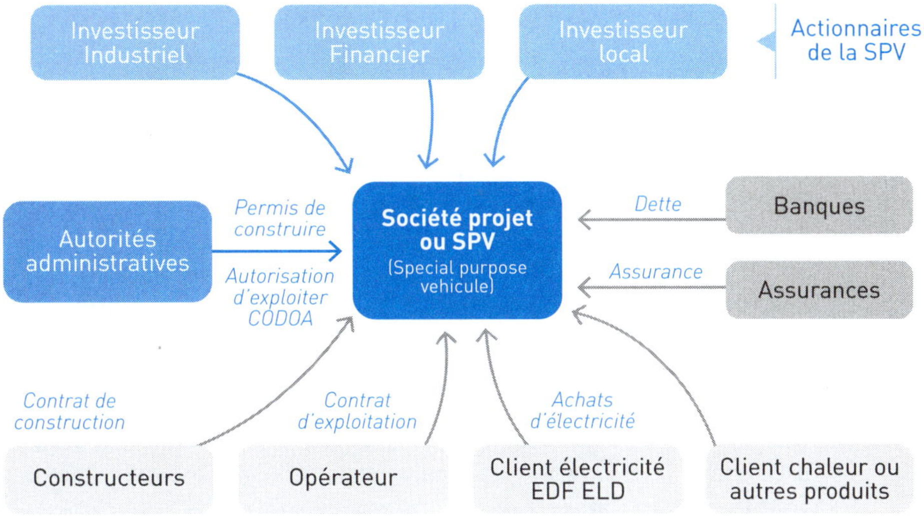

Important

Le financement de projet est souvent décrit comme un « financement sans recours », car la banque ne dispose en principe d'aucun « recours » à l'encontre des associés : en cas de défaillance de l'emprunteur, le prêteur ne pourra faire valoir ni garantie, ni cautionnement ou obligation solidaire des associés afin qu'ils paient en lieu et place de l'emprunteur défaillant : la banque dispose seulement de garanties ou sûretés sur les actifs de l'emprunteur, et éventuellement sur les actions ou parts composant son capital, mais ne peut pas faire jouer des garanties personnelles des associés de l'emprunteur.

Selon l'IFC, le recours limité à la société mère, c'est-à-dire celle qui porte le projet, oblige les prêteurs à vérifier qu'une source de revenus solide découle du projet. Ils entreprendront à cette fin un audit préalable approfondi du projet afin de s'assurer de sa capacité à honorer le remboursement de l'emprunt. À savoir, un examen technique, juridique et assurantiel pointu du projet ainsi que de tous les contrats associés. On le comprend, le financement de projet est un processus de financement long et coûteux en procédures.

Un compte de réserve dédié au service de la dette est souvent nécessaire (généralement six mois de service de la dette), l'objectif étant d'assurer au maximum la couverture des échéances de la dette. Généralement, les prêteurs exigent également des engagements visant à empêcher que les actionnaires perçoivent des dividendes quand les ratios de service de la dette passent sous un seuil spécifique.

Le financement de l'entreprise d'énergies renouvelables

Il s'agit de financer l'entreprise dans son ensemble, avec ses diverses activités (commerciales, d'exploitation) et ses différents projets, dont le nouveau projet d'énergies renouvelables qui nécessite de solliciter un crédit supplémentaire auprès de la banque.

L'octroi de ce crédit d'investissement à l'entreprise est conditionné à la structure de ses fonds propres et à sa capacité de remboursement. Deux éléments majeurs seront pris en compte : la rentabilité de ses fonds propres et le coût du capital.

Dans ce cas, l'entreprise finance des installations d'énergies renouvelables à partir de son bilan financier et des capitaux qu'elle apporte elle-même. Ce financement repose sur l'analyse des bilans et de la solvabilité financière de la société qui emprunte : ainsi, les lignes de crédit accordées dans le cadre d'un financement d'entreprise dépendent du respect de certains chiffres ou « ratios » calculés sur la base des bilans de l'emprunteur.

Ce modèle est celui que l'on rencontre le plus fréquemment dans les projets de production indépendante, soit pour une installation dédiée à l'entreprise elle-même (un hôtel dans un moulin qui investirait dans une turbine hydroélectrique pour ses propres besoins ou pour son compte propre), soit pour des projets régionaux, la taille des projets étant, en ce cas, limitée par la taille des fonds propres que l'entreprise peut soutenir.

Ce type de financement est également utilisé par des entreprises pour des projets de plus grande envergure, dans des économies de culture bancaire forte (Japon, Allemagne et Europe généralement) et qui ne disposent pas d'une grande tradition de financement hors bilan.

Trois questions à Philippe Zaouati

Philippe Zaouati est directeur général de la société de gestion Mirova, dédiée à l'investissement durable, conférencier à Sciences Po, cofondateur et président du laboratoire d'idées Osons le Progrès. Il est également co-contributeur du rapport « Canfin-Zaouti » issu de la mission confiée par le ministre de l'Économie et des Finances et le ministre de la Transition écologique dans le cadre des travaux de la Commission AcTE (Accélérateur pour la transition écologique).

Les énergies renouvelables sont plutôt bien financées en Europe. Peut-on faire mieux ?

On finance bien les projets d'énergies renouvelables matures, notamment l'éolien terrestre et le solaire, parce que ce sont désormais des projets rentables, mais cela n'était pas le cas il y a cinq ou dix ans, et il a fallu innover à l'époque pour accompagner ces projets.

Aujourd'hui, il reste difficile de financer de nouvelles technologies moins matures, mais également le déploiement massif de la transition énergétique et écologique, le passage à l'échelle des projets de méthanisation agricole, l'installation de bornes de recharge électrique ou à hydrogène, la rénovation thermique des logements. C'est vrai aussi pour le développement de l'agroécologie. Pour réussir cela, nous avons besoin d'une utilisation plus intelligente de l'argent public.

C'est ce que vous avez proposé dans le rapport que vous avez rédigé avec Pascal Canfin ?

Oui, dans le rapport qui nous avait été commandé par Nicolas Hulot et Bruno Le Maire, nous avons proposé d'utiliser l'argent public pour mobiliser l'investissement privé, c'est ce qu'on appelle un « effet de levier ». Pour chaque euro investi par l'État ou les collectivités locales, il faut réussir à attirer 10 euros d'investissement privé. Pour cela, l'argent public doit « dérisquer » les projets, apporter des garanties lorsque les technologies ne sont pas suffisamment matures ou lorsque le passage à l'échelle ne se fait pas suffisamment vite. Ce fut le cas au tout début de l'éolien en France, avec le fonds Fideme, dans lequel l'Ademe avait apporté une garantie pour sécuriser la rentabilité des investisseurs privés.

Où en est-on aujourd'hui ?

Le besoin de collaboration entre politiques publiques et investissement privé est encore plus d'actualité, mais c'est au niveau européen que ce mécanisme va se développer. Le Green Deal *de la Commission européenne et le plan de relance post-coronavirus sont des opportunités pour accélérer les investissements dans les énergies renouvelables et la transition écologique. Il est essentiel que les banques et les investisseurs soient incités à accompagner cette transformation. Cela passera notamment par une évolution de la régulation bancaire et par plus de transparence pour que les épargnants puissent vraiment choisir l'utilisation de leur argent.*

Partie 6

Les grands enjeux des énergies renouvelables

Dans cette partie...

Si les énergies renouvelables gagnent indubitablement du terrain, ces technologies ont des répercussions à tous les niveaux, qui sont autant de défis à relever. Sur le plan environnemental, produire des énergies renouvelables, notamment l'éolien et l'hydroélectricité, requiert des métaux et des technologies qui peuvent être dommageables à la biodiversité. Se pose aussi le problème des conflits d'usage de l'espace pour exploiter la biomasse et le solaire. Dernier impératif, et non des moindres, la nécessaire décentralisation et l'accès à l'énergie pour tous.

DANS CE CHAPITRE

La variabilité des énergies renouvelables électriques

•

Les perspectives

•

La disponibilité des ressources

•

La maîtrise de l'impact sur la biodiversité

Chapitre 25

Enjeux et solutions pour les énergies renouvelables

L'intermittence des énergies renouvelables électriques

La production de certaines énergies renouvelables est intrinsèquement liée aux phénomènes météorologiques naturels. Ainsi, la production d'énergie solaire varie selon le cycle journalier du soleil, tandis que la production éolienne dépend des conditions de vent. Répondre à chaque instant à la demande d'électricité par une offre équivalente constitue l'un des défis majeurs pour accélérer le développement des renouvelables et permettre ainsi leur intégration dans le réseau électrique national. Or, les moments de production ne sont pas nécessairement les moments de consommation. Il faut pouvoir anticiper ! Ces profils de production des énergies renouvelables, qui dépendent majoritairement de la météo, sont toutefois très prévisibles, avec une précision qui s'améliore plus on se rapproche de l'instant T. C'est pourquoi certains préfèrent parler de variabilité de la production plutôt que d'intermittence.

Si les panneaux solaires ou les éoliennes ne produisent pas 100 % du temps, le foisonnement des différentes énergies renouvelables, la complémentarité de leur système et la bonne utilisation de la flexibilité de la demande sont autant de moyens qui permettent de pallier cette limite.

Selon le ministère de la Transition écologique, pour équilibrer en temps réel les niveaux de production et de consommation sur le territoire et gérer l'intermittence, le système électrique dispose de cinq leviers complémentaires.

Le stockage

Stocker l'énergie lors des pics de production pour la restituer au moment où la demande est forte permet de lisser la charge sur le réseau électrique et constitue donc un allié indispensable pour l'intégration des sources d'électricité renouvelable dans le système électrique.

Dans les barrages, les batteries, ou par vecteur hydrogène, par exemple, les différentes technologies disponibles permettent de s'adapter aux besoins, notamment en stockant la production solaire du jour pour une utilisation à la nuit tombée (stockage journalier), ou l'énergie produite en été pour une utilisation en hiver (stockage saisonnier).

Le pilotage de la demande

Les effacements diffus et industriels permettent de déplacer la consommation des périodes de forte consommation vers celles de forte production renouvelable, cela pour éviter les pics de demandes.

Certains gros consommateurs industriels stoppent leur production pendant les pics de consommation, pour permettre le rééquilibrage du réseau. Cette pratique de l'effacement pourrait s'étendre aux particuliers, notamment grâce aux compteurs électriques communicants qui permettraient de gérer la demande de manière dynamique : c'est l'effacement diffus.

Les effacements de consommation

« Un effacement de consommation consiste à réduire temporairement la consommation d'électricité d'un site par rapport à sa consommation normale, sur une base volontaire. Les fournisseurs et certains opérateurs spécialisés proposent ainsi à leurs clients (les particuliers ou les industriels) des solutions techniques pour "mettre en pause" pendant quelques minutes ou quelques heures certains de leurs équipements dont la consommation est flexible (exemples : cellules électrolytiques, fours industriels ou, pour les particuliers, radiateurs, ballons d'eau chaude, climatiseurs). » *(Source : ministère de la Transition écologique)*

Au-delà de l'effacement diffus, le pilotage de la demande est également un levier majeur de flexibilité du système électrique : il consiste à donner des signaux aux consommateurs pour qu'ils activent certaines consommations quand cela est utile pour le réseau électrique. Il s'agit par exemple des signaux heure creuse/heure pleine, activée par le gestionnaire de réseau ENEDIS, qui permettent aujourd'hui à un certain nombre d'usage électrique (les ballons d'eau chaude sanitaire) de se mettre automatiquement en route la nuit, lorsque la production nucléaire est importante et la demande d'électricité est faible. Demain, avec le développement important du photovoltaïque et de l'éolien, des heures creuses pourraient être plus fréquentes et advenir en pleine journée. C'est une opportunité pour pouvoir activer des consommations flexibles, comme la recharge des véhicules électriques.

L'interconnexion des réseaux électriques en Europe

Le système électrique français est connecté au réseau de chaque État membre de l'Union européenne, limitrophe, ainsi qu'à ceux du Royaume-Uni et de la Suisse. C'est l'Union de l'énergie, projet lancé par la Commission européenne en 2015 : « L'objectif de ce grand chantier est de favoriser les échanges énergétiques afin de réduire la dépendance de l'Europe aux importations de gaz. » Les interconnexions permettent de profiter du foisonnement de la production d'énergies renouvelalbles au niveau européen.

Selon la Commission, dès 2020, chaque État membre devrait pouvoir transporter 10 % de l'électricité qu'il produit vers un pays voisin et 15 % à l'horizon 2030, grâce notamment au soutien des « Projets d'infrastructures d'intérêt commun ». En 2019 a ainsi été lancé le projet *Celtic Interconnector* entre la France et l'Irlande. Il prévoit le déploiement d'une ligne électrique à courant continu d'une puissance de 700 MW et d'une longueur de 575 km sous la mer. Les travaux de construction devraient commencer en 2023.

L'autoconsommation/autoproduction

L'autoconsommation consiste à consommer l'énergie que l'on produit soi-même. Par exemple, l'installation d'une toiture photovoltaïque sur sa maison permet de couvrir la majorité des besoins électriques d'une famille (hors chauffage).

Le déploiement de l'autoconsommation présente plusieurs avantages : pour les particuliers, il permet une plus grande autonomie et une réduction de la facture énergétique. En cas de surproduction, l'énergie peut même être revendue sur le réseau.

Pour le réseau, cela constitue un levier de flexibilité à condition qu'elle s'accompagne d'un pilotage de la demande, en sollicitant ou non l'électricité produite par les particuliers selon les besoins du réseau. Ainsi, cela pourrait compléter, voire réduire les besoins d'investissements dans des moyens de flexibilité plus centralisés.

Les unités de production

Les unités de production programmables et flexibles (centrales à gaz et au fioul, par exemple) sont des moyens de production électriques que l'on peut allumer ou éteindre très rapidement. Elles sont ainsi sollicitées au cas par cas, quand la demande sur le réseau l'exige. Elles participent aux mécanismes d'ajustement et de réserve et sont capables de faire varier leur niveau de production pour s'ajuster à la consommation résiduelle.

La loi relative à la transition énergétique pour la croissance verte prévoit que les installations de production d'électricité à partir d'énergies renouvelables raccordées au réseau de distribution soient progressivement mieux intégrées au système électrique, lorsque cela est justifié d'un point de vue technique et économique.

Quelles perspectives ?

À retenir

La conversion énergétique permet de passer d'un type d'énergie à un autre, en fonction des propriétés recherchées, par exemple transformer l'électricité en chaleur : c'est le principe du radiateur. Mais la variété des vecteurs énergétiques (électricité, gaz, chaleur/froid, bioressources) permet de multiples applications.

On peut ainsi envisager, à l'horizon 2030, et même plus loin, des couplages entre les réseaux énergétiques, ainsi que la production de vecteurs énergétiques émergents (biocarburants, hydrogène, gaz de synthèse). Ce système permettra notamment une valorisation des excédents de production d'énergies renouvelables électriques variables, disponibles en grande quantité en cas de faible demande, ou le stockage saisonnier à grande échelle des énergies renouvelables variables, grâce au *Power to X* (*Power to Gas* et *Power to Heat* – conversion d'électricité en gaz ou en chaleur) notamment.

Le *Power to Gas* et le *Power to Heat*

À retenir

Le *Power to Gas* consiste à transformer l'énergie en gaz, hydrogène ou méthane de synthèse, afin de pouvoir le stocker et le transporter dans les réseaux de gaz.

Le *Power to Heat* consiste à convertir l'électricité en chaleur. via des résistances ou des pompes à chaleur.

Ces technologies, regroupées sous le terme global de *Power to X* ouvrent des perspectives pour gérer la variabilité de la production d'énergies renouvelables ou les stocker. Elles pourraient permettre aussi de décarboner des secteurs très consommateurs de combustibles fossiles.

Aujourd'hui, les politiques publiques doivent donc faciliter l'émergence, la diffusion de ces technologies et la réduction de leurs coûts. Selon l'Ademe[34], « à un horizon 2050, la production d'électricité renouvelable pourrait théoriquement permettre de décarboner jusqu'à 150 TWh de gaz et 65 TWh de chaleur grâce au *Power to X* », couvrant ainsi une large majorité des besoins (71 % pour le gaz et 83 % pour les réseaux de chaleur), mais mobiliser ces potentiles dépendra beaucoup du prix du CO_2[35].

Les disponibilités des ressources

Les technologies liées aux énergies renouvelables nécessitent des ressources, en particulier ce que l'on appelle les « terres rares », ou encore des métaux dits technologiques (cadmium, cobalt, indium ou lithium, par exemple), mais aussi d'autres matériaux de base, comme le cuivre ou le béton. Il est donc important de maîtriser leur consommation dans le cadre du développement des technologies vertes.

34 https://www.ademe.fr/mix-electrique-100-enr-2050-opportunites-decarboner-systemes-gaz-chaleur
35 http://www.ademe.fr/sites/default/files/assets/documents/mix-electrique-2050-opportunites-pour-decarboner-rapport-2017.pdf

Des marchés en tension

En chiffres

Aujourd'hui, le cuivre est utilisé à près de 35 % pour des usages électriques (distribution et transmission) et cette part pourrait enregistrer une accélération avec le déploiement des énergies renouvelables. En effet, une turbine éolienne de 2 MW *onshore* consomme, à elle seule, près de 1,55 tonne de cuivre pour sa construction et son raccordement au réseau, et pour cette même éolienne, selon EcoInvent, seront nécessaires près de 800 kg d'aluminium et 530 kg de nickel. Les énergies renouvelables ne sont pas les seules technologies en développement nécessitant un recours massif à ces métaux. Les véhicules électriques vont eux aussi accroître les consommations de cuivre.

La diffusion à grande échelle des technologies de la transition énergétique pourrait donc exacerber les tensions sur les marchés de ces métaux. Et ce d'autant plus que ces marchés sont réduits. En outre, les métaux utilisés sont, pour la plupart, des coproduits d'activités minières, géologiquement et économiquement dépendants d'autres métaux pour leur extraction et leur production.

Par ailleurs, l'extraction et le raffinement des ressources métalliques sont très énergivores (10 % de l'énergie primaire mondiale). Il est donc crucial de maîtriser leur consommation et de réduire leur importance dans les nouvelles technologies.

Les terres rares

D'après l'Ademe[36], la consommation des terres rares dans le secteur de la production d'énergies renouvelables réside essentiellement dans l'utilisation de générateurs synchrones à aimants permanents (contenant notamment du néodyme), que l'on retrouve en particulier pour l'éolien en mer. Seule une faible part des éoliennes terrestres en utilise, environ 3 % en France.

L'évaluation de la masse d'aimants permanents nécessaires à tout le parc éolien terrestre français installé des années 2000 à fin 2018 aboutit à des tonnages de néodyme et dysprosium représentant au total moins de 1,5 % du marché annuel mondial de chacun de ces éléments. Néanmoins, à un horizon de dix ans, selon une capacité éolienne en mer projetée à 120 GW dans le monde, et au regard de la production annuelle mondiale de terres rares, le besoin représenterait moins de 6 % de la production annuelle en néodyme et plus de 30 % de la production annuelle en dysprosium.

---

36 « Terres rares, énergies renouvelables et stockage d'énergie », fiche technique de l'Ademe, novembre 2019.

La Chine est le premier pays producteur de terres rares, avec environ 86 % de la production mondiale en 2017. Viennent ensuite l'Australie et les États-Unis.

Des risques multiples et des pistes pour y répondre

Il n'est pas aisé d'appréhender de manière globale l'ensemble des risques afférents à la question des matières premières dans le cadre de la transition énergétique. On citera le risque économique lié notamment aux sanctions envers certains acteurs ou aux politiques de préférence, le risque de production, le risque environnemental, le risque social et le risque géopolitique.

Des travaux sont actuellement menés au niveau international pour estimer les impacts sur les ressources du développement de ces technologies décarbonées. En France, le projet SURFER (SURveillance active FERroviaire), piloté par le bureau de recherches géologiques et minières (BRGM), avec le CNRS et l'Ademe, a pour objectif de quantifier les besoins en matériaux primaires et les impacts de leur extraction et de leur transformation et, ainsi, d'analyser les répercussions sur les matières premières, énergies et eau, du déploiement des énergies renouvelables sur la période 2015-2050.

Quant au projet dit Generate (Géopolitique des énergies renouvelables et analyse prospective de la transition énergétique) de 2018, il consiste à analyser l'importance des matériaux nécessaires à la production des technologies des énergies renouvelables, les dynamiques d'innovation dans ces technologies ainsi que les interactions entre la transition énergétique et les économies exportatrices de combustibles fossiles, cela dans le cadre de la coopération internationale pour la lutte contre le changement climatique. L'étude a conclu que, dans un contexte de généralisation des technologies dites bas carbone, la géopolitique énergétique risque de se complexifier dans les décennies à venir.

Différentes pistes sont envisagées pour surmonter cette limite :

- **Nouvelles technologies moins consommatrices de ressources : au moins un manufacturier propose déjà des éoliennes qui n'utilisent pas d'aimants permanents pour une implantation en mer, sachant que des solutions de substitution existent (génératrices asynchrones ou génératrices synchrones sans aimant permanent, par exemple) ;**
- **Écoconception des équipements : il s'agit d'utiliser moins de matière, et de prévoir le démontage et la recyclabilité des éléments ;**

» Recyclage : il réduit les risques de criticité sur les métaux, les pollutions locales liées à l'extraction des minerais, et est nettement plus économe en termes d'énergie que la production primaire, ce qui permet de réduire les émissions de GES de l'industrie minière.

La maîtrise de l'impact des énergies renouvelables sur la biodiversité

Comme toute installation industrielle, l'équipement de production d'énergies renouvelables peut avoir des impacts sur la biodiversité. Il faut donc veiller dans les projets à traiter ces impacts selon le principe « éviter-réduire-compenser ». Les impacts varient selon les filières et ne peuvent être généralisés, tout dépend du site d'implantation du projet énergies renouvelables.

Voici une présentation des impacts le plus fréquemment observés.

Éolien

Les effets sont relativement limités. La mortalité des oiseaux et chauves-souris due aux éoliennes reste faible par rapport à d'autres activités humaines. Ce phénomène fait l'objet d'études et d'un suivi important, en particulier pour améliorer la collecte des données et déterminer les meilleures méthodes pour « éviter, réduire ou compenser » ces conséquences. Pour certaines espèces, en particulier les chauves-souris, des techniques sont en développement pour piloter le fonctionnement de l'éolienne durant les périodes d'activités de ces espèces. Les premiers résultats montrent une forte réduction de la mortalité pour une faible réduction de la production d'électricité.

Éolien en mer

En phase de construction, la pose des fondations peut générer un impact sonore sous-marin, lors du forage ou du battage des pieux, pouvant nuire temporairement à certaines espèces marines. Le choix des périodes de construction et l'utilisation de techniques particulières (rideau de bulles) peuvent limiter ces effets. Un autre impact temporaire est la mise en suspension de sable et poussières marines lors des opérations de dragage ou d'enfouissement des câbles.

Pendant la phase d'exploitation, les effets devraient être très limités, car la présence humaine sur site est très faible, et la localisation des centrales en pleine mer limite aussi les interactions possibles entre les éoliennes et la faune aviaire.

L'effet des vibrations transmises dans l'eau devrait être négligeable ; en revanche, les fondations pourraient constituer des récifs artificiels ayant un impact positif sur la faune en synergie avec les autres acteurs de la mer.

Hydroélectricité

Les principaux impacts de l'hydroélectricité portent sur la biodiversité (ennoiement, brisure de la continuité écologique), les conflits d'usage, les émissions de GES (méthane s'il y a ennoiement) et éventuellement sur la bioaccumulation de métaux lourds comme le mercure dans les organismes vivants (plancton, insectes, poissons, animaux ou humains).

Le saviez-vous

La bioaccumulation correspond à la concentration d'une substance dans l'organisme au fur et à mesure de la chaîne alimentaire en raison de la difficulté à l'éliminer.

En contrepartie, elle peut être créatrice de nouvelles niches écologiques, avec possibilités de gestion de l'eau (irrigation, stockage).

Biomasse forestière

Les pratiques forestières peuvent avoir des conséquences importantes sur la biodiversité, dans la mesure où la forêt abrite un grand nombre de variétés d'habitats, d'espèces de faune et de flore. En France, on peut toutefois estimer que ces effets sont limités car les forêts sont gérées de façon durable.

DANS CE CHAPITRE

Les conflits d'usage des sols

•

L'acceptabilité locale des énergies renouvelables

Chapitre 26

Les conflits d'usage

Les conflits d'usage des sols

L'implantation de sites de production d'énergies vertes peut entraîner un certain nombre d'oppositions au niveau local, car perçue comme contraire au développement économique.

Le cas du solaire et de l'éolien

Les débats se cristallisent surtout sur les énergies solaire et éolienne.

La rareté du foncier

Les énergies solaire et éolienne étant produites grâce aux ressources naturelles disponibles localement, le choix de leur implantation est lié aux caractéristiques topographiques et climatiques des territoires. Les surfaces nécessaires à l'implantation de sites de production d'énergies renouvelables étant parfois importantes, la question des usages des sols et de leur évolution peut se poser.

En chiffres

Il faut une surface d'environ 1625 hectares de panneaux solaires pour atteindre une puissance de 1,5 GW qui permettrait d'alimenter plus de 450000 foyers.

Les développeurs de ces énergies recherchent en priorité de vastes sites à faible valeur ajoutée, par exemple des friches dans une zone d'activité sinistrée, les toitures d'entrepôts logistiques ou des sites dits dégradés, comme les anciennes carrières, les gravières…

En effet, ces technologies renouvelables requièrent à la fois de l'espace pour se déployer et des emplacements spécifiques (plaines avec une forte exposition au vent, souvent sur les crêtes ou en altitude pour l'éolien, et plaines avec ensoleillement important pour les centrales solaires au sol). Pour ces raisons, la prospection et la sélection des sites les plus pertinents sont des étapes cruciales dans le développement de centrales à énergies renouvelables.

La prospection de foncier pour des centrales solaires, éoliennes ou biomasse se doit donc de prendre en compte les autres usages des sols tels que l'agriculture, la pêche, la sylviculture, ou simplement l'usage des citoyens résidents. Ainsi, la réglementation impose que les éoliennes soient construites à plus de 500 mètres des habitations, ce qui exclut d'en établir dans des zones où l'habitat est dispersé. À ce titre, seuls 4 % du territoire de la Bretagne est par exemple éligible à l'implantation d'éoliennes.

Les parties prenantes

Ainsi, sur l'encadrement des projets d'énergies renouvelables, agriculteurs et collectivités locales s'opposent.

Les agriculteurs

Les syndicats d'agriculteurs réclament un encadrement solide des projets de développement des centrales à énergies renouvelables, pour que celui-ci ne se fasse pas au détriment de leur activité. Les chambres d'agriculture participent aussi aux décisions d'autorisation de projets de développement d'énergies renouvelables, avec un avis consultatif.

Par ailleurs se pose la question du partage de la valeur ajoutée entre production d'énergie et agriculture. Ainsi, le président de la chambre régionale d'agriculture d'Aquitaine a déclaré au colloque « Solaire, transition agricole et énergétique : les conditions de la réussite », organisé par l'Institut national de l'énergie solaire, le 5 novembre 2019 à Bordeaux : « Beaucoup d'enjeux se télescopent : [le monde agricole] veut participer à la transition énergétique, mais pas sans regarder la valorisation territoriale de cette production. Il est évident que sans ça, l'agriculture ne soutiendra pas. Ne serait-il pas juste que le prix de l'électricité intègre toutes les valorisations de l'agrivoltaïsme ? Il y a récemment eu plusieurs combats, des tracteurs dans les rues, pour appeler à une meilleure répartition de la valeur ajoutée. Peut-être qu'il faut que la loi Egalim[37] s'applique dans cette situation aussi. L'agriculture travaille aujourd'hui à la sortie du carbone. La production d'énergies vertes en fait partie. Mais en faire partie, c'est également avoir la possibilité de revoir la répartition de la valeur ajoutée de cette production. »

Du côté des acteurs institutionnels

Les directions départementales du territoire et de la mer (DDT et DDTM) et les directions régionales de l'environnement, de l'aménagement et du logement (DREAL) ont un rôle clé dans la délivrance d'un permis de construire pour le développement de projets solaires ou éoliens. Cependant, elles ne prennent pas leur décision d'attribution d'un permis de construire indépendamment des différentes parties prenantes (les développeurs d'énergies renouvelables, les agriculteurs), tout en veillant également à la préservation de la biodiversité et du patrimoine.

Autre interlocuteur majeur : la commission départementale de la préservation des espaces naturels, agricoles et forestiers (CDPNAF). Elle est consultée sur les questions de maintien de l'activité agricole des terrains et de limitation de la consommation des espaces cultivables. Ainsi, si les projets de centrales photovoltaïques au sol supérieurs à 2 000 m² impliquent une réduction des surfaces agricoles, naturelles ou forestières, ils sont automatiquement soumis à l'avis de la CDPNAF.

Enfin, les sociétés d'aménagement foncier et d'établissement rural (SAFER) ont une mission d'opérateur financier qui achète des biens agricoles ou forestiers en répondant aux notifications de vente publiées par les notaires, se posant en potentiels concurrents des développeurs d'énergies renouvelables.

En chiffres

Le photovoltaïque au sol représente une faible part de la surface agricole nationale. Selon l'Ademe, en 2015, les centrales ne concernaient que 450 hectares de foncier productif. Par comparaison, la surface agricole utile (SAU) de la France représente 29 millions d'hectares, soit 54 % du territoire national. La centrale solaire la plus puissante (300 MW) du pays, implantée à Cestas près de Bordeaux, inaugurée en 2015 lors de la COP 21, s'étend sur 260 ha, soit l'équivalent de 370 terrains de football.

---

37 Loi pour l'équilibre des relations commerciales dans le secteur agricole et alimentaire et une alimentation saine, durable et accessible à tous du 30 octobre 2018.

L'évolution du débat

Aujourd'hui, on prend plus en compte les conflits d'usages via la programmation pluriannuelle de l'énergie (PPE). Le ministère de la Transition écologique précise dans la synthèse de la Programmation pluriannuelle de l'énergie, en janvier 2019 : « Le gouvernement veillera à ce que les projets respectent la biodiversité et les terres agricoles et forestières, en privilégiant l'utilisation de friches industrielles, de délaissés autoroutiers, de terrains militaires ou encore la solarisation de grandes toitures, qui deviendra progressivement obligatoire. »

Des solutions pour concilier activités agricoles et humaines et développement des énergies renouvelables

Plusieurs solutions sont avancées pour résoudre les conflits d'usage, notamment au sein de la filière photovoltaïque. Dans tous les cas, elles résident dans des projets à taille humaine, à l'échelle du territoire, sur la base d'une concertation locale.

L'agrivoltaïsme

Les ombrières et les serres photovoltaïques permettent d'éviter le conflit d'usage en partageant le foncier, entre production d'énergie solaire et productions agricoles.

À retenir

Si moins de 1 % des terres agricoles étaient converties à l'agrivoltaïsme, cela suffirait à répondre à la consommation électrique mondiale. Autre atout : l'agrivoltaïsme contribuerait à protéger les cultures des conditions climatiques extrêmes et, ainsi, d'augmenter leur rendement. Par exemple : la protection des vignes en période de canicule et de sécheresse.

Le solaire flottant

Initiée par l'entreprise Ciel & Terre, cette technologie vise précisément à limiter l'usage des terres agricoles, en installant des panneaux solaires sur différents types de plans d'eau (barrages hydroélectriques, réservoirs de traitement d'eau, sites d'irrigation, anciennes carrières inondées). Le solaire flottant peut être envisagé sur des plans d'eau qui n'ont pas de vocation touristique et où la pêche est interdite, pour des raisons de sécurité. C'est le cas de certains barrages dans les Alpes, qui n'entraîneraient donc pas de conflits d'usage directs.

Les « zones de confins » ou « marges extensives »

D'une manière plus générale, les sites aéroportuaires délaissés, les centres de traitement des déchets, les friches industrielles et agricoles, ou encore les terres à faibles rendements, reclassées en terres à pâturage, constituent des sites privilégiés pour les développeurs de centrales solaires. Les terres agricoles à faibles rendements sont souvent situées dans des « zones de confins » ou des « marges extensives ». C'est-à-dire, selon l'OCDE, là où « l'agriculture y est une activité relativement peu rentable, à la fois en raison de sa situation éloignée et de sa faible productivité, et la baisse des recettes agricole est à l'origine de la cessation des activités ».

Un revenu complémentaire pour les agriculteurs

Par ailleurs, envisager la construction de centrales solaires ou éoliennes moins denses peut faciliter la cohabitation d'activités agricoles et de production d'énergie.

Ces solutions contribuent par la même occasion à revaloriser le foncier agricole, dont le prix connaît un fort ralentissement depuis 2017, en conséquence de la crise céréalière de 2016 et des crises structurelles du secteur agricole.

À retenir

Ainsi, les terres agricoles peuvent contribuer au développement des énergies renouvelables :

- **indirectement lorsqu'elles sont mises à disposition pour la construction d'éoliennes ou d'agrivoltaïsme ;**
- **directement via la production de bioénergie (biogaz, électricité, biomasse...).**

À titre d'exemple, en 2018, 50 000 exploitations agricoles ont contribué indirectement ou directement à la production d'énergies renouvelables en France.

Selon EDF, près de 83 % de la production éolienne française provient d'installations implantées sur des terres agricoles.

La biomasse

La biomasse fait l'objet de nombreux usages : agroalimentaires d'une part, et industriels d'autre part. Parmi les usages industriels, on distingue la fabrication de biomasse destinée à la production d'énergie (bioénergie), les bioplastiques, le textile, le papier, les matériaux de construction.

Quel changement indirect de l'usage des sols ?

La production de bioénergie peut en premier lieu occasionner un conflit d'usage sur les terres destinées à la production agroalimentaire. Selon l'Ademe, « les biocarburants de première génération mobilisent la plus grande surface de terres agricoles, soit 769 000 hectares de grandes cultures. Lorsqu'il y a valorisation énergétique des coproduits ou résidus agricoles comme c'est le cas pour les biocarburants avancés ou la méthanisation, il peut y avoir un effet sur la teneur en matière organique des sols par l'augmentation des exports (pailles par exemple). L'effet du niveau de prélèvement de la biomasse et l'effet sur le stock de carbone des sols font actuellement l'objet d'études. Pour la méthanisation, il y a possibilité d'utiliser des cultures intermédiaires à vocation énergétique qui ne génère pas de substitution de culture alimentaire, ou l'utilisation d'une culture classique dédiée. La surface de cultures dédiées à la méthanisation en France reste actuellement très faible : environ 14 850 hectares. »

À retenir

Le développement du biogaz et du biocarburant a eu tendance à s'effectuer de manière intensive et à réduire la diversité des cultures. Ceci s'explique par les coûts d'investissement conséquents de ces énergies qui nécessitent des surfaces cultivées importantes pour assurer une rentabilité suffisante de la production. Le développement de la biomasse en vue de produire de l'énergie donne ainsi souvent lieu à des monocultures, au détriment d'une diversification des usages des terres, comme le voudrait l'agroécologie. L'essor de la biomasse pourrait ainsi amener à intensifier d'autres cultures destinées à l'agroalimentaire et l'augmentation de l'usage des pesticides sur ces dernières.

C'est particulièrement le cas en Allemagne, où les terres agricoles destinées à la production de biogaz représentent une part importante de sa SAU. En 2011, on y dénombrait 6 300 usines de méthanisation de la biomasse. Les cultures nécessaires pour cette production représentaient presque 7 % de la surface agricole utilisée de l'Allemagne (moins de 1 % pour l'ensemble de l'Union européenne) et ont eu pour conséquence une expansion des monocultures, une baisse de la fertilité des sols et une augmentation de la pollution au nitrate.

La France a fait le choix d'un modèle de méthanisation reposant sur la valorisation des déchets et effluents agricoles avec un recours limité aux cultures énergétiques.

Les nouveaux défis agroalimentaires : un facteur supplémentaire de conflit ?

Les modifications de régime alimentaire envisagées pour atteindre la neutralité carbone à l'horizon 2050 (baisse de la consommation de protéines d'origine animale, augmentation de la consommation de fruits et légumes) constituent un facteur potentiel de réduction du conflit d'usage des terres agricoles entre les secteurs de la bioénergie et de l'agroalimentaire. En effet, elles devraient notamment impliquer une augmentation de la surface des terres agricoles dédiées aux cultures permanentes, ce qui pourrait affecter la production de biomasse destinée à la production d'énergie.

Bois énergie vs. bois d'industrie et bois d'œuvre

L'utilisation de biomasse pour la production d'énergie peut également entraîner des concurrences d'usage pour le bois, celui-ci étant utilisé pour la construction (matériaux et bois d'œuvre), et l'industrie (papier notamment).

France Bois Forêt détaille les trois catégories de bois :

- **le bois d'œuvre** qui utilise les troncs de bonne qualité, bien droits, d'un diamètre important et qui représente la majorité de l'arbre ;
- **le bois d'industrie,** utilisé notamment par les papetiers, fabricants de panneaux et industriels de la chimie, à savoir, les troncs de moindre qualité et de faible diamètre, ainsi que les grosses branches rectilignes ;
- **le bois énergie** qui utilise plutôt les troncs de petite taille issus de coupes d'éclaircies, ainsi que les branches et troncs de moindre qualité, ou non valorisés.

Le bois énergie est pris dans les parties de l'arbre ayant le moins de valeur marchande, à savoir les branchages. Le tronc de l'arbre présente une bien plus grande valeur économique puisqu'il permet de produire des planches, des poutres, etc. Actuellement, la différence de valeur économique entre le tronc et les branchages conduit à l'absence de concurrence entre le bois destiné aux scieries et celui destiné aux chaufferies. Une évaluation nationale des disponibilités forestières pour l'énergie et les matériaux à l'horizon 2035 a été menée par l'Ademe en 2015. Elle conclut que, sous certaines conditions, la forêt française est capable de supporter une augmentation de 30 % de la récolte, jusqu'à 2,4 millions de tep supplémentaires selon le scénario sylvicole envisagé. Cette évolution de la récolte pourrait satisfaire une augmentation de la demande de bois d'œuvre en feuillus et surtout de bois pour l'industrie et l'énergie.

L'état de la ressource en bois et ses différents usages est suivi par les pouvoirs publics et acteurs locaux à travers de nombreux dispositifs. L'Observatoire national des ressources en biomasse (ONRB) a ainsi pour objectif de fournir une vision globale et consolidée, à l'échelle nationale et régionale, des ressources en bois disponibles actuellement et à moyen terme, de la consommation de bois des industries et des installations de production d'énergie, et des flux de bois interrégionaux.

Plus particulièrement sur l'énergie, des cellules biomasse régionales, placées sous l'autorité du préfet, veillent à la bonne articulation des plans d'approvisionnement des différents projets « Bois énergie » d'un territoire donné.

Pas de déforestation en France

En France, le volume de prélèvement annuel de bois a représenté environ 50 % de l'accroissement biologique/naturel de la forêt sur la période 2007-2015. Comme la forêt française est jeune, sa production de bois a donc continué d'augmenter chaque année. Contrairement à l'évolution de la forêt dans le monde, il n'y a pas de déforestation en France.

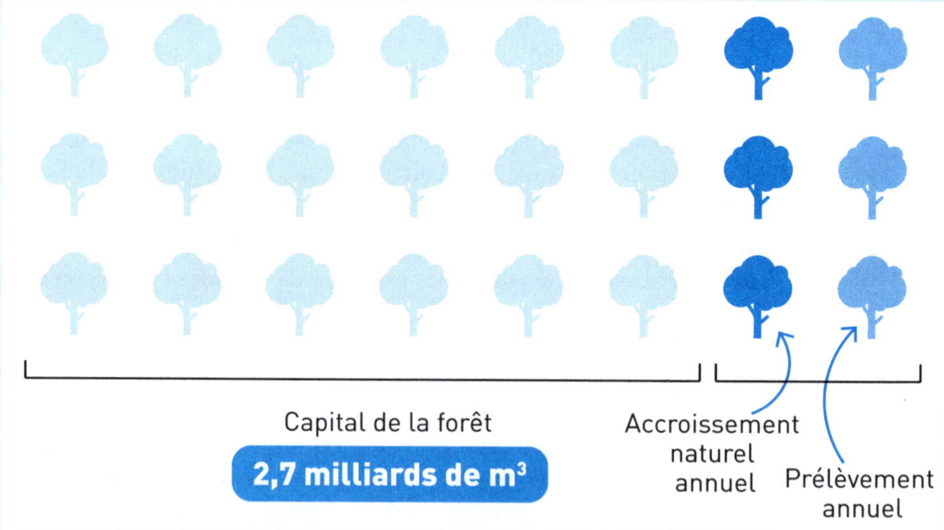

Schéma réalisé d'parès les données de France Bois Forêt « Bois énergie. Questions-réponses »

»

Par ailleurs, aucune forêt n'est destinée exclusivement à la production de bois énergie en France. Ce sont en effet différentes parties du bois qui sont utilisées selon que ce dernier est destiné à la production d'énergie ou de bois d'œuvre ou d'industrie. Afin que le bois énergie ait un impact positif sur le climat, sa production doit être associée à une gestion durable de la forêt, et donc par définition limitée.

L'acceptabilité locale des énergies renouvelables

L'implantation de centrales à énergies renouvelables fait parfois l'objet de résistances de la part des habitants et riverains.

Un manque d'acceptabilité locale ?

Les réticences à voir s'installer une centrale à énergies renouvelables sur son territoire sont d'origines multiples, et peuvent (ou non) être nourries par les problématiques de conflit d'usage des sols susmentionnés. Les raisons fréquemment évoquées des mécontentements qui peuvent parfois entraîner de forts enjeux politiques au niveau local sont :

» les nuisances sonores (éolien) ;

» l'absence d'esthétique et donc la dénaturation du paysage ;

» la protection de la biodiversité ;

» les odeurs (usines de méthanisation) ;

» l'attachement au patrimoine local.

Le saviez-vous

Un exemple : en 2014, les tribus indiennes de la rivière du Colorado ont porté plainte contre le comté de Riverside en Californie pour avoir autorisé la construction du *Blythe Mesa Solar Power Project*, une centrale photovoltaïque de plus de 1600 hectares, implantée sur les terres ancestrales des tribus indiennes. Sa construction nécessitant de déterrer des vestiges des tribus indiennes, c'est donc au nom du respect des ressources culturelles du territoire que le procès a été engagé.

Mais tous les projets d'énergies renouvelables ne sont pas mal acceptés par les populations locales. Il est même fréquent qu'elles soient partie prenante du projet.

Ainsi, Akuo Indonesia (AEI), la filiale indonésienne d'un producteur indépendant français d'énergies renouvelables, a signé un accord pour le développement, la construction et la mise en exploitation d'un projet de production d'énergies renouvelables non interconnecté et qui sera la propriété de la communauté au bénéfice de laquelle il est construit. Ce projet hybride, d'une puissance de 1,2 MW, produit de l'électricité 24 heures sur 24 et alimente 400 foyers. La réussite d'un projet d'implantation d'une centrale à énergies renouvelables sur un territoire se mesure selon quatre critères :

- **une conscience renforcée au sein des communautés et autres parties prenantes au projet de l'efficacité des énergies renouvelables pour produire de l'électricité, ainsi qu'une sensibilisation au développement durable et à la bonne gestion des ressources naturelles ;**
- **un accès durable à l'électricité ;**
- **la mise à disposition d'une solution de production d'énergies renouvelables hors réseau qui sera détenue par les communautés et que ces dernières auront la capacité de gérer et d'exploiter ;**
- **le renforcement des opportunités économiques locales.**

Important

Pour être acceptés, les projets d'énergies renouvelables doivent se construire avec les acteurs du territoire. La mise en service de nouveaux projets avec les bienfaits économiques et écologiques pour un territoire donné doit être le fruit de la coopération entre les acteurs et non de leur opposition.

Le phénomène *Not in my Back Yard* (NYMBY)

Aux États-Unis, en 2019, 82 % de la population serait favorable à un crédit d'impôt pour financer des panneaux solaires ou des dispositifs d'efficacité énergétique.

Et selon une étude d'opinion paneuropéenne sur la consommation de l'énergie, une majorité d'Européens se prononçait pour le développement des énergies renouvelables en 2007. Une enquête Ipsos a révélé qu'en France, en 2013, cela concernait environ neuf Français sur dix. « Quand on leur parle d'énergies renouvelables, ils évoquent d'ailleurs spontanément quasi uniquement des notions positives : 52 % rattachent les énergies renouvelables aux notions de propreté, de naturalité, de préservation de l'environnement et 36 % les associent avec les caractères inépuisable, durable, ou d'économie des ressources naturelles, etc. ».

Toutefois, ce constat est nuancé par des oppositions locales très fortes, expliquées par le syndrome Nimby (« *Not in my Back Yard* », ou « pas dans mon jardin »), selon lequel les citoyens peuvent promouvoir une cause au niveau national ou global alors qu'ils s'y opposent au niveau local dès lors que cela influe négativement sur leur environnement.

Par ailleurs, le problème d'acceptabilité des projets d'énergies renouvelables ne concerne pas seulement les territoires d'implantation des centrales. Le choix restreint en matière de foncier fait que les centrales ne sont pas nécessairement implantées sur les territoires les plus consommateurs en énergie. Cela nécessite de relier ces derniers aux sources de production, par la construction de lignes à haute tension supplémentaires, et réplique donc le problème d'acceptabilité au niveau des dispositifs de transport d'électricité. Ce n'est pas le cas en France, les centrales étant reliées majoritairement au réseau moyenne tension par des câbles exclusivement souterrains.

Quelles solutions pour l'acceptabilité locale ?

Un groupe de travail « pour le développement d'un éolien harmonieux » a été créé en décembre 2019, à l'initiative de la ministre de la Transition écologique et solidaire, Élisabeth Borne, et d'Emmanuelle Wargon, secrétaire d'État. Il établit des mesures pour limiter les nuisances et les risques (mesure exacte du niveau de bruit, limitation des nuisances lumineuses, intégration du bilan carbone des projets éoliens lors des appels d'offres, recyclage des matériaux lors du démantèlement des éoliennes, etc.), améliorer l'image de l'éolien et mieux répartir les projets éoliens sur le territoire.

D'une manière plus générale, l'Ademe, la Commission de régulation de l'énergie (CRE) et la Caisse des Dépôts soutiennent le développement de projets coopératifs et citoyens afin d'accroître l'appropriation locale des proejts d'énergies renouvelables.

Un projet d'énergie coopératif et citoyen « à gouvernance locale »

Un projet d'énergie coopératif et citoyen ouvre son capital au financement collectif et associe les collectivités locales et territoriales, les habitants et les développeurs au sein d'une gouvernance partagée. Le réseau Énergie partagée, par exemple, coordonne les projets d'énergie citoyens au niveau national, alors que d'autres réseaux existent au niveau régional (comme ECLR en Occitanie). Selon la Charte d'énergie partagée, la société qui exploite un projet citoyen est contrôlée par les collectivités territoriales, des particuliers et/ou par un outil d'investissement *ad hoc* mis en place

Un projet d'énergie coopératif et citoyen « à gouvernance locale » *(suite)*

par l'association. Ainsi, les appels d'offres de la CRE pour des projets citoyens bonifient les tarifs d'achat de ces derniers.

Selon l'Ademe[1], ces projets « se distinguent par la composition particulière de leur actionnariat. Ce sont les citoyens et les collectivités qui en ont le contrôle effectif. Leur investissement est rémunéré par les dividendes grâce aux ventes de l'énergie produite sur la durée de vie du projet. Appartenant à la grande famille des projets participatifs, ces projets vont au-delà du simple *crowdfunding*, via des plateformes en ligne, car ils permettent aux citoyens et aux collectivités de s'impliquer et de participer aux projets. »

En 2019, on dénombrait 236 projets d'énergies renouvelables à gouvernance locale, dont 111 en fonctionnement pour 148 MW installés. Il s'agissait essentiellement de projets éoliens et photovoltaïques. Plus de 11 000 citoyens s'étaient mobilisés dans toute la France.

1 https://www.ademe.fr/avis-lademe-projets-denergies-renouvelables-participatifs

DANS CE CHAPITRE

Chapitre 27

Le défi de la décentralisation de l'énergie

Vers un nouveau modèle et un nouveau marché de l'électricité

Après la Seconde Guerre mondiale, la France a opté pour un système centralisé dans lequel l'État s'est vu attribuer un rôle décisif dans la gestion de l'énergie. L'objectif était alors de fournir de l'énergie à tous et à bon marché. L'État a alors nationalisé de grandes entreprises de production, de transport et de distribution d'énergie électrique à l'origine de la création de groupes nationaux, parmi lesquels Électricité de France (EDF) en 1946, qui acquiert le statut d'établissement public à caractère industriel et commercial (EPIC). EDF devient la structure principale pour investir dans la reconstruction du pays, moteur du développement industriel, avec notamment le développement accru de l'hydroélectricité et des centrales thermiques à charbon.

Contexte de la décentralisation

Aujourd'hui, avec la diversification du mix énergétique, grâce au développement des énergies renouvelables, la baisse de leur coût de production et l'appétence des territoires pour une maîtrise locale de la production d'énergie, nous assistons au passage d'un modèle de production de l'électricité centralisé à une décentralisation énergétique.

D'autres éléments ont également contribué à favoriser cette décentralisation, à l'instar du développement du digital, qui permet de mieux maîtriser la production et la consommation (*smart grids*), ou l'intérêt citoyen croissant pour les solutions locales, ou encore la reprise de la question énergétique par les collectivités territoriales. En effet, la décentralisation va de pair avec la territorialisation du système énergétique.

Ainsi, avec la loi de transition énergétique pour la croissance verte de 2015, la France a décidé de porter la part des énergies renouvelables dans le mix énergétique à 32 % en 2030 et de développer des « territoires à énergie positive », capables de produire plus d'énergie qu'ils n'en consomment[38].

La production décentralisée

À rebours du modèle classique où une grande centrale alimente en énergie tout un territoire, la production décentralisée désigne l'énergie électrique produite localement avec l'installation de nombreuses unités de petite capacité, raccordées au réseau électrique de distribution à des niveaux de tension peu élevée (basse ou moyenne tension). Il s'agit généralement d'installations de puissance inférieure à 12 MW, correspondant à la consommation moyenne de 5000 foyers par an. Un tel mode de production est plus respectueux de l'environnement, car il s'appuie sur les énergies renouvelables et est plus adapté aux besoins locaux en énergie.

Les avantages d'un système décentralisé

En rapprochant les lieux de production des lieux de consommation, un système d'approvisionnement électrique décentralisé présente une plus grande flexibilité qu'un système centralisé, favorise l'adéquation entre la production et la demande

38 Selon une étude de France Stratégie datant de 2017 :
http://francestrategie1727.fr/actions/energie-centralisee-ou-decentralisee/

locale en électricité, et rend possible une meilleure traçabilité de la source de l'électricité consommée.

Le saviez-vous

À titre expérimental, la loi organise sur des portions de réseau des services de flexibilité locaux (gestion dynamique conjointe de la demande et de l'offre) ou le déploiement de réseaux électriques intelligents (gestion optimisée grâce à la mise en place de systèmes de stockage et de transformation multifluide des énergies).

Les collectivités territoriales se voient ainsi attribuer un rôle plus important dans le choix et la gestion de leur mix énergétique.

> ***« La décentralisation du système énergétique, c'est la décentralisation de la décision de consommer, de distribuer, de produire, de planifier. »***

Par ailleurs, une production décentralisée est le gage – en théorie du moins – d'une autonomie partielle du système local en cas d'incident majeur sur le réseau.

Enfin, elle permet d'alimenter en électricité des sites de consommation très éloignés du réseau existant, et dont les consommations ne justifient pas des installations de production de forte puissance. La production décentralisée est donc un levier pour lutter contre la précarité énergétique de certains territoires.

Naissance d'un nouveau marché de l'électricité

Avec la décentralisation, nous assistons à la naissance d'un nouveau marché de l'électricité. Chacun (individu, entreprise, collectivité) a désormais la possibilité de devenir autoconsommateur, mais aussi de revendre sur le marché l'électricité qu'il produit, et de réaliser ainsi des économies.

Ce nouveau paradigme est permis par la libéralisation du marché de l'électricité. En France, une première loi de 2000 pose les bases du marché ouvert de l'électricité et du gaz naturel, en transposant les engagements européens en droit français. Puis, en juillet 2007, le marché de l'électricité est ouvert à la concurrence pour les particuliers. En 2010 a été promulguée la loi Nouvelle organisation du marché de l'électricité (NOME), fixant un cadre à cette libéralisation du marché de l'électricité.

L'ouverture à la concurrence a permis l'émergence d'offres de fourniture d'électricité 100 % renouvelable et permet au consommateur, particulier comme industriel, de choisir librement son fournisseur d'énergie, de connaître l'origine, le coût de production et l'impact écologique de l'électricité qu'il consomme.

L'autoconsommation

Avec la décentralisation du système de production d'énergie naît le paradigme d'une consommation locale, en circuit court : on parle d'autoconsommation. La loi Pacte du 22 mai 2019, la loi Énergie Climat du 8 novembre 2019 et l'arrêté du 21 novembre visent à encadrer ces nouveaux modes de production/consommation locaux.

Qu'est-ce que l'autoconsommation individuelle ?

Selon l'article L315-1 du Code de l'énergie, l'autoconsommation individuelle est le fait « pour un producteur, dit autoproducteur, de consommer lui-même et sur un même site tout ou partie de l'électricité produite par son installation ». Selon le ministère de la Transition écologique, l'autoconsommation « est associée à la notion d'autoproduction, qui est le fait de produire sa propre consommation. [...] Cette pratique se développe dans un contexte où les coûts de production des installations d'électricité renouvelable diminuent et où les prix de l'électricité augmentent. Cela est particulièrement vrai pour la filière photovoltaïque, qui comprend peu de contraintes d'installation et dont les coûts de production ont très fortement baissé ces dernières années. Avec la baisse des coûts de production des installations d'électricité à partir de sources renouvelables et la hausse concomitante du prix de détail de l'électricité, la pratique est amenée à se développer fortement ».

L'installation de l'autoproducteur peut être détenue ou gérée par un tiers-investisseur, qui peut se voir confier l'installation et la gestion, notamment l'entretien de l'installation de production, pour autant qu'il demeure soumis aux instructions de l'autoproducteur.

L'autoproduction/autoconsommation constitue une forme de « décentralisation », puisqu'elle vise à faire mieux correspondre la production et la consommation à l'échelle d'un site (autoconsommation individuelle) ou d'un ensemble de sites de production/consommation (autoconsommation collective à l'échelle d'un bâtiment ou autoconsommation étendue à l'échelle d'un quartier).

L'autoconsommateur peut consommer en totalité l'électricité produite par son installation ou n'en consommer qu'une partie et revendre le surplus en le réinjectant sur le réseau. Ce dernier cas concerne la grande majorité des installations raccordées en autoconsommation, les tarifs d'achat du surplus étant relativement avantageux.

Figure 27-1
utoconsommation et autoproduction

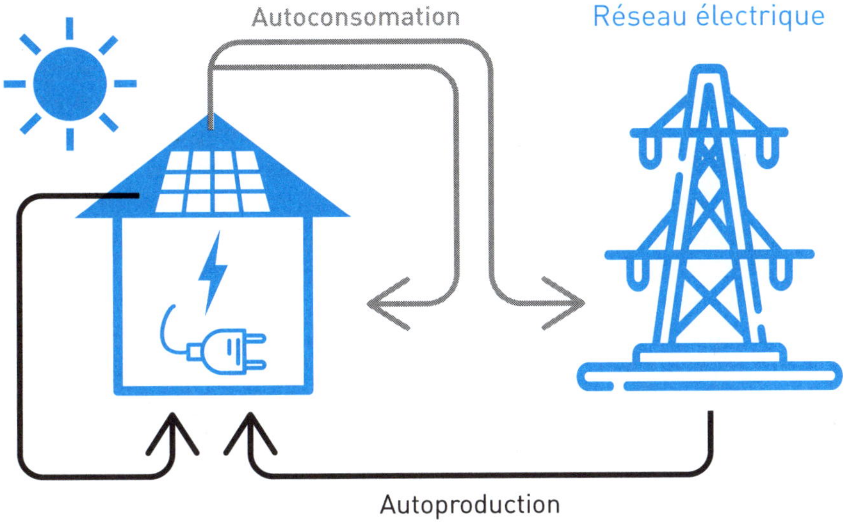

> **L'autoconsommation collective**
>
> L'autoconsommation peut être individuelle ou collective. Elle est collective si les producteurs ou les consommateurs finaux sont multiples : plusieurs consommateurs se partagent l'électricité qu'ils produisent. Ils doivent dans ce cas se regrouper au sein d'une entité juridique (association, coopérative...) créée à cet effet.

Quelles sont les réglementations entourant l'autoconsommation ?

En 2016, l'ordonnance relative à l'autoconsommation d'électricité a pour objectif de faciliter le développement de l'autoconsommation individuelle – en obligeant par exemple les gestionnaires de réseau à faciliter les opérations *ad hoc* –, et jette les bases d'un encadrement de la politique décentralisée de production d'énergie.

À retenir

Les dernières nouveautés législatives et réglementaires (émanant de la loi Pacte du 22 mai 2019, de la loi Énergie Climat du 8 novembre 2019 et de l'arrêté du 21 novembre 2019) précisent les contours des opérations d'autoconsommation. L'article L.315-2 du Code de l'énergie précise que « l'opération d'autoconsommation est collective lorsque la fourniture d'électricité est effectuée entre un ou plusieurs producteurs et un ou plusieurs consommateurs finals liés entre eux au sein d'une personne morale, et dont les points de soutirage et d'injection sont situés dans le même bâtiment, y compris des immeubles résidentiels ». L'opération d'autoconsommation collective sera qualifiée d'étendue si les points de soutirage et d'injection sont sur le réseau basse tension et respectent les critères de proximité géographique : la distance séparant les deux participants les plus éloignés n'excède pas deux kilomètres.

Au niveau européen, le 4e paquet Énergie adopté début 2019 prévoit la création d'un cadre juridique pour favoriser l'essor de « communautés énergétiques citoyennes » ou CER. La France a précisé dans l'article L211-3.2 du Code de l'énergie la définition de la CER, une entité juridique autonome, contrôlée par des actionnaires se trouvant à proximité des projets d'énergies renouvelables, qui ne doit pas être en premier lieu lucrative et doit avoir une dimension locale et citoyenne forte. La CER est autorisée à produire, consommer et vendre de l'énergie renouvelable, en bénéficiant des contrats d'achat, à autoconsommer l'énergie collectivement ou à accéder aux marchés de l'énergie.

En chiffres

Selon Enedis, la pratique de l'autoconsommation, de plus en plus courante, concerne, en juin 2019, 52 000 installations individuelles raccordées au réseau et 16 installations collectives. 63 % des foyers se disent intéressés par la production et l'autoconsommation de leur propre énergie. La capacité raccordée en autoconsommation pourrait atteindre 40 GW en 2030, et le nombre de foyers autoconsommateurs devrait alors dépasser 4 millions, selon RTE. À titre de comparaison, l'Allemagne comptait en 2019 1,5 million d'autoconsommateurs, et le Royaume-Uni 750 000.

Le faible coût du photovoltaïque ainsi que sa facilité d'installation dans un environnement déjà construit en font la technologie dominante pour ces installations en autoconsommation. D'autant plus que des solutions intégrées au bâti et esthétiques existent, comme les tuiles ou les panneaux en façade.

Les solutions intégrées au bâti

L'intégration au bâti se définit en opposition à des éléments qui sont ajoutés sur le bâtiment, comme le sont actuellement les panneaux solaires. L'idée est qu'une partie du bâtiment devienne productrice d'électricité : les tuiles, les panneaux en façade, les vitrages...

Aujourd'hui, le marché de la tuile photovoltaïque tend à se développer le premier. Il s'agit de tuiles en matériaux traditionnels, recouvertes de photovoltaïque en laminé et présentant plusieurs coloris pour s'adapter aux contraintes esthétiques de l'environnement urbain.

Des flux descendants aux flux ascendants

Selon la CRE, le réseau connaissait historiquement « uniquement des flux descendants, d'une production centralisée raccordée en haute tension vers les réseaux basse tension pour desservir les consommateurs. Aujourd'hui, le développement des énergies renouvelables décentralisées crée des flux montants, qui devraient s'intensifier significativement avec un déploiement massif des installations photovoltaïques en autoconsommation, ce qui génère de nouvelles contraintes sur les réseaux d'électricité et un potentiel surcoût lié au besoin de renforcement des réseaux ».

Les mécanismes de soutien aux opérations d'autoconsommation sont questionnés de manière récurrente : l'exonération de certaines taxes et contributions induisent en effet des transferts de charges des autoconsommateurs vers les autres utilisateurs de réseaux, pour soutenir les besoins d'investissement et d'entretien des réseaux d'électricité.

Le cas des îles et des sites isolés : les zones non interconnectées (ZNI)

Les zones non interconnectées au réseau électrique métropolitain français (ZNI), parfois appelées « systèmes électriques insulaires » (SEI) ou « petits systèmes isolés », désignent les territoires français dont l'éloignement géographique empêche ou limite une connexion au réseau électrique continental. Ils présentent des particularités qui ont appelé une législation spécifique.

Le terme ZNI regroupe notamment :

- la Corse ;
- les départements et régions d'outre-mer (Guadeloupe, La Réunion, Mayotte, Martinique, Guyane ;
- certaines collectivités d'outre-mer (Saint-Pierre-et-Miquelon, Wallis-et-Futuna, etc.).

En matière énergétique, deux problématiques se posent : leur isolement (qui empêche les connexions à un réseau électrique continental ou les interconnexions avec les pays voisins, comme c'est le cas pour la Guyane par exemple) et leurs spécificités géographiques (qui limitent la taille des outils de production). Ces dernières entraînent :

- **des coûts de production bien plus élevés qu'en métropole. Ainsi, selon la Commission de régulation de l'énergie (CRE), le coût de revient[39] de l'énergie dans les ZNI est deux fois plus important qu'en France métropolitaine continentale. Les coûts de production électrique sont également plus élevés : ils atteignaient par exemple 233 €/MWh en moyenne en 2016 contre 59,80-109 €/MWh pour la métropole (chiffres de la Cour des comptes qui varient selon la date de la centrale) ;**
- **des coûts très élevés de production électrique.**

Figure 27-2
Coûts de production en €/MWh en 2016

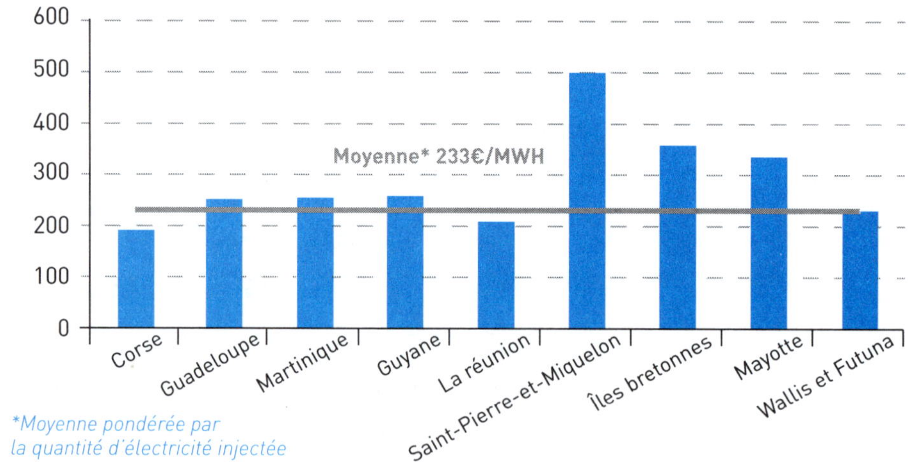

Données utilisées pour réaliser ce graphique : CRE

39 Le coût de revient est un terme économique qui équivaut à l'ensemble des coûts supportés par une entreprise pour produire un bien ou un service. Le calcul du coût de revient doit tenir compte à la fois des coûts directs et indirects.

Les coûts varient fortement d'un territoire à l'autre selon les caractéristiques du parc de production et du réseau.

Les réseaux sont sensibles aux variations rapides de consommation ou de production électriques :

» **Du fait de leur petite taille, ces systèmes sont plus fragiles et plus susceptibles de rompre l'équilibre offre/demande qui doit être maintenu en permanence sur les réseaux électriques ;**
» **En raison de leur isolement, les ZNI assurent l'essentiel de leur fourniture électrique avec des énergies fossiles importées (gaz, fioul, charbon). Ces importations entraînent une forte dépendance énergétique.**

En Martinique par exemple, la production d'origine thermique représentait en 2016 93 % de la production totale d'électricité.

Aussi les coûts de production, ainsi que le dimensionnement de leur réseau font-ils des ZNI des zones idéales pour l'innovation technologique, et notamment en ce qui concerne les énergies renouvelables.

Les énergies renouvelables pour pallier la dépendance énergétique des ZNI ?

Jusqu'à la loi de transition énergétique pour la croissance verte (LTECV) de 2015, les ZNI n'étaient pas autorisées à dépasser un seuil de 30 % d'électricité renouvelable variable transitant sur le réseau au même moment. La loi a changé la donne et a fixé aux ZNI des objectifs ambitieux dans le but de réduire les coûts de production d'électricité et la dépendance aux importations énergétiques dans ces territoires :

» **atteindre 50 % d'énergies renouvelables dans leur mix énergétique en 2020 ;**
» **parvenir à l'autonomie énergétique en 2030.**

En chiffres

En 2016, l'OIE publie le bilan électrique d'EDF SEI (Système énergétique insulaire), qui agit sur la majorité des ZNI. Celui-ci établit que 26 % du mix électrique est d'origine renouvelable. Cette moyenne recouvre toutefois des réalités très différentes : si la Guyane atteint 54 % de production renouvelable, la Martinique n'en est qu'à 7 %. Les potentiels de ces territoires pour le développement des énergies renouvelables sont toutefois très bons. Le développement des énergies renouvelables permettrait même d'abaisser les coûts de production de l'électricité sur ces territoires.[40]

À retenir

Toutefois, intégrer des énergies renouvelables aux systèmes électriques de petite taille des ZNI nécessite des solutions adaptées pour maintenir l'équilibre entre l'offre et la demande et éviter la fragilisation du réseau. Les PPE définies par les territoires visent à décliner des objectifs de production par territoire, objectifs qui ne peuvent être atteints que par le développement de solutions de stockage de l'énergie en arbitrage ou régulation de réseau. Une des solutions peut être de déployer des installations de stockage centralisées, pilotées par le gestionnaire de réseau.

Le cas de l'Afrique

Autre défi du secteur de l'énergie : l'Afrique. En 2018, le continent comptait 1,3 milliard d'habitants, soit 17 % de la population mondiale, mais sa consommation d'énergie ne représentait que 6 % de l'énergie mondiale (3 % pour l'électricité). L'enjeu de l'Afrique est ainsi moins celui de sa consommation énergétique que celui de l'accès à l'électricité des zones isolées.

Un accès limité à l'électricité

En chiffres

À l'heure actuelle, plus des deux tiers des personnes n'ayant pas accès à l'électricité dans le monde vivent en Afrique subsaharienne. Ce sont ainsi 600 millions de personnes (près de 2 Africains sur 3) qui sont privées d'électricité, dont 50 % vivent au Nigeria, en République démocratique du Congo, en Éthiopie, en Tanzanie et en Ouganda, principalement dans les zones rurales. D'après le rapport de l'Agence internationale de l'énergie – AIE (« World Energy Outlook 2019 »), son taux d'électrification était de 45 % en 2018.

Cet accès limité à l'électricité amène les populations à utiliser des solutions alternatives exploitant les énergies fossiles. L'exemple type est qu'environ 900 millions d'Africains n'ont pas une énergie « propre » pour faire la cuisine, la majorité utilisant encore des poêles au charbon de bois ou au kérosène qui polluent l'atmosphère et provoquent des maladies respiratoires aux usagers.

Les enjeux d'accès à l'énergie et de consommation énergétique vont devenir cruciaux pour le continent, et ce d'autant plus que d'ici à 2040, la population urbaine devrait augmenter de plus d'un demi-milliard de personnes.

---

40 https://www.ademe.fr/vers-lautonomie-energetique-zones-non-interconnectees-zni

Une possible solution : la production d'énergie décentralisée

Les technologies décentralisées peuvent permettre de faciliter l'accès à l'électricité des populations rurales. C'est notamment le cas pour le solaire : le continent est en effet doté des ressources solaires les plus importantes au monde. L'énergie solaire pourrait constituer la source d'électricité la plus abordable pour une grande partie des 600 millions d'Africains (Afrique subsaharienne). En outre, des solutions solaires et de stockage mobiles peuvent permettre d'électrifier des zones isolées en se passant du réseau existant de distribution électrique (mini-réseaux ou *microgrids*).

À retenir

Aujourd'hui, le développement des énergies renouvelables en Afrique se fait à petits pas : le continent n'a installé en 2019 que 5 GW d'énergie solaire photovoltaïque, soit moins de 1 % du total mondial. Selon l'AIE, les principaux freins au développement du PV sont les capacités limitées des gouvernements, la fragilité du réseau électrique, le manque d'infrastructure, la mécanique de financement des projets et le fait que de nombreux projets d'énergies renouvelables soient perçus comme trop risqués par les investisseurs.

Plusieurs initiatives internationales se mettent en place afin d'accélérer le déploiement des énergies renouvelables décentralisées sur le continent : l'Alliance solaire internationale[41] et l'initiative *Scaling Solar*[42] de la Banque mondiale de développement en sont des exemples.

La centrale de Kita au Mali

La centrale solaire de Kita, premier projet d'Akuo Energy en Afrique, a été mise en service en mars 2020. Avec 50 MW de puissance installée, elle constitue d'ores et déjà la plus grande centrale solaire d'Afrique de l'Ouest. Le projet répondra aux besoins vitaux d'énergie d'une région souffrant d'importantes pénuries d'électricité et lui permettra d'entamer un processus d'autonomisation énergétique essentiel à son développement.

»

41 L'ASI est une initiative conjointe de la France et de l'Inde, lancée lors de la COP 21. L'objectif est de produire les règles du jeu, normes et standards de l'énergie solaire, afin d'obtenir un déploiement rapide et massif dans les pays riches en rayonnement solaire, mais où les risques sont encore perçus comme élevés.

42 Il s'agit d'un « guichet unique » proposé aux gouvernements souhaitant attirer des investisseurs privés pour construire de grandes centrales solaires, mais qui manquent pour cela de la puissance d'achat des grands marchés émergents.

La centrale de Kita au Mali *(suite)*

La centrale de Kita va également générer de multiples bénéfices sociétaux en créant de nombreux emplois locaux et durables via l'adaptation du concept d'Agrinergie® au contexte sahélien.

Quelles perspectives pour l'Afrique ?

Plusieurs trajectoires sont possibles pour que le continent relève son défi d'accès à l'électricité :

- **l'utilisation des énergies fossiles, solution la plus simple, mais la plus coûteuse et la plus polluante ;**
- **le passage direct vers un système bas carbone, par l'exploitation de ses réserves d'énergies renouvelables (avec un potentiel hydroélectrique, solaire et éolien important).**

Selon l'AIE, les renouvelables assureront de 46 % à 75 % de la production électrique en 2040 en Afrique. La part de l'énergie solaire photovoltaïque et de l'énergie éolienne sera alors de 20 à 40 % alors qu'elle n'était que de 2 % en 2018.

Les défis sur le long terme

Pour conclure, la production d'électricité décentralisée vient avec son lot de défis :

- **En lien avec l'intermittence, la faible prévisibilité et commandabilité des énergies solaire et éolienne, l'efficacité de la production décentralisée est dépendante de l'évolution des réseaux de transport d'énergie intelligents (*smart grids*), permettant de gérer la variété et variabilité des sources – ainsi que du développement des technologies de stockage de l'électricité à un coût raisonnable.** Par exemple, en France, RTE (Réseau de transport d'électricité) a annoncé la conception d'une « ligne virtuelle » dans le cadre du projet RINGO qui devait être lancé en 2020. Celle-ci consiste à équilibrer stockage et déstockage à chaque instant : quand une ligne du réseau est saturée, une batterie stocke l'électricité excédentaire en amont de la ligne ;
- **La nécessaire adaptation des infrastructures réseaux :** la production décentralisée permettra à chaque territoire d'augmenter son autonomie énergétique, mais viser l'autarcie n'est pas le meilleur choix d'un point de vue économique. Pour

bénéficier du foisonnement des productions, le développement des réseaux sera indispensable pour accompagner celui des productions décentralisées ;

- La question des blocages réglementaires et des mécanismes de soutien pour favoriser l'émergence de la filière ;
- La question du raccordement au réseau des centrales à énergies renouvelables et la nécessité d'adapter les réseaux électriques, à l'origine conçus pour véhiculer une électricité descendante produite depuis de grandes centrales nucléaires. Avec le déploiement des énergies renouvelables, l'électricité devient de plus en plus injectée dans le réseau depuis une multitude de points dispersés sur le territoire. Il faut faire évoluer les systèmes de pilotage des réseaux, car les réseaux décentralisés demandent une adaptation en temps réel plus compliquée que pour les réseaux centralisés. Ainsi, l'Allemagne, qui a engagé le tournant vers un modèle décentralisé de production d'énergie, est confrontée à l'augmentation des prix du kWh et au renforcement nécessaire de son réseau électrique.

Cette mutation est en marche. Les solutions technologiques existent et sont de plus en plus compétitives : elles devraient par conséquent nous permettre de relever le défi !

Quatre questions à Steve Arcelin

Steve Arcelin est directeur de la zone Europe de l'Ouest et des territoires d'outre-mer chez un producteur indépendant d'énergies renouvelables. Il est également reconnu comme un pionnier dans le développement de l'agrivoltaïsme.

D'une manière générale, sur quelles ressources énergétiques se sont reposées essentiellement les îles jusqu'à présent pour avoir accès à l'électricité et assurer leur développement ? Quelles en sont les conséquences et les limites ?

Historiquement, les îles se sont appuyées en grande partie sur les énergies fossiles pour produire leur électricité par le biais de centrales à charbon ou de centrales thermiques fonctionnant au fioul ou au gasoil. Cependant, les énergies fossiles, en plus de ne pas être une ressource durable et propre, ne sont pas présentes localement et doivent être importées. Ceci rend les systèmes insulaires particulièrement vulnérables et dépendants. S'il y a une rupture d'approvisionnement de ces énergies, c'est toute l'île qui est immobilisée : plus de production électrique implique plus de production industrielle, les chaînes du froid rompues, plus de transport…

La production d'électricité sur les îles étant en grande majorité réalisée à base d'énergies fossiles, elle est très onéreuse. Afin que le coût d'achat par les consommateurs ne soit pas trop élevé, le principe de la péréquation tarifaire est mis en place sur les territoires français à travers une taxe, la contribution au service public de l'électricité (CSPE). Elle permet aux habitants d'acheter l'électricité au même prix qu'en métropole. Sans ce mécanisme, la facture d'électricité serait deux à trois fois plus élevée.

Quatre questions à Steve Arcelin *(suite)*

La réalisation de projets d'énergies renouvelables permet de diminuer cette taxe et de rendre les îles plus autonomes. Certaines îles ont travaillé sur ce sujet depuis longtemps et ont pu mettre en place des centrales hydroélectriques là où le relief le permettait. Mais la production hydroélectrique a vite atteint sa capacité maximale une fois que les sites propices à ces énergies renouvelables d'installation ont été équipés, et cette seule production est loin de satisfaire les besoins grandissants en électricité sur les îles.

Les énergies renouvelables connaissent un véritable essor dans les zones îliennes depuis une dizaine d'années. Pouvez-vous nous en donner les principales raisons ? En quoi les énergies renouvelables sont-elles particulièrement adaptées aux zones insulaires ? Quelle est la part des énergies renouvelables dans leur mix énergétique ?

L'essor des énergies renouvelables dans le monde, et dans les îles en particulier, est fortement lié aux avancées technologiques dans le domaine et à la baisse des coûts de ces technologies. En effet, la prise de conscience générale de la nécessité de passer aux énergies renouvelables a encouragé les industriels à trouver des solutions efficaces et à moindre coût. Précédemment, les technologies permettant de produire les énergies renouvelables coûtaient plus cher que la production à base d'énergies fossiles. Aujourd'hui, ce n'est plus le cas et les énergies renouvelables deviennent très compétitives. C'est le cas notamment du photovoltaïque et de l'éolien.

Les énergies renouvelables sont particulièrement pertinentes pour les milieux insulaires, car elles sont diversifiées, décentralisées et adaptables. En effet, une île ayant un faible relief avec un bon ensoleillement annuel et du vent pourra facilement développer une production photovoltaïque et éolienne. A contrario, une île ayant un important relief, comme une île volcanique, pourra s'appuyer sur l'énergie hydraulique, géothermique et même marine. Il n'y a pas une seule énergie à mobiliser, il faut considérer chacune des îles et travailler sur un mix énergétique qui permette une autonomie maximale.

Actuellement, si l'on considère les DOM (départements outre-mer) insulaires et la Corse, la part des énergies renouvelables dans le mix énergétique est la suivante :

- *5 % pour Mayotte (photovoltaïque) ;*
- *11 % pour la Martinique (photovoltaïque, éolien) ;*
- *22 % pour la Guadeloupe (photovoltaïque, géothermie, bagasse, éolien, hydraulique) ;*
- *36 % pour La Réunion (hydraulique, bagasse, photovoltaïque, éolien, biogaz) ;*
- *37 % pour la Corse (hydraulique, photovoltaïque, biogaz et éolien).*

Chacune de ces îles possède un relief, un climat, une urbanisation spécifique et ne possède pas les mêmes atouts et contraintes. Il faut tenir compte de tous ces paramètres dans le développement des énergies renouvelables sur un territoire, et une solution adaptée à une île n'est pas forcément adaptée à une autre.

Le développement de l'urbanisation dans un espace fini crée des conflits d'usage. Quelles solutions les énergies renouvelables peuvent-elles apporter ?

Les îles ont un foncier limité et doivent jongler entre une urbanisation croissante, la nécessité de nourrir la population, de répondre à ses besoins énergétiques et de protéger son patrimoine naturel. Afin de répondre à ces différents besoins essentiels, les énergies renouvelables doivent s'intégrer et s'adapter aux contraintes des différents territoires et travailler de concert avec les différents acteurs afin de trouver des symbioses.

Par exemple, le photovoltaïque s'intègre très bien en milieu urbain, sur les toits ou sur les parkings, sans consommer d'espace et en n'artificialisant pas plus d'espace. Mais il peut également être adapté en milieu rural. En effet, dans des îles soumises au risque cyclonique par exemple, la plupart des productions agricoles peuvent être décimées avec, en corollaire, une flambée du prix des denrées alimentaires. Pour pallier cet aléa, il est ainsi possible d'installer des serres anticycloniques dont une partie est composée de panneaux solaires et l'autre de tôles transparentes qui permettent un bon ensoleillement des cultures. Ainsi, celles-ci sont protégées à la fois de la chaleur et des prédateurs éventuels, mais aussi et surtout des fortes pluies et du vent. Il n'y a donc pas de perte de production et les serres participent à la fois à la production énergétique et à la sécurité alimentaire de l'île. C'est ce qu'on appelle le concept d'agrivoltaïsme, qui concilie sur une même surface, et donc sans conflit d'usage, une production d'énergie et une production agricole. Ceci est un parfait exemple de la symbiose pouvant exister en milieu insulaire entre énergie et agriculture et permettant de participer à l'autonomie énergétique et alimentaire, deux enjeux phares des îles.

Certaines îles ambitionnent de produire 50 %, et même 100 %, à terme, d'électricité à partir des énergies renouvelables ? Quelles sont les conditions pour atteindre ces objectifs ?

Afin d'atteindre leur autonomie énergétique, les îles vont devoir continuer à travailler sur le mix énergétique le plus pertinent pour leur territoire. Il faut à la fois prendre en compte les données topographiques, climatiques, écologiques, urbanistiques et réglementaires. Tout le monde est conscient de l'importance et de la nécessité de développer les énergies renouvelables, mais cela ne doit pas se faire n'importe comment et à n'importe quel prix. La stabilité du réseau étant primordiale, une des solutions pour atteindre un taux de pénétration important, 50 %, voire 100 %, est le stockage des électrons verts dans des batteries, qui permet, une fois l'énergie stockée, d'injecter une énergie stable dans le réseau.

Les objectifs fixés sont ambitieux, les technologies pour y répondre existent et les acteurs du secteur sont prêts, mais il y a encore de nombreux freins. C'est maintenant qu'il faut agir et que les politiques locales et les instances décisionnaires doivent accompagner les projets afin qu'ils puissent répondre à ces objectifs.

Partie 7

Et moi, je fais quoi pour changer le monde ?

Dans cette partie…

La production et la consommation d'énergies renouvelables ne concernent pas seulement les États, les grands groupes industriels et le monde agricole. Chacun de nous a la capacité de s'y intéresser. À la maison, consommer moins et mieux, opter pour l'électricité verte, soutenir les projets d'énergies renouvelables… Mais aussi changer nos modes de déplacement.

DANS CE CHAPITRE

J'isole ma maison

•

J'économise l'énergie

•

Je produis mon énergie

Chapitre 28
Ma maison

Une maison qui consomme moins et mieux

Quelle que soit la source d'énergie, plus votre logement sera performant d'un point de vue énergétique, moins vos factures d'énergie seront élevées et plus grand sera votre confort !

Tout ce qui participe à la consommation d'énergie de mon logement doit être scruté :

» l'isolation des fenêtres, des murs et du toit ;

» le chauffage : l'état des installations, l'énergie utilisée (fioul, gaz, électricité, réseau de chauffage urbain, bois, énergie solaire...) ;

» le système de production d'eau chaude ;

» la ventilation :

» l'éclairage et l'équipement électroménager.

Une maison bien isolée

Comment savoir si son logement est ou non une « passoire » énergétique, si c'est la « maison des courants d'air », si on chauffe « pour rien » ? Première démarche, réaliser un diagnostic de performance énergétique.

Des consommations énergétiques très encadrées

Important

Avant 1974, en France, les logements construits n'étaient soumis à aucune réglementation thermique, et donc à aucune obligation d'isolation. Bon nombre de constructions anciennes sont très mal isolées. Pour celles plus récentes, les réglementations successives ont renforcé les exigences d'isolation. Aussi, révisées tous les 5 ans, les réglementations thermiques ont permis, entre 1975 et 2010, de diviser par deux la consommation énergétique des logements neufs.

La réglementation 2012 (RT2012) a constitué une nouvelle étape significative en fixant, non pas un objectif de réduction, mais un objectif de consommation maximale. Ainsi, depuis 2013, les bâtiments neufs doivent répondre aux critères des « Bâtiments basse consommation » et consommer 50 kWh/m^2 par an. La RT2012 pose trois exigences de résultats définies par trois coefficients :

- **le Bbio, besoin bioclimatique conventionnel ;**
- **le CEP, coefficient de consommation conventionnelle d'énergie primaire ;**
- **le TIC, température intérieure conventionnelle.**

Pour chaque maison, ces coefficients doivent être inférieurs à des valeurs maximales définies en fonction de son lieu géographique et de sa surface . Cette RT rend obligatoire le recours à une énergie renouvelable pour le chauffage et la production d'eau chaude.

Le 1er janvier 2022, une nouvelle réglementation, la RE2020 (réglementation environnementale 2020), s'appliquera aux constructions neuves. En complément des exigences sur les consommations énergétiques et le confort d'été, elle intègre pour la première fois des objectifs sur l'impact carbone du bâtiment.

Pour approfondir

Sur la réglementation thermique : http://www.rt-batiment.fr

Sur le diagnostic de performance énergétique : https://www.ecologique-solidaire.gouv.fr/diagnostic-performance-energetique-dpe

Construire bioclimatique

La conception bioclimatique d'un bâtiment tient compte de son implantation et de ses caractéristiques afin d'optimiser son environnement. Par exemple : en orientant la construction pour profiter des apports du soleil en hiver, de l'ombre en été, en tenant compte des vents dominants pour une ventilation optimale... Cette méthode architecturale est en réalité très ancienne : la plupart des habitats traditionnels étaient organisés pour profiter de l'ensoleillement et se protéger des vents dominants.

Le diagnostic de performance énergétique

Pour connaître la consommation énergétique d'un logement lorsque vous l'achetez, vous devez vous assurer du « diagnostic de performance énergétique » (DPE).

Depuis janvier 2011, le classement énergétique doit figurer sur l'annonce immobilière pour tous les biens mis en vente et en location, joint au descriptif du logement. Les plus performants sont classés en A, les plus consommateurs d'énergie en G. En moyenne, les logements français consomment 240 kWh/m^2 par an et sont classés en E.

Le contenu et les modalités d'établissement du DPE sont réglementés. Il décrit le bâtiment ou le logement (surface, orientation, murs, fenêtres, matériaux, etc.), ainsi que ses équipements de chauffage, de production d'eau chaude sanitaire, de refroidissement et de ventilation. Il indique, suivant les cas, soit la quantité d'énergie effectivement consommée (sur la base de factures), soit la consommation d'énergie estimée pour une utilisation standardisée du bâtiment ou du logement.

Le DPE détermine également les émissions de gaz à effet de serre du logement, à l'aide de l'étiquette « Climat ».

Figure 28-1
Le DPE

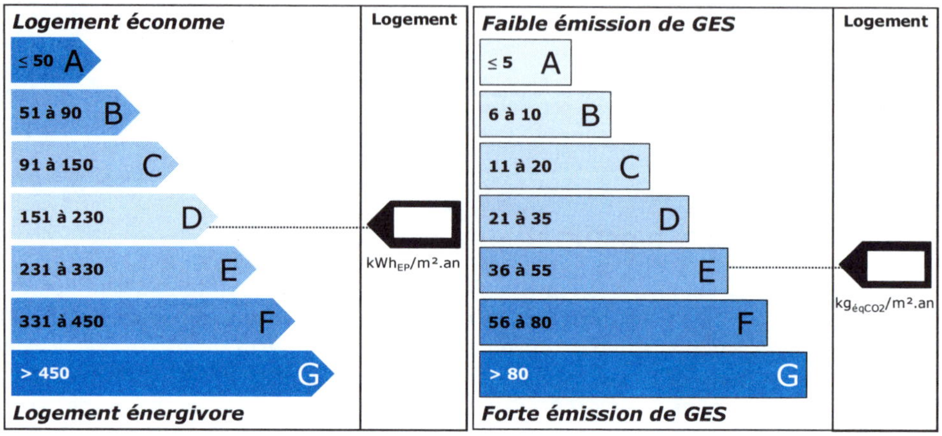

Au quotidien : les réflexes pour consommer moins d'énergie

Revue de détail des bons gestes à adopter pour consommer moins… et dépenser moins.

Éteindre les veilles

Certains appareils sont équipés de veilles qui consomment, que l'appareil fonctionne ou non. Les éteindre permet de réaliser de substantielles économies (jusqu'à 10 % de la facture d'électricité), mais aussi de préserver le matériel.

Pensez à éteindre totalement vos équipements audiovisuels et informatiques, pour lesquels le mode veille n'est pas très utile. En revanche, pour les lave-linge et lave-vaisselle, les veilles servent souvent à la détection des fuites d'eau et il n'est pas judicieux de les déconnecter. Mais vous pouvez débrancher les appareils de cuisson et le petit électroménager (cafetière, machine à pain…). Utilisez des multiprises à interrupteur, qui permettent de brancher plusieurs appareils et de les éteindre tous en même temps.

Des progrès importants ont été faits pour limiter la consommation des veilles : une directive européenne applicable depuis janvier 2017 limite leur puissance. Elle est de 0,5 W pour un certain nombre d'appareils, mais de 3 W pour ceux qui restent connectés à Internet ou à des réseaux de données.

Remplacer ses ampoules halogènes par des LED

Les lampes à diodes électroluminescentes, dites LED, consomment peu d'électricité et durent longtemps (jusqu'à 40 000 heures), ce qui compense leur prix d'achat. Elles sont utilisables en intérieur et à l'extérieur. Ces lampes permettent aussi de jouer sur la teinte de la lumière pour créer des ambiances adaptées aux différentes pièces (cuisine, salon, chambre...). Préférez les blancs chauds de 2700 à 3500 kelvins pour le salon et les chambres et une lumière plus dynamique dans la cuisine ou la salle de bains (3500 à 4500 kelvins).

Privilégier les programmes « Éco » du lave-linge et du lave-vaisselle

Les programmes « Éco » permettent d'économiser l'eau et l'énergie, même si la durée du cycle est plus élevée. Ils sont optimisés pour réduire les consommations. Le temps de trempage est plus long, mais l'eau est moins chauffée. Or, c'est le chauffage de l'eau qui consomme le plus d'électricité lors d'un cycle de lavage.

Des appareils qui se multiplient = une consommation électrique qui augmente

Des téléviseurs toujours plus grands, des ordinateurs plus performants, de nouveaux appareils électriques pour la cuisine (machine à pain, cafetière programmable...), notre équipement ne cesse de progresser et impacte directement notre facture électrique. Au-delà de leur performance, il est donc important de réfléchir aussi à leur utilité et éviter autant que possible le suréquipement !

Figure 28-2 Consommations moyennes des appareils électriques dans la cuisine

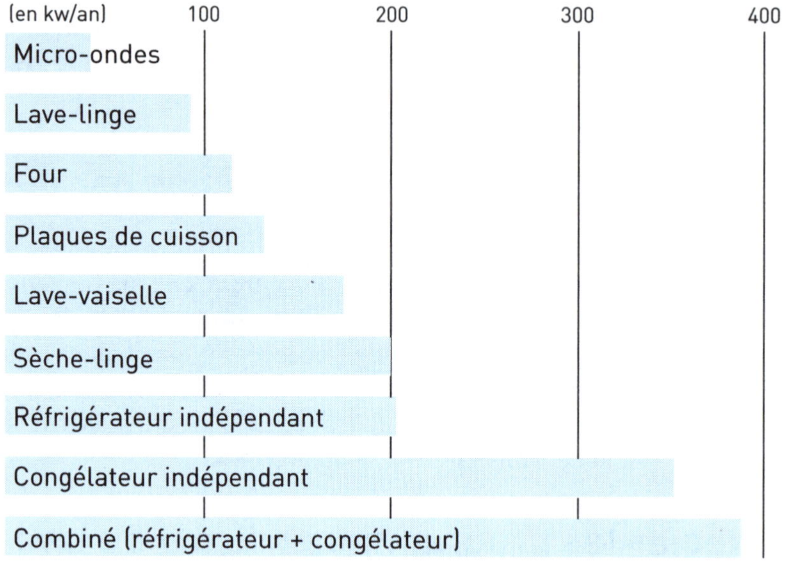

Données Ademe

Figure 28-3 À chaque équipement sa consommation

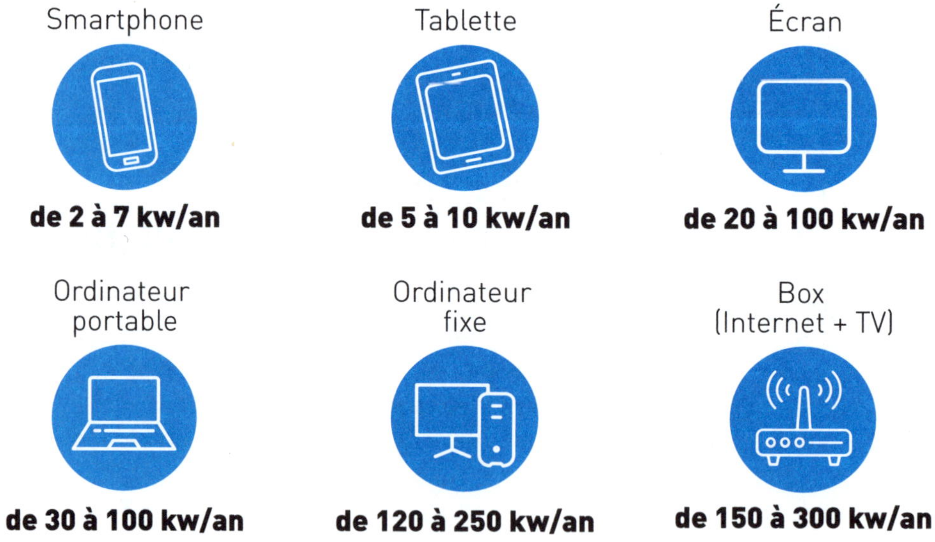

Données Ademe et Green IT

Choix des équipements : l'étiquette énergie

L'étiquette énergie est obligatoire pour les réfrigérateurs, les congélateurs, les combinés, les lave-linge, les sèche-linge, les lave-linge séchants, les lave-vaisselle, les caves à vin, les fours, les hottes de cuisine et les aspirateurs. Elle renseigne sur les consommations d'énergie de chaque appareil et tient compte des progrès en matière de performances énergétiques. En cas de remplacement d'un appareil, vérifiez sa consommation et sa classe. Les économies d'énergie réalisables avec les appareils les mieux classés sont loin d'être anecdotiques.

La classe A +++ signale les appareils qui consomment de 20 à 50 % d'énergie en moins que ceux classés A +.

En 2021, l'étiquette va connaître des modifications : plus simple à lire pour les consommateurs, car elle ne contiendra plus de sigles +++, les équipements seront classés sur une échelle allant de A (plus économe – en vert) à G (moins économe – en rouge). Elle sera affichée en magasin ou en ligne, à partir de mars 2021, sur sept catégories de produits :

- les téléviseurs ;
- les réfrigérateurs ;
- les congélateurs ;
- les machines à laver ;
- les machines lavantes séchantes ;
- les lave-vaisselle ;
- les lampes et luminaires.

Pour les appareils de chauffage et les chauffe-eau, qui ne disposent de l'étiquette énergie que depuis 2015, la nouvelle étiquette ne devrait être apposée qu'à partir de 2030.

S'équiper en énergies renouvelables

Le chauffage domestique et la production d'eau chaude sanitaire peuvent représenter près de 3/4 des dépenses énergétiques du logement. Certains systèmes de chauffage sont plus faciles à installer et donc moins chers à l'acquisition du bien, mais beaucoup plus chers à l'usage. Les équipements à partir d'énergies renouvelables peuvent nécessiter un investissement plus important au départ, mais sont plus économiques en fonctionnement et représentent donc des économies sur le long terme.

Les termes techniques à connaître

La puissance nominale (Pn), exprimée en kilowatt (kW), est la puissance maximale que l'équipement (chaudière fioul, gaz, appareil de chauffage au bois) peut fournir en continu.

Le rendement, exprimé en %, traduit l'efficacité de l'appareil ou du système (chaudière, panneau solaire et son appoint...), c'est-à-dire l'énergie qu'il peut fournir par rapport à l'énergie consommée. Plus le rendement est élevé, plus le matériel est efficace.

Le facteur d'émission d'un appareil de chauffage au bois équivaut à la quantité de polluant ou de gaz à effet de serre émise par unité de combustible brûlé.

Le coefficient de performance (COP) d'une pompe à chaleur est le rapport entre la quantité de chaleur qu'elle produit et l'énergie qu'elle consomme, dans des conditions données. Il traduit donc son efficacité.

L'efficacité énergétique saisonnière (η) signifie le rendement global sur toute la saison de chauffe, et pas uniquement quand le brûleur d'une chaudière fonctionne. Exprimée en % et en énergie primaire, elle peut être supérieure à 100 % dans le cas de systèmes utilisant les énergies renouvelables.

Le chauffage au bois

9 millions de foyers se chauffent avec le bois en France ! Le bois est abondant, bon marché et constitue une ressource locale intéressante. Son utilisation peut être contraignante si l'alimentation des appareils est manuelle (poêle, insert), elle le sera moins dans le cas de chaudières automatiques aux granulés de bois ou à plaquettes forestières.

Les appareils de chauffage au bois s'intègrent dans tous les intérieurs. Un insert, un foyer fermé et un poêle peuvent servir d'appoint à un autre système de chauffage (électricité, fioul...) et permettent de chauffer un logement bien isolé.

Une chaudière, quant à elle, alimente le réseau de chauffage central et fournit l'eau chaude.

Si vous êtes déjà équipé d'un vieil appareil de chauffage au bois, mieux vaut le remplacer pour améliorer votre confort, consommer moins de combustible et diminuer les émissions de polluants de l'air.

Pour choisir votre appareil, fiez-vous au logo « Flamme verte », le label de qualité en la matière. Le nombre d'étoiles est fonction du rendement et des émissions polluantes de l'appareil. Les performances exigées sont : au moins 70 %

de rendement et au plus 0,3 % de rejet de monoxyde de carbone (CO) dans l'air extérieur. Pour être labellisé, un appareil doit garantir de très bonnes performances globales.

Figure 28-4 Comparer en un coup d'œil : rendement et autonomie

Type d'appareil	Rendement (pour un appareil récent)	Autonomie
Chaudière à bûches à combustion inversée	65 à 90 %	Plus de 6 heures
Chaudière à bûches turbo	80 à 90 %	Plus de 6 heures
Chaudière à bûches à hydroaccumulation	80 à 90 %	Selon le dimensionnement
Chaudière à plaquettes	75 à 95 %	Selon la capacité de stockage
Chaudière à granulés classiques	85 à 95 %	Selon la capacité de stockage
Chaudière à granulés à condensation	85 à 105 %	Selon la capacité de stockage
Insert, foyer fermé	65 à 85 % (30 à 60 % pour un appareil de plus de 10 ans)	Quelques heures
Poêle à bûches	70 à 85 % (40 à 60 % pour un appareil de plus de 10 ans	Quelques heures
Poêle à granulés	Plus de 85 %	12 à 72 heures
Poêle de masse à bûches	80 à 90 %	8 à 24 heures

Données issues de l'Ademe (données théoriques sur PCI, pouvoir calorifique inférieur) et Flamme Verte.

Une chaudière à bois est intéressante pour une grande maison, qui permet parfois même de disposer d'un local de chaufferie spécifique pour produire également l'eau chaude sanitaire.

En logement collectif aussi, les chaudières à bois à alimentation automatique, à plaquettes ou à granulés, sont aussi faciles d'utilisation que les chaudières au fioul ou au gaz naturel, mais nécessitent un espace de stockage conséquent.

L'utilisation d'un combustible bien sec, de qualité et sans produits chimiques vous permet d'obtenir un bon rendement de votre appareil tout en limitant les émissions polluantes.

Une pompe à chaleur (PAC)

La pompe à chaleur prélève un peu de chaleur d'une « source froide » (sol du jardin, air environnant ou eau d'une nappe), augmente son niveau de température et restitue une chaleur à une température plus élevée dans le logement. Son fonctionnement est d'autant plus efficace que la différence entre la température du milieu où est puisée la chaleur et celle des émetteurs de chaleur est réduite.

On peut regrouper les PAC en deux grandes familles :

» **les PAC géothermiques,** qui puisent la chaleur dans le sol ou l'eau d'une nappe par l'intermédiaire d'un réseau de capteurs ou de forages ;

» **les PAC aérothermiques,** qui puisent la chaleur directement dans l'air ambiant, extérieur ou intérieur au logement.

Les PAC peuvent également produire de l'eau chaude sanitaire avec une PAC double service qui assure les deux fonctions, ou avec un chauffe-eau thermodynamique (CET).

Selon le terrain et le climat de la région, vous pouvez opter pour :

» une PAC géothermique à capteurs enterrés horizontaux, si vous bénéficiez d'un terrain suffisant autour de votre habitation ;

» une PAC géothermique à capteurs enterrés verticaux, sous réserve des démarches administratives nécessaires ;

» une PAC sur eau de nappe, si celle-ci s'y prête et sous réserve des démarches nécessaires ;

» une PAC aérothermique. Dans les climats rigoureux, il sera peut-être nécessaire de faire installer un appoint de chauffage. Attention au voisinage, certaines sont plus bruyantes que d'autres, et nécessiteront éventuellement l'installation de dispositifs spécifiques (écran antibruit, pose sur des plots anti-vibratiles, etc.). En copropriété, avant d'installer une PAC aérothermique, il faut vérifier que ce type d'appareil y est autorisé.

Cet équipement, moins fréquent qu'une chaudière classique, s'adapte de mieux en mieux au collectif. Les matériels performants se signalent par leur COP (coefficient de performance) supérieur à 3,4 (condition nécessaire pour obtenir des aides financières). On peut ainsi chauffer de petits immeubles.

Le chauffe-eau thermodynamique (CET)

Cet équipement indépendant de production d'eau chaude sanitaire comprend une pompe à chaleur spécifique et un ballon de stockage (150 à 300 litres) de l'eau chaude produite. C'est une solution intéressante pour chauffer l'eau sanitaire, sous réserve de respecter certains impératifs.

Grâce à une pompe à chaleur intégrée au ballon de stockage, le CET permet de produire de l'eau chaude en réduisant sa facture d'électricité. Il existe en plusieurs versions :

- **le chauffe-eau aérothermique** valorise les calories de l'air du logement (air ambiant ou air extrait) ou de l'air extérieur ;
- **le chauffe-eau géothermique** récupère l'énergie stockée dans le sol par l'intermédiaire de capteurs enterrés ;
- **le chauffe-eau héliothermique** valorise l'énergie du Soleil.

La capacité des CET installés frôle en général les 300 litres. Attention toutefois à bien dimensionner son besoin et à ne pas installer un ballon trop grand pour une rentabilité optimale de l'appareil.

Le chauffe-eau solaire individuel (CESI)

Avec un CESI, vous pourrez alléger vos dépenses pour l'eau chaude par deux, voire par trois (dans le Sud) par rapport à un système conventionnel. Pour être totalement satisfait de votre choix, calibrez bien vos besoins.

Le chauffe-eau solaire peut couvrir, selon la région et la taille de l'installation :

- 50 à 80 % des besoins moyens d'eau chaude sanitaire ;
- la totalité des besoins en été, ce qui permet d'éteindre complètement la chaudière.

Bien conçus, bien utilisés et régulièrement entretenus, les éléments d'un CESI ont une durée de vie :

- de 20 à 30 ans pour des capteurs plans de qualité ;
- de 15 à 20 ans pour un ballon performant, avec un suivi régulier ;
- d'environ 10 ans pour le circulateur, les sondes de température et la régulation.

Il consomme peu d'électricité (uniquement pour le circulateur) et ne rejette pas de CO_2 ni de polluant. Il diminue les rejets de gaz à effet de serre de 45 à plus de 70 %.

À retenir

Au total, il utilise beaucoup moins d'énergie qu'un ballon électrique ou qu'un chauffe-eau à gaz. Le matériel constituant un CESI est en grande partie recyclable.

La superficie des capteurs solaires varie selon le climat et le nombre d'utilisateurs. Plus les besoins en eau chaude sont importants, plus la surface de capwteurs doit être grande. Par exemple, pour produire 40 à 60 litres d'eau chaude à 50 °C par jour et par personne, un CESI doté de 4 m^2 de capteurs pourra convenir pour une famille de quatre personnes dans le nord de la France, 2 m^2 suffiront dans le Sud.

Les capteurs sont en général installés sur le toit ou au sol sur un châssis, comme brise-soleil, garde-corps d'un balcon ou encore sur un mur bien exposé. L'installateur étudie l'option la plus intéressante. Dans tous les cas, il est important qu'ils soient facilement accessibles pour simplifier l'entretien et la maintenance.

Le saviez-vous

Il est possible d'utiliser aussi l'eau chaude solaire pour le lave-vaisselle ou le lave-linge en installant un mitigeur à l'entrée de la machine. L'eau arrive ainsi à la température choisie. En revanche, si elle vient du robinet d'eau froide, elle entre dans la machine entre 13 et 15 °C et doit être chauffée par une résistance électrique. Utiliser l'eau chaude solaire permet d'économiser l'électricité qui sert à chauffer l'eau.

Le système solaire combiné (SSC)

Les systèmes solaires combinés peuvent s'installer partout, mais conviennent particulièrement bien aux régions froides et bien ensoleillées, où la période de chauffage est plus longue.

Dans certaines zones de montagne, et avec une très bonne isolation, un SSC peut permettre jusqu'à 70 % d'économies d'énergie.

Dans le nord de la France, il permet d'économiser plus d'énergie : les besoins de chauffage y sont plus importants, notamment en automne et au printemps, quand l'ensoleillement est bon.

Au même titre que n'importe quelle installation de chauffage central, le SSC comprend une distribution par un réseau de tuyauterie et des émetteurs de chaleur (radiateur, plancher chauffant…).

Pour utiliser l'énergie solaire, des capteurs doivent être installés sur le toit ou près de la maison. La surface de capteurs doit être adaptée aux besoins en chaleur. Il faut compter environ :

- **1 m² de capteurs pour 10 m² chauffés en rénovation ;**
- **0,7 m² de capteurs pour 10 m² chauffés pour des maisons RT 2012 ou très bien isolées.**

Ce système nécessite un appoint indispensable, qui peut être assuré par un insert, un poêle, une chaudière ou une pompe à chaleur. L'appoint pour l'eau chaude sanitaire est le plus souvent assuré par une résistance électrique.

Dans les grandes maisons et les régions à ensoleillement irrégulier, la production de chaleur est assurée par une chaudière performante couplée au SSC qui prend le relais automatiquement.

Combien ça coûte ?

Le coût d'une installation solaire peut varier largement en fonction de la localisation, du nombre de panneaux et de la composition de la famille. Il faut compter en général un retour sur investissement de dix ans.

Dans le collectif aussi, cette technologie peut être installée pour la production d'eau chaude sanitaire de logements sociaux et copropriétés, qui ont des besoins réguliers tout au long de l'année.

Le raccordement à un réseau de chaleur

Il existe près de 500 réseaux de chaleur en France. Ils chauffent plus de 2 millions de personnes. Ces réseaux situés sur l'ensemble du territoire utilisent des énergies renouvelables ou récupèrent de la chaleur (des usines d'incinération par exemple).

En théorie, les immeubles comme les maisons individuelles peuvent se raccorder à un réseau de chaleur passant dans leur rue. En pratique, cela concerne surtout les grands bâtiments en copropriété et tertiaires. En effet, mieux vaut qu'il y ait un grand nombre de logements raccordés afin de mutualiser et d'amortir les coûts fixes. Les bâtiments neufs ou faisant l'objet de travaux de rénovation importants doivent obligatoirement se raccorder au réseau de chaleur existant si celui-ci fait l'objet d'un classement, si les bâtiments se situent dans le périmètre de développement prioritaire desservi par le réseau et si la puissance pour le chauffage, la climatisation ou la production d'eau chaude dépasse 30 kW.

Une installation photovoltaïque pour produire de l'électricité

Une installation photovoltaïque peut se matérialiser sous forme de panneaux ou de tuiles solaires. Ainsi, 25 m² de modules photovoltaïques peuvent produire en un an l'équivalent de la consommation électrique (hors chauffage, cuisine et eau chaude) d'une famille de quatre personnes, soit environ 2 500 kWh.

Avec une installation photovoltaïque raccordée au réseau d'électricité, vous avez le choix :

» **soit de vendre la totalité de l'électricité produite à un fournisseur d'énergie ayant l'obligation d'achat (EDF, Entreprises Locales de Distribution [ELD], des organismes agréés...) ;**

» **soit d'utiliser chez vous l'électricité produite et de vendre ou céder le surplus de production.**

Cette autoconsommation peut être totale ou partielle.

Elle n'est pertinente que si vous modifiez vos habitudes de consommation d'électricité pour vous aligner avec les horaires solaires de production. Sinon, la vente totale est économiquement plus intéressante.

Important

La production électrique individuelle prend tout son sens quand elle s'intègre dans une démarche de maîtrise des consommations d'énergie, dans le cadre d'une maison énergétiquement performante. Avant toute chose, faites une évaluation précise de votre consommation d'électricité et une estimation de la dimension des capteurs nécessaires. Cela dépendra de l'ensoleillement de votre région, de l'orientation de votre maison, etc.

C'est en général sur le toit de votre maison que vous installerez les modules ou les tuiles photovoltaïques. Il est tout à fait possible de les intégrer à votre toiture, mais également à une façade. Ils sont alors utilisés comme matériaux de construction.

Une éolienne domestique

Il existe des modèles d'éoliennes domestiques qui peuvent servir à produire de l'électricité à partir du vent pour couvrir les besoins d'une maison, d'une exploitation agricole, d'une collectivité, d'une entreprise… L'électricité peut aussi être réinjectée sur le réseau pour y être revendue à EDF ou l'un de ses concurrents.

De petites éoliennes sont aussi conçues, sans générateur, pour un usage purement mécanique, par exemple pour pomper de l'eau.

Les éoliennes ne s'installent pas n'importe où, votre terrain doit être dégagé, exposé au vent et situé près du point d'utilisation. En général, on recommande d'implanter une éolienne à 40 m minimum de tout bâtiment et à 300 m maximum du point de raccordement.

Afin de déterminer le gisement de vent, la pose d'un mât de mesure de la hauteur de la future éolienne est la solution la plus fiable, et ce, pendant trois mois au minimum, pendant les mois venteux (en hiver). Les résultats détermineront la suite à donner à votre projet.

Le coût d'une éolienne pour une maison individuelle varie de 10 000 à 40 000 euros, selon les modèles proposés et les contraintes d'installation, le coût du raccordement au réseau électrique, les assurances et l'étude préalable de vent.

Si la hauteur de l'éolienne est supérieure à 12 mètres, un permis de construire est nécessaire. Ensuite, tout nouveau producteur d'électricité doit mener, en parallèle, plusieurs démarches administratives : déclaration ou demande d'autorisation d'exploiter, demande de raccordement, demande de certificat ouvrant droit à l'obligation d'achat et, enfin, demande de contrat d'achat.

Chaudière à microcogénération gaz

Cet appareil est également appelé « chaudière électrogène » ou « écogénérateur ». Il est annoncé comme la troisième génération de chaudières à gaz, après la chaudière classique et la chaudière à condensation. Sa particularité est de produire à la fois, à partir de la même source d'énergie, de la chaleur et de l'électricité. Outre vous permettre de chauffer votre habitat et votre eau chaude sanitaire, il vous permet de devenir producteur d'électricité pour une partie de vos besoins.

Pour pouvoir utiliser cette électricité, vous devez raccorder votre installation au réseau électrique. Renseignez-vous auprès de votre installateur.

Quand il n'y a pas ou peu de demande d'électricité dans votre logement au moment de la production, le surplus d'électricité est alors directement et automatiquement injecté dans le réseau (il y a alors vente d'électricité). Il faut cependant avoir conclu au préalable un contrat d'obligation d'achat avant de vendre l'électricité produite.

Les bons gestes

Quelle que soit l'énergie choisie, un certain nombre de bons réflexes sont à prendre : faire installer l'équipement par un professionnel certifié RGE, veiller à l'entretien de l'appareil et à sa maintenance, surveiller les thermostats, régulateurs...

Des équipements performants

Important

Initié par l'Ademe, le label Flamme verte a pour but de promouvoir l'utilisation d'appareils performants (appareils de classe « 7 étoiles » depuis janvier 2020, labellisés par le Syndicat des énergies renouvelables – SER) pour le chauffage au bois. La norme NF Électricité Performance garantit les performances énergétiques relatives au matériel de chauffage (notation de 1 à 3 étoiles, niveau le plus élevé, et même 3 étoiles + « œil » pour les appareils équipés d'éléments tels que détecteur de fenêtre ouverte ou détecteur de présence).

Un professionnel qualifié

Privilégiez les professionnels porteurs d'un signe de qualité bénéficiant de la mention RGE (reconnu garant de l'environnement).

Pour le solaire : les installateurs relèvent de certifications délivrées par Qualibat, Qualit'énergies renouvelables (mentions Qualisol Combi pour le chauffage solaire et Qualisol CESI pour les chauffe-eau solaires individuels).

Faire entretenir sa chaudière

L'entretien des chaudières est obligatoire, quel que soit le combustible utilisé, et ce, tous les ans. Selon l'Ademe, une chaudière régulièrement entretenue peut permettre d'économiser 8 à 12 % d'énergie. C'est aussi un impératif pour garantir l'efficacité de votre équipement, mais également votre sécurité.

Réduire la consommation d'énergie des radiateurs

Équipez vos radiateurs de robinet thermostatiques qui régulent la chaleur émise par ces derniers pour atteindre la température choisie pour la pièce.

La température idéale

19 °C dans les pièces à vivre, 16 °C dans les chambres, c'est bon pour la santé, le porte-monnaie et l'environnement. Passer de 20 °C à 19 °C, c'est peut-être un pull en plus, mais c'est surtout 7 % de consommation en moins.

Comment s'abonner à un fournisseur d'électricité « verte » ?

Lorsqu'on parle d'« électricité verte », on fait référence à celle produite uniquement et intégralement à partir de sources renouvelables. Aujourd'hui, en France, elle provient surtout de l'hydroélectricité, et, dans une moindre mesure, de l'éolien, du solaire, de la biomasse, etc. Une fois injectée dans le réseau électrique, il n'est plus possible de distinguer l'électricité verte de l'électricité provenant d'installations non-énergies renouvelables, qui représente encore la majorité de l'électricité, produite à plus de 70 % en France par les centrales nucléaires.

Important

En revanche, par convention, il est possible d'attribuer l'électricité verte produite par une installation d'énergies renouvelables à un contrat de consommation. La provenance de cette énergie est garantie par un outil européen de traçabilité de l'origine de l'électricité : les garanties d'origine (GO).

En 2020, pas moins de 28 fournisseurs proposaient des offres d'électricité verte.

Toutes les offres ne sont pas équivalentes : l'une peut correspondre à un achat séparé de l'électricité et des garanties d'origine, une autre peut impliquer l'achat de l'électricité et des garanties d'origine au même producteur, généralement de petits producteurs d'hydroélectricité français.

Sans clarification des critères de comparaison entre les offres, ces distinctions sont difficiles à établir par les consommateurs. Or, il est important que ceux qui souhaitent s'engager dans une démarche de consomm'action puissent choisir des offres qui ont un impact environnemental additionnel. Aujourd'hui, les GO ne sont pas à des niveaux suffisants pour déclencher des investissements dans des installations de production d'énergies renouvelables. Mais, dans un futur assez proche, avec la baisse des prix des renouvelables (photovoltaïque et éolien notamment), ce type d'offre pourrait contribuer directement au développement de nouvelles installations renouvelables.

L'Ademe a initié en 2019 un groupe de réflexion composé de représentants des acteurs de la filière de l'électricité verte afin de travailler à la mise en place d'un label pour les offres d'électricité verte. Les critères définis pour ce futur label ont été présentés fin 2020.

Nouvelle initiative depuis 2019 en France, Électricité verte d'origine contrôlée

Sept producteurs indépendants d'énergies renouvelables se sont regroupés pour lancer la marque « Électricité verte d'origine contrôlée » avec le fournisseur alternatif Plüm Énergie. Ces sept producteurs sont Akuo Energy, Boralex, Nass & Wind, Reden Solar, Tenergie, Valorem,VSB énergies nouvelles. Cette initiative va permettre de dynamiser la consommation locale, pousser les énergies solaires, éoliennes, hydroélectriques, et aussi créer de l'emploi et de l'insertion sociale dans les milieux agricoles. La nouvelle marque s'engage à :

- « investir exclusivement dans des moyens de production d'énergies renouvelables » ;
- « accélérer la construction et le développement de nouvelles centrales de production d'électricité renouvelable en France ».

Comment opter pour une offre d'électricité verte ?

Commencez par comparer les offres sur http://changeonsdenergie.com.

À retenir

Changer de fournisseur est gratuit. Aucuns frais de résiliation ne peuvent vous être facturés. C'est sans engagement sur la durée. Vous pouvez changer de fournisseur autant de fois que vous le souhaitez, et même revenir chez votre ancien fournisseur. Un changement de compteur n'est pas nécessaire pour pouvoir changer de fournisseur.

La procédure est simple : souscrire un contrat chez un nouveau fournisseur peut se faire en ligne et ne nécessite pas de démarches administratives.

Donner du sens à son épargne en soutenant les projets d'énergies renouvelables

Les bons réflexes à acquérir pour devenir un soutien modèle des énergies renouvelables.

Investir dans des obligations vertes

Il est possible d'investir directement dans des obligations vertes – *Green Bonds* –, ou dans des fonds qui investissent dans des obligations vertes.

Une obligation verte est un emprunt émis sur le marché par une entreprise ou une entité publique auprès d'investisseurs pour lui permettre de financer ses projets contribuant à la transition écologique (énergies renouvelables, efficacité énergétique, gestion durable des déchets et de l'eau, exploitation durable des terres, transport propre et adaptation aux changements climatiques...), plus particulièrement les investissements en infrastructures. Ces produits se distinguent des obligations classiques par un reporting détaillé sur les investissements qu'ils financent et le caractère vert des projets financés.

Investir dans des entreprises d'énergies renouvelables

L'épargnant peut choisir d'investir directement au capital de sociétés évoluant dans les énergies renouvelables, en achetant des actions de la société ou en investissant dans un fonds d'investissement dont l'objet est d'investir dans les sociétés spécialisées dans les énergies renouvelables.

Le financement participatif

L'intermédiaire en financement participatif repère et sélectionne des projets de production d'énergie renouvelable qui ont besoin d'investisseurs. L'argent peut être investi sous forme de prêt ou d'actions dans des projets d'énergies renouvelables qui peuvent ainsi boucler leur financement et lancer les travaux.

Il existe plusieurs plateformes de financement participatif *crowdfunding* (Akuocoop, Lendosphere, Wiseed, Lumo...).

Le label Greenfin

Créé par le ministère de la Transition écologique, le label Greenfin garantit la qualité verte des fonds d'investissement. Il s'adresse aux acteurs financiers qui agissent au service du bien commun grâce à des pratiques transparentes et durables. Notons que ce label a la particularité d'exclure les fonds qui investissent dans des entreprises opérant dans le secteur nucléaire et les énergies fossiles.

Pour plus d'informations, rendez-vous sur https://www.ecologique-solidaire.gouv.fr/label-greenfin

Autour de ma maison : devenir un écocitoyen

Il n'y a pas que les grandes entreprises qui peuvent se mobiliser en faveur des énergies renouvelables. Pour lutter contre le changement climatique, les particuliers peuvent s'engager dans un « projet citoyen ». Deux possibilités s'offrent à chacun, selon ses moyens, soit participer au niveau de la commune, de la région..., soit investir via le financement participatif.

L'Agence de la transition écologique – l'Ademe – soutient de nombreux « projets à gouvernance locale », notamment via le mouvement « Énergies partagées ». À la différence d'un projet d'installation d'énergies renouvelables « classique », où l'actionnaire majoritaire du projet est souvent une entreprise privée extérieure au territoire (voire située hors de France), un projet à gouvernance locale a pour actionnaires des citoyens et des collectivités. Ils investissent pour développer le projet puis reçoivent des dividendes grâce aux ventes de l'énergie produite sur la durée de vie du projet.

Appartenant à la grande famille des projets participatifs, ces projets vont au-delà du simple financement participatif via des plateformes en ligne, car ils permettent aux citoyens et aux collectivités de s'impliquer au moment où le projet est à l'étude et de participer aux choix décisifs du projet.

Bénéfices pour les citoyens

Les projets à gouvernance locale permettent aux habitants :

» **de s'investir dans le montage de projets cohérents avec les spécificités de leur territoire ;**

- d'accorder leur épargne à des projets vertueux qui apportent beaucoup à leur territoire (créations d'emplois…) ;
- de participer à la transition énergétique et de mieux comprendre les enjeux écologiques liés à la production d'énergie ;
- de rencontrer d'autres habitants avec qui s'investir dans un projet vertueux.

Dans toute la France

Ces projets sont très présents dans plusieurs pays européens (Pays-Bas, Allemagne…). En France, ils connaissent un développement accéléré grâce à un assouplissement de la législation, mais ils représentent encore moins de 1 % des projets d'électricité renouvelable en place en 2019.

À ce jour, la France compte près de 250 projets à gouvernance locale pour développer des énergies renouvelables (éoliens et photovoltaïques essentiellement), dont une centaine en fonctionnement, et d'autres encore à l'étude. Plus de 11 000 citoyens y sont mobilisés.

En comptabilisant les projets à l'étude et ceux en fonctionnement, l'électricité produite correspond aux besoins de plus de 600 000 personnes.

Pour en savoir plus, consultez l'Observatoire national des projets d'Énergie partagée[1].

1 https://energie-partagee.org/decouvrir/energie-citoyenne/tous-les-projets/

Le soutien des pouvoirs publics

Les pouvoirs publics ont mis en place des outils pour accompagner les particuliers et les collectivités à chacune des phases d'un projet :

- En phase d'émergence, le réseau Énergie partagée propose un centre de ressources (guides, formations, etc.), des animateurs dans quasiment toutes les régions pour susciter et accompagner les projets. Les collectivités et l'Ademe proposent également un soutien technique et financier aux premières études des projets ;
- Pour la phase de développement, phase la plus risquée de la vie d'un projet, un outil de financement existe au niveau national : il s'agit d'EnRciT, doté de 10 millions d'euros par la Caisse des Dépôts, l'Ircantec et le Crédit coopératif ;
- En phase de construction, d'autres outils de financement des projets existent dans certaines régions ;

- Enfin, en phase d'exploitation, un bonus « participatif » a été mis en place dans les appels d'offres de la Commission de régulation de l'énergie. Ces appels d'offres sont lancés pour favoriser le développement de projets impliquant des collectivités et des citoyens.

Mode d'emploi pour monter un projet

Concrètement, comment faire pour participer à un projet à gouvernance locale ?

Les citoyens ont plusieurs possibilités :

- lancer une dynamique locale pour monter eux-mêmes un projet de développement d'énergies renouvelables ;
- rejoindre un collectif déjà existant ;
- prendre des parts dans une société locale déjà existante ;
- prendre des parts dans l'outil national Énergie Partagée Investissement.

Dans de nombreuses régions, des réseaux d'animation proposent un accompagnement et peuvent vous mettre en lien avec des initiatives déjà en place à côté de chez vous. Consultez la liste des structures d'animation régionales existantes sur les sites de l'Ademe et d'Énergie partagée.

De nombreux guides et informations sont en accès libre sur le site d'Énergie Partagée, mis en place notamment grâce au soutien de l'Ademe.

L'Association des Centrales Villageoises, membre du réseau Énergie Partagée propose également des ressources sur son site.

Trois questions à Élisabeth Laville

Autrice de plusieurs ouvrages sur le développement durable, Élisabeth Laville siège au conseil d'administration de Nature & Découvertes, de Rabot Dutilleul et de plusieurs ONG ou fondations. Elle est également la fondatrice de l'agence et think tank UTOPIES, spécialisée dans l'accompagnement des entreprises et des marques qui placent le développement durable au cœur de leur stratégie.

Quelles sont les principales actions que peuvent mettre en place les entreprises en matière de développement durable, en particulier concernant les énergies renouvelables ?

L'action principale est celle qui chapeaute et oriente toutes les autres : elle consiste à ne pas faire du développement durable une discipline, un métier ou un service à part dans l'entreprise, mais bien une composante-clef du projet d'entreprise, de la stratégie business, de l'innovation dans l'offre, de la motivation des salariés et de la différence de la marque. Cela est possible et pertinent, dans l'agroalimentaire comme dans l'électronique, les transports ou le textile, que l'on vende aux consommateurs ou à d'autres entreprises, que l'on soit une petite entreprise en quête de différenciation sur un marché encombré ou un grand groupe soucieux de sa réputation sociétale.

»

Les énergies renouvelables, et globalement la stratégie climat, sont des « briques » majeures pour construire une telle stratégie. La crise de la Covid-19, qui a mis l'économie mondiale à l'arrêt pendant deux mois, va sans doute faire diminuer les émissions de CO_2 de l'humanité en 2020, dans les proportions qu'il nous faudrait réaliser chaque année, sans arrêt de l'économie, pour atteindre les objectifs de l'Accord de Paris – cela donne une idée de la radicalité de l'action nécessaire. Dans les entreprises, cela consiste à réduire drastiquement l'empreinte carbone et les émissions de gaz à effet de serre liées à leurs activités et à leurs produits ou services, à mettre en place un plan ambitieux d'économies d'énergie (dans les bâtiments notamment), à limiter le recours au transport aérien et à opter pour des carburants et des modes de transport les plus verts possible (train, fluvial, flotte de véhicules hybrides ou électriques…) et évidemment à limiter leur contribution à la déforestation dans le cadre de leurs activités (utilisation de soja, d'huile de palme, de bois, de papier, de bœuf…), car la déforestation représente 15 % des émissions de gaz à effet de serre dans le monde ! Sans aucun doute, le passage à 100 % d'énergies renouvelables, notamment pour les achats d'électricité (presque tous les fournisseurs le proposent) ou encore via l'autogénération sur les sites industriels (panneaux solaires, méthanisation…), reste un acte marquant pour faire partie des pionniers dont l'engagement sur le sujet est crédible et remarqué.

Quelles sont les conditions pour qu'une entreprise réussisse à devenir une entreprise durable ?

Je pense qu'en pratique, les conditions de la réussite sont la conviction et une forme de courage des dirigeants, pour mettre en œuvre une démarche ambitieuse qui ne se limite pas à la réduction des impacts négatifs (déchets, émissions de CO_2, risques sociaux, etc.), mais va au-delà, pour rechercher un impact positif sur la société et la planète (raison d'être et entreprise à mission, innovation produits et changement des offres, etc.). Et, naturellement, la conscience que c'est un chemin de progrès et que cette démarche, même si elle est fondée sur des valeurs, ne peut pas se limiter à des déclarations d'intention, mais doit s'incarner concrètement dans des objectifs quantifiés et datés, des indicateurs dont on suit la progression, des moyens humains et financiers que l'on mobilise, et des résultats que l'on mesure. C'est tout l'intérêt par exemple du tout nouveau statut d'entreprise à mission déployé par la loi PACTE en France, ou de certifications, comme BCorp qui propose gratuitement en ligne son questionnaire d'auto-évaluation des pratiques (https://app.bimpactassessment.net).

Que préconisez-vous pour accélérer le mouvement des entreprises vers un modèle respectueux de l'environnement ?

Il me semble que ce qui peut notamment accélérer le mouvement des entreprises vers ce modèle, c'est la combinaison de l'engagement des consommateurs (de plus en plus sensibles à ces sujets), les attentes croissantes des salariés (et notamment des jeunes générations que les entreprises veulent attirer et fidéliser), la pression des pouvoirs publics (via les réglementations ou, dans les mois qui viennent, les contreparties demandées en échange des aides à la relance) et, enfin, les incroyables défis de cette ère post-Covid-19, qui met en lumière lesactivités essentielles ou utiles à la société, fait apparaître le besoin de renforcer notre résilience locale et notre capacité à produire localement ce dont nous avons besoin et qui pourrait manquer demain, et demande aux dirigeants de faire preuve de leadership et de vision à long terme.

»

Trois questions à Élisabeth Laville *(suite)*

Peu à peu, la norme sociale change. Avant, on était baba cool quand on faisait de la RSE (responsabilité sociétale des entreprises) ou du développement durable... Mais demain, ce sera vu comme incroyablement léger de ne pas prendre au sérieux ces dimensions !

DANS CE CHAPITRE

Je change ma manière de me déplacer

•

Quelles solutions pour aujourd'hui et demain

Chapitre 29

Mes déplacements

Changer sa manière de se déplacer

En chiffres

Nous nous déplaçons de plus en plus en avion (+ 7,2 % en un an en 2018) et en voiture (+ 1,9 % de voitures neuves entre 2018 et 2019), avec des véhicules toujours plus lourds et plus puissants (type SUV). Plus de 1/3 des gaz à effet de serre de la France sont dus aux transports. Le transport routier représente plus de 80 % des émissions de CO_2 du secteur des transports, dont 80 % pour les seules voitures particulières ! Les véhicules routiers sont également très émetteurs de polluants atmosphériques (particules fines, Nox), responsables de 48 000 décès par an dans notre pays.

Le secteur des transports utilise 36 % de l'énergie consommée en France. Or, nous sommes particulièrement dépendants de ces ressources non renouvelables, alors que la sécurité des approvisionnements et les prix fluctuent fortement, avec une tendance générale à la hausse depuis plusieurs années. Les dépenses en la matière sont une charge de plus en plus lourde pour les ménages. Posséder une voiture coûte plus de 5 000 euros par an en moyenne, soit 10 à 12 % du budget des ménages. Pourtant, elle reste plus de 95 % du temps en stationnement.

Comment agir ?

» En privilégiant les modes dits « actifs » : la marche et le vélo, c'est bon pour la santé, pour l'environnement... et plus rapide que la voiture en ville. À vélo, sur un trajet de 3 km, on met moins de temps qu'en voiture, stationnement compris !

» Prendre les transports en commun : bus, cars, trams, métro, trains sont moins chers qu'une voiture utilisée en solo. Les transports collectifs se modernisent et s'adaptent à nos besoins.

» Louer et partager : pour se rendre au travail ou en vacances, le covoiturage et l'autopartage permettent de faire des économies. De même, le covoiturage deux jours par semaine entraîne la réduction du montant de sa facture de carburant d'un quart. Par exemple : un tramway émet 62 fois moins de CO_2 qu'une voiture. Un métro, 54 fois moins. Et un RER, 35 fois moins.

» En pratiquant le télétravail, qui évite les déplacements, alors que seuls 16 à 20 % des Français s'y adonnaient avant la crise de la Covid-19. Les employeurs ont tout intérêt à s'y pencher, et les choses évoluent désormais...

Panorama des solutions

Le secteur des transports est encore très dépendant des hydrocarbures. Pourtant, opter pour des carburants renouvelables, produits sur notre territoire et dont on maîtrise l'approvisionnement, présente de nombreux avantages : cela permet de renforcer notre indépendance énergétique, de se prémunir des fluctuations de prix et de baisser les émissions de CO_2. Voici un récapitulatif des différentes alternatives.

L'électrique

Avec des ventes qui explosent et une offre de plus en plus large, les véhicules électriques ont le vent en poupe ! Ces voitures sont équipées de batteries rechargeables sur des bornes de recharge (dans la rue ou dans des parkings) ou chez soi (avec un équipement adapté, comme une prise renforcée ou une charge murale).

La plupart des modèles disponibles actuellement ont une autonomie de 150-200 km mais certains peuvent aller jusqu'à 600 km. Ces voitures sont adaptées aux trajets quotidiens et présentent des atouts pour répondre aux problématiques de qualité de l'air et de bruit en ville. Aussi, certaines villes encouragent leur utilisation en mettant à disposition des bornes de recharge, en proposant un stationnement gratuit ou en soutenant des services d'autopartage à partir de véhicules électriques.

Le saviez-vous

Un moteur électrique nécessite moins d'entretien qu'un moteur essence ou Diesel et peut s'avérer, à l'usage, plus économique qu'un véhicule thermique. Une enquête menée par l'association UFC Que Choisir en 2018 montrait ainsi que l'entretien coûte 20 % de moins pour une Renault Zoé que pour la Clio essence[43].

Moins écolo, la voiture électrique ?

Les impacts environnementaux des véhicules électriques interviennent majoritairement lors de la phase de fabrication du véhicule (et en particulier des batteries) et varient en fonction de l'électricité utilisée. Ils sont donc étroitement liés à l'accroissement des énergies renouvelables.

Selon la Fondation Nicolas Hulot pour la Nature et l'Homme : « En prenant en compte les différentes étapes du cycle de vie, du "berceau à la tombe", aujourd'hui, les citadines et les berlines électriques chargées en France ont une contribution au changement climatique 2 à 3 fois inférieure à celle des véhicules thermiques. » Une berline électrique émet en moyenne 44 % de GES en moins qu'un véhicule Diesel de la même gamme. Pour une citadine électrique, le gain peut aller jusqu'à 63 % d'émissions de GES en moins qu'une voiture essence comparable.

Ces véhicules ne sont toutefois pas sans impact sur l'environnement, via notamment la fabrication des batteries. Aussi, la Fondation identifie quatre leviers sur lesquels agir pour optimiser le bilan écologique du véhicule électrique, dans un contexte de forte croissance de leur utilisation à l'horizon 2030 :

- les activités d'extraction de matières minérales nécessaires à la fabrication des batteries ;
- l'efficacité des modes de production des véhicules ;
- l'évolution des batteries en termes d'efficacité, de masse et d'usage ;
- le recyclage.

L'étude pointe aussi le rôle que peut jouer le véhicule électrique, et en particulier sa batterie, en faveur du développement des énergies renouvelables. D'une part, en apportant de la flexibilité au réseau, ce que l'on appelle le « *vehicle to grid* ». Le principe est que le véhicule réalise sa charge au moment où la demande est faible et la production importante, et permet ainsi de stocker l'excédent d'électricité pour le restituer ensuite quand la demande en électricité est plus importante.

D'autre part, en fin de vie, les batteries ne sont plus assez puissantes pour l'usage du véhicule mais peuvent servir de stockage. Aussi, la Fondation estime que : « Si toutes les batteries du stock de véhicules électriques en 2030 sont utilisées pour du stockage stationnaire 10 ans après leur mise sur le marché (4,4 millions de batteries en seconde vie), la capacité de stockage représenterait environ 37 TWh par an. »

https://www.fondation-nicolas-hulot.org/quelle-contribution-du-vehicule-electrique-a-la-transition-energetique/

43 https://www.quechoisir.org/enquete-budget-auto-l-electrique-c-est-du-bonus-n59377/

Les véhicules hybrides

Selon une étude de l'Ademe et de IFP Énergies nouvelles, pour les véhicules particuliers, mais aussi les utilitaires professionnels, la solution hybride rechargeable possède tous les atouts pour réduire la pollution locale et les émissions de GES. Ces véhicules doivent cependant être utilisés très régulièrement de façon à amortir l'impact de la fabrication de la batterie. Sur des trajets quotidiens (inférieurs à 50 km), cette technologie améliore l'impact environnemental grâce à la taille de la batterie, plus petite que celle d'un véhicule tout électrique, et une utilisation intégralement en électrique sous condition d'assurer une recharge quotidienne.

Actuellement, le déploiement de cette technologie en grande série est limité, du fait du coût élevé de fabrication des batteries, qui vient s'ajouter à celui d'une motorisation conventionnelle et d'incitation à l'achat réduite. Ce coût devrait se réduire d'ici à 2030, ce qui permettra de démocratiser cet usage et le rendre véritablement concurrentiel.

Trouver les bornes de recharge

Un site à retenir pour identifier les bornes de recharge en France est celui de l'Association nationale pour le développement de la mobilité électrique (AVERE). Ces bornes « intelligentes » sont repérables depuis Internet ou via des applications smartphone. Localisation, disponibilité, types de charge, toutes les informations sont maintenant accessibles en un clic.

Les deux-roues électriques

Autre solution qui se développe, notamment en ville : le deux-roues électrique.

Le vélo électrique

En chiffres

En France, le vélo (tous types de cycles confondus) représente 3 % des déplacements, pour l'essentiel en ville, contre 10 % en Allemagne et 28 % aux Pays-Bas. L'objectif des pouvoirs publics est d'atteindre 9 % en 2024. Un plan Vélo a été mis en place en 2018, ainsi que des aides incitatives en 2020. On constate que lorsque les infrastructures existent (garages à vélo faciles d'accès, pistes cyclables sur tout le trajet, possibilité de mettre le vélo dans le train…) et que l'acquisition de vélos est facilitée, le nombre d'utilisateurs augmente.

Le vélo à assistance électrique cumule tous les avantages du vélo, avec plus de facilité d'usage. N'étant pas considéré comme un cyclomoteur ou une mobylette, il ne nécessite pas de permis spécifique ni d'assurance obligatoire. Son moteur démarre en pédalant et s'arrête une fois que l'on atteint la vitesse de 25 km/h.

Des subventions

Il faut compter entre 1 000 et 2 500 euros pour un vélo à assitance électrique de qualité. Nombre de communes participent à l'achat de ces engins via une subvention, qui s'ajoute à celle de certaines régions, à l'instar de l'Île-de-France (500 euros depuis février 2020). En 2020, l'État a mis en place de nouvelles mesures d'aide financière, d'aménagement des infrastructures et de formation, pour inciter à un recours accru au vélo.

Un vélo à assistance électrique pèse entre 20 et 40 kg. Il est donc recommandé, avant tout achat, de tester sa capacité à le porter et à le déplacer, ainsi que sa facilité à charger la batterie. Tester également les configurations possibles avec moteur à l'avant ou à l'arrière. Certains vélos proposent plusieurs modes d'assistance plus ou moins soutenus, et même parfois une assistance de propulsion au démarrage. Pour la recharge, rien de plus simple, la batterie est le plus souvent amovible et se branche sur le secteur. Il existe plusieurs types de batteries : au plomb ou, très majoritairement, au lithium. L'autonomie d'une batterie peut aller de 25 à 70 km. Pour un usage plus confortable, pensez également à une batterie de rechange.

Enfin, un certificat d'homologation (certificat attestant la conformité des équipements du vélo aux normes légales, relatif à la prévention des risques résultant de l'usage des bicyclettes) doit vous être fourni par le vendeur à l'achat afin de bénéficier de la subvention (jusqu'à 33 % du prix d'achat à Paris !).

Le scooter électrique

Les avantages des scooters électriques sont nombreux :

- **ils n'émettent pas de GES ;**
- **ils sont quasiment silencieux ;**
- **ils n'ont pas besoin d'être préchauffés ;**
- **ils sont faciles à entretenir.**

Équipés de batteries (plomb ou lithium), la plupart des scooters électriques mettent quelques heures à se recharger (variable selon leur puissance) sur simple secteur, ou sur une borne équipée d'une prise deux-roues. Néanmoins, les batteries ont une espérance de vie limitée (entre 15 000 et 40 000 km selon les constructeurs).

À retenir

Cependant, il ne faut pas oublier que, si le scooter électrique, comme la voiture et le vélo électriques, n'émet aucun gaz polluant, la production de l'électricité peut l'être. Par ailleurs, la fabrication des batteries a un impact environnemental non négligeable, qui pourra être réduit grâce au recyclage.

Le biogaz carburant

Le gaz naturel véhicule (GNV) présente des intérêts pour réduire les émissions de polluants de véhicules. Les véhicules qui l'utilisent rejettent peu d'oxyde d'azote (NO_x) et pas de particules. Environ 14 500 véhicules roulent au GNV, pour l'essentiel des bus (15 %), camions-bennes à ordures, poids lourds et utilitaires.

Produit à partir de déchets organiques issus de l'industrie agroalimentaire, d'ordures ménagères et de stations d'épuration, le bioGNV, ou biométhane carburant, permet en plus de réduire les émissions de CO_2, puisqu'il s'agit de gaz renouvelable. Malgré de nombreux projets identifiés en France, il reste encore une marche haute à franchir pour atteindre l'objectif national de 10 % de gaz renouvelables consommés en France. Cependant, le biométhane produit est principalement valorisé en carburant grâce aux dispositifs de soutien à la filière. Il y a un peu plus de 250 stations GNV et bioGNV en France, à retrouver sur le site : www.gaz-mobilite.fr.

Les biocarburants

Les biocarburants sont utilisés comme additifs aux carburants (essence et diesel). Ils permettent de diminuer les émissions de GES et de certains polluants. Il existe deux grandes filières de production des biocarburants : la filière des biocarburants « essence » et celle des biocarburants « gazole ».

La filière « essence », pour les véhicules essence, comprend l'éthanol et son dérivé l'ETBE (éthyl tertio butyl éther), ainsi que les bio-essences de synthèse. En France, en 2017, 7,5 % de l'énergie contenue dans les essences était d'origine renouvelable (3,4 % sous forme d'éthanol, 2,3 % sous forme d'ETBE, et 1,2 % sous forme de bio-essence).

L'éthanol

En France, la betterave à sucre et les céréales (blé, maïs) sont les principales ressources utilisées pour la production d'éthanol d'origine agricole, aussi appelé bioéthanol. Il peut être également obtenu avec certains résidus vinicoles (marc de raisin et lie de vin). Les sucres (glucose ou saccharose) et les plantes amylacées sont transformés en alcool par un procédé de fermentation industrielle. L'alcool est ensuite distillé et déshydraté pour obtenir du bioéthanol. Les coproduits obtenus lors du processus de production (drêches et pulpes) sont destinés à l'alimentation animale.

Les biocarburants ne sont pas utilisés purs, mais en mélange :

» **le SP 95-E10 est un mélange d'essence et d'éthanol, à un taux allant jusqu'à 10 % ; il est compatible avec près de 75 % des véhicules à essence en circulation et avec la plupart des véhicules neufs. Ses principales caractéristiques, hors le taux d'éthanol, sont analogues à celles du SP 95 ;**

» **l'E85, ou superéthanol, est un mélange de 85 % d'éthanol et de 15 % d'essence sans plomb. Il peut être utilisé dans des véhicules à carburant modulable équipés de motorisations adaptées. Il existe plus de 400 stations proposant de l'E85, à retrouver sur** www.ethanol-e85.fr **;**

» **le biodiesel est issu d'huiles de colza, de soja ou de tournesol. Il est ajouté au gazole (taux maximum de 7 %) ou aux carburants destinés à des véhicules de collectivités et d'entreprises (taux maximum de 30 %).**

Parallèlement aux filières actuelles, la recherche sur les biocarburants de deuxième et troisième générations est privilégiée. Elle s'appuie sur de nouveaux procédés industriels utilisant des sources de biomasse non destinées à l'alimentation humaine ou animale.

Les biocarburants de « deuxième génération » sont issus de la transformation de la lignocellulose contenue dans les résidus agricoles (paille) et forestiers (bois), dans des plantes provenant de cultures dédiées (taillis à croissance rapide) ou de la valorisation des déchets industriels. Deux voies sont développées pour transformer la lignocellulose des plantes :

» **la voie thermochimique pour obtenir du biogazole de synthèse (on parle aussi de filière BtL pour Biomass to Liquid) ;**

» **la voie biochimique pour obtenir de l'éthanol.**

Ces nouvelles filières présentent des bilans énergétiques plus favorables et permettent en outre de limiter les problématiques d'usage des sols et de concurrence avec les débouchés alimentaires.

Une solution d'avenir : l'hydrogène

H du fameux H_2O, l'hydrogène est partout. C'est l'élément le plus abondant de l'univers : sur terre, dans les océans comme dans les étoiles. Aujourd'hui, on s'en sert déjà pour raffiner les carburants, produire des engrais, et même pour faire décoller des fusées. Demain, il pourrait servir de carburant dans les véhicules électriques équipés de piles à combustible.

Un peu de technique

Plus concrètement, dans la pile, l'oxygène de l'air est mis en contact avec de l'hydrogène pour fabriquer de l'eau. La réaction chimique produit de la chaleur et de l'électricité, ce qui permet au véhicule d'avancer. Le véhicule ne rejette que de la vapeur d'eau. Ce mode de propulsion ne génère pas de gaz à effet de serre ni de dioxyde de carbone, et encore moins de méthane.

Dotée d'une plus grande puissance que les véhicules électriques actuels, une voiture à hydrogène pourra parcourir environ 500 km avec une seule charge. La recharge sera également très rapide : 5 minutes à une pompe. Cette solution pourrait s'avérer pertinente pour des véhicules tels que les taxis, camions ou bus, qui roulent beaucoup, ont besoin d'une forte puissance de traction, et pourraient se recharger dans des stations réservées.

Attention toutefois ! Cette solution ne sera pertinente du point de vue environnemental que si l'hydrogène est produit localement, à partir de sources renouvelables.

Le saviez-vous

Pour les déplacements qui nécessitent plus de disponibilité et d'autonomie que les vélos électriques conventionnels, le vélo à hydrogène commence à se développer (en libre-service dans certaines communes comme Saint-Lô dans la Manche, La Rochelle en Charente-Maritime...). Ces vélos sont particulièrement adaptés aux déplacements domicile-travail, visites touristiques, mobilité urbaine ou périurbaine ou logistique urbaine.

On trouve aussi des applications pour l'hydrogène dans les trains (en Allemagne par exemple) et les bateaux (navette Navhybus à Nantes, à La Rochelle).

Les transports en commun se mettent aux énergies renouvelables

L'article 37 de la loi sur la Transition écologique pour la croissance verte d'août 2015 prévoit que « l'État et les acteurs publics [...] procèdent à des achats responsables avec des obligations de renouvellement du parc en faveur de véhicules plus sobres sur le plan énergétique ».

De grandes villes s'approprient les différentes filières énergétiques pour leur parc d'autobus : les bus GTL à Strasbourg, les bus hybrides à Dijon, les bus électriques à Orléans, les bus GNV à Boulogne-sur-Mer, les bus électriques, BioGNV et hybrides à Paris, les bus BioGNV à Grenoble, les bus à hydrogène à Pau et dans l'agglomération lensoise...

Partie 8
La partie des Dix

Dans cette partie...

Incontournables de la collection, trois chapitres sous forme de « Dix ». Depuis « les énergies renouvelables sont chères » à « ce n'est pas si écolo que ça », vous trouverez ici les réponses argumentées à dix idées reçues sur le sujet. Puis dix dates clés qui ont marqué l'histoire des énergies renouvelables. Enfin, petite piqûre de rappel avec dix chiffres particulièrement éclairants.

Chapitre 30

Dix idées reçues sur les énergies renouvelables

Les énergies renouvelables, ça ne produit pas tout le temps !

C'est vrai pour certaines énergies renouvelables, mais des solutions existent.

En effet, le solaire et l'éolien produisent de l'énergie de façon variable, discontinue et non programmable, car dépendante des conditions météorologiques et du cycle jour/nuit. Néanmoins, grâce à la répartition géographique des installations sur l'ensemble du territoire, les variations de production locales sont lissées : on n'observe jamais des centaines d'éoliennes s'arrêter en même temps, de façon brutale. Sur une année, on note peu de variation du soleil. La connaissance météorologique et la connaissance des sites rendent ces énergies de plus en plus prédictibles.

Par ailleurs, ce n'est pas le cas de l'énergie biomasse (bois de chauffage) et de l'hydraulique, notamment l'hydraulique de barrage qui peut être programmée. Or, cette dernière est la deuxième source de production d'électricité au monde, et la première parmi les sources renouvelables.

Les énergies renouvelables augmentent ma facture d'énergie

Historiquement, les énergies renouvelables étaient soutenues par un mécanisme d'obligation d'achat de la part d'acheteurs obligés (EDF et les entreprises locales de distribution d'électricité et de gaz). Ceci occasionnait un surcoût important pour ces acheteurs, répercuté sur la facture d'électricité des consommateurs, via des taxes. Cependant, la production d'énergies renouvelables coûtant de moins en moins cher, elles ne devraient plus avoir besoin de subventions à l'avenir.

Les énergies renouvelables coûtent plus cher que les énergies fossiles

Grâce à la réduction des coûts, permise notamment par les économies d'échelle, les énergies renouvelables sont désormais aussi compétitives, voire plus concurrentielles, que les énergies fossiles, et ce à la fois dans les pays en cours de développement et les pays développés. Le coût des énergies est généralement évalué par le *Levelized Cost of Energy* (LCOE), qui mesure le coût d'un projet sur l'ensemble de sa durée de vie. Des études sont notamment régulièrement publiées par l'IRENA au niveau international et l'Ademe pour la France.

En chiffres

Selon l'Ademe, pour les installations mises en service entre 2018 et 2020, les coûts de production pour l'éolien terrestre seront compris entre 50 et 71 €/MWh, et 45 et 81 €/MWh pour les centrales au sol photovoltaïques, alors que les coûts de production d'une nouvelle centrale à gaz à cycle combiné sont compris entre 50 et 66 €/MWh. Aussi, sur la période 2015-2020, les coûts de production de ces deux technologies devraient baisser respectivement de 18 et 40 %.

Les énergies renouvelables ne suffiront jamais à remplacer le nucléaire

Il est possible de remplacer le nucléaire par des énergies renouvelables, à condition de libérer des solutions de stockage suffisantes, en raison de l'intermittence de la production issue de certaines sources renouvelables. Il est également nécessaire de disposer d'un espace suffisant pour le développement de centrales à énergies renouvelables.

Des scénarios « 100 % renouvelables », tels que réalisés par l'Ademe ou l'association negaWatt, ont prouvé la faisabilité technique d'une transition vers un mix énergétique 100 % renouvelable à l'horizon 2050, sans avoir recours à des ruptures technologiques majeures.

Les énergies renouvelables ça pollue aussi

Comme tout bien, les équipements utilisant des sources d'énergies renouvelables ont un impact environnemental : émissions de CO_2, impact sur le sol, la biodiversité... Pour calculer les impacts environnementaux d'un produit/service, on utilise la méthode de l'analyse du cycle de vie (ACV), qui couvre l'ensemble de la chaîne de valeur d'un produit : extraction, traitement des matières premières, processus de fabrication, transport, distribution, utilisation, recyclage et gestion des déchets...

En chiffres

Dans le cas des émissions de CO_2, une étude du GIEC publiée en 2018 indique qu'une centrale solaire photovoltaïque au sol et une centrale éolienne produisent respectivement entre 26 et 61 gCO_2eq/kWh[44] et entre 7 et 56 gCO_2eq/kWh sur l'ensemble du cycle de vie. Quant aux centrales hydroélectriques, les émissions ressortent entre 1 et 2200 gCO_2eq/kWh. À titre de comparaison, ces chiffres s'élèvent entre 740 et 910 gCO_2eq/kWh pour une centrale à charbon, entre 410 et 650 gCO_2eq/kWh pour une centrale à gaz combiné et entre 3,7 et 110 gCO_2eq/kWh pour le nucléaire (la production nucléaire comporte toutefois un risque additionnel, au-delà de la pure production de CO_2, qui limite la comparaison. Cela concerne les risques de contamination par les rejets radioactifs à la suite d'une fuite d'un réacteur ou provenant des déchets issus du cycle du combustible nucléaire).

44 Les facteurs d'émission de CO_2, associés aux sources d'énergie, s'expriment en général en grammes d'équivalent CO_2 par kilowatt-heure (gCO_2eq/kWh) ; ils peuvent également s'exprimer en grammes d'équivalent carbone par kWh.

Les éoliennes, ça fait du bruit

Les éoliennes émettent un bruit de fond, principalement de basses fréquences, entre 20 Hz et 100 Hz. À 500 mètres, le bruit perçu est inférieur ou égal à 35 décibels, ce qui correspond au bruit émis lors d'une conversation à voix basse. Les éoliennes sont aussi à l'origine d'ultrasons.

L'Agence Nationale de sécurité sanitaire de l'alimentation, de l'environnement et du travail (ANSES) a considéré que le son émis par l'éolienne est trop faible pour être une gêne ou un danger. Par exemple, les battements cardiaques ou les respirations transmis à notre oreille interne sont plus intenses que ceux émis par l'éolienne.

Par ailleurs, le bruit généré par les éoliennes est strictement encadré par la réglementation, qui limite l'émergence du bruit des éoliennes, calculé par la différence entre le niveau de bruit lorsque le parc fonctionne et lorsqu'il est à l'arrêt.

Figure 30-1
Volue sonore d'une éolienne

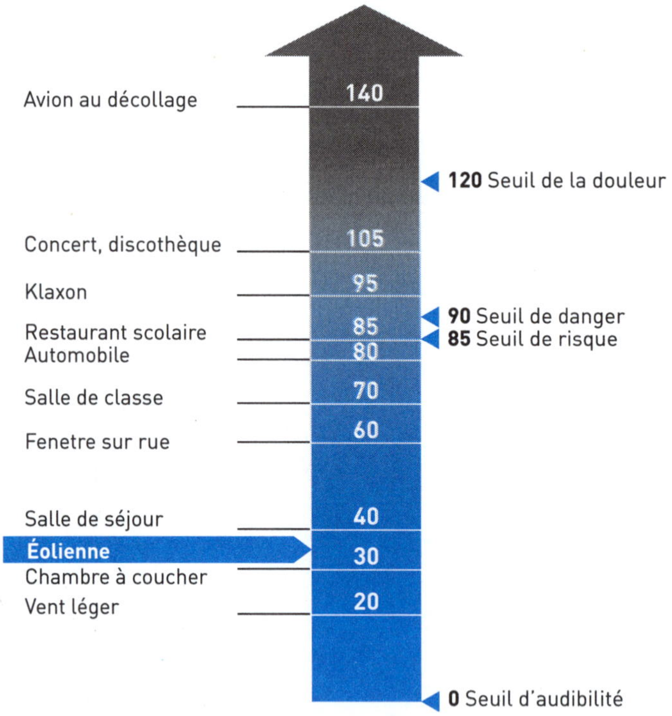

Le bois énergie contribue à la déforestation

L'exploitation de la forêt n'implique pas la déforestation, si elle est menée de façon durable. Par exemple, il a été montré que les éclaircies sont essentielles au bon développement de la forêt. En France, une partie de la forêt est gérée par l'Office national des forêts (ONF), encadrée par la loi – c'est même le chapitre 1 du Code forestier – et certifiée par le label PEFC dans 100 % des forêts domaniales. Ce label s'applique d'ailleurs à l'échelle mondiale. De plus, le volume annuel de bois prélevé en France est inférieur à l'accroissement naturel de la forêt, ce qui garantit ainsi la pérennité de cette dernière. Le volume de bois en forêt augmente donc tous les ans.

L'exploitation forestière durable favorise l'entretien, la prévention des incendies, les éclaircies régénératives et le développement des massifs forestiers, qui progressent au rythme moyen de 40 000 hectares par an.

Article L121-1 du Code forestier

La politique forestière relève de la compétence de l'État. Ses orientations, ses financements et ses investissements s'inscrivent dans le long terme. L'État veille :

- à l'adaptation des essences forestières au milieu ;
- à l'optimisation du stockage de carbone dans les bois et forêts, le bois et les produits fabriqués à partir de bois ;
- au maintien de l'équilibre et de la diversité biologiques et à l'adaptation des forêts au changement climatique ;
- à la régénération des peuplements forestiers dans des conditions satisfaisantes d'équilibre sylvo-cynégétique, au sens du dernier alinéa de l'article L. 425-4 du code de l'environnement ;
- à la satisfaction des besoins des industries du bois, notamment par l'équilibre des classes d'âge des peuplements forestiers au niveau national ;
- au renforcement de la compétitivité et de la durabilité des filières d'utilisation du bois, par la valorisation optimale des ressources forestières nationales et par l'accompagnement en formation des nouveaux métiers du bois ;
- au développement des territoires.

La politique forestière a pour objet d'assurer la gestion durable des bois et forêts. Elle prend en compte leurs fonctions économique, écologique et sociale. Elle concourt au développement de la qualification des emplois en vue de leur pérennisation. Elle vise à favoriser le regroupement technique et économique des propriétaires et l'organisation interprofessionnelle de la filière forestière pour en renforcer la compétitivité. Elle tend à satisfaire les demandes sociales relatives à la forêt.

Le label PEFC

Créé en 1999, le programme de reconnaissance des certifications forestières (PEFC) – surnommé le « gardien de l'équilibre forestier » – est une certification forestière privée qui promeut la gestion durable des forêts.

Il atteste :

- que le propriétaire forestier qui a cultivé le bois et l'exploitant forestier qui a récolté et transporté ce bois ont mis en œuvre les pratiques de gestion forestière durable PEFC ;
- que toutes les entreprises qui ont ensuite transformé et commercialisé ce bois ont appliqué les règles de traçabilité PEFC.

Le label PEFC garantit ainsi au consommateur que le produit qu'il achète est issu de sources responsables et qu'à travers son acte d'achat, il participe à la gestion durable des forêts.

Les énergies renouvelables, c'est l'affaire des grands groupes

Si de grands groupes internationaux sont présents sur le marché des énergies renouvelables, il existe également un très grand nombre de petites et moyennes entreprises qui interviennent sur chacun des métiers de la chaîne de valeur : développement, construction, financement, exploitation, maintenance... Leur agilité, présence locale et leur innovation sont des facteurs qui permettent de faire la différence !

Les centrales hydrauliques abîment les écosystèmes

Les centrales à réservoir ont effectivement un impact sur les écosystèmes, du fait de la retenue d'eau qu'ils impliquent. Cependant, d'autres centrales hydrauliques, plus petites, fonctionnent sans retenue d'eau : c'est la technique « au fil de l'eau ». Elles ont ainsi moins d'impact.

Par ailleurs, des solutions sont mises en place afin d'assurer la continuité écologique autour des centrales. Ainsi, les porteurs de projets doivent respecter un débit écologique, aussi dit « débit réservé », qui correspond à 10 % du débit naturel en absence de centrale. Des passes à poissons et des canaux de dévalaison peuvent être installés pour permettre la circulation des espèces.

Le débit réservé est le débit minimal obligatoire d'eau que les propriétaires ou gestionnaires d'un ouvrage hydraulique (lac, plan d'eau, barrage, seuil, unité hydroélectrique...) doivent réserver au cours d'eau et au fonctionnement minimal des écosystèmes, ainsi qu'à tous les usages de l'eau. On parle aussi parfois de « débit minimum biologique ».

Ce système sert à garantir le partage équitable de la ressource en eau entre les différents usages ; préserver la vie animale et végétale le long du cours d'eau ; alimenter les nappes superficielles et souterraines ; assurer la sécurité publique des biens, des personnes, et de la vie autour du cours d'eau.

Les installations d'énergies renouvelables ne se recyclent pas

La question du recyclage des équipements se pose notamment pour les filières solaire et éolienne.

Le recyclage des panneaux solaires est non seulement possible techniquement, mais constitue une filière prometteuse. Ainsi, l'association PV Cycle, qui regroupe des fabricants européens de PV, a transformé 97 % des matériaux recyclés en matières premières, tandis que les 3 % restants sont recyclés en combustibles solides servant à alimenter en énergie des cimenteries. Depuis 2014, fabricants et importateurs sont tenus de participer financièrement à la collecte et au traitement des déchets.

Greenpeace estime que les panneaux photovoltaïques, au terme de leur durée de vie optimale (estimée à environ 25 ans, période au cours de laquelle au moins 80 % de leur puissance initiale est garantie), qu'ils aient été construits en Chine ou en Europe, sont recyclables entre 95 et 99 % pour la plupart des constructeurs.

Concernant les éoliennes, le recyclage du mât et du rotor, qui constituent plus de 90 % de leur poids total, est également tout à fait réalisable techniquement. Le béton armé des fondations est, lui, réutilisable sous forme de granulats dans le secteur de la construction, alors que les pales, principalement composées de verre, peuvent être broyées pour la production de ciment. Le recyclage des éoliennes sera rendu obligatoire en France dès 2023, selon la Programmation pluriannuelle de l'énergie (PPE).

Chapitre 31
Dix dates clés pour les énergies renouvelables

1954

C'est l'année où Daryl M. Chaplin, Calvin S. Fuller et Gerald L. Pearson, trois chercheurs des laboratoires Bell, inventent la première cellule photovoltaïque efficace au monde. Celle-ci permet de convertir 6 % de l'énergie solaire captée. Et, dès 1958, ces cellules alimentent un des deux générateurs du satellite américain Vanguard I.

1973

Date du premier choc pétrolier, à laquelle l'Organisation des pays exportateurs de pétrole (OPEP) décide d'une augmentation des prix du baril de 70 %, puis d'une réduction mensuelle de 5 % de la production pétrolière.

Cet événement survient après le soutien de certains pays occidentaux à Israël, après que ce dernier a été attaqué par une coalition d'États arabes menée par l'Égypte et la Syrie. Intervenant dans un contexte de hausse de la demande mondiale de pétrole et de pic de production de pétrole des États-Unis, cette crise a certes eu des répercussions économiques de grande ampleur à l'échelle mondiale, mais elle a permis de valoriser l'idée d'une transition des énergies fossiles vers les énergies renouvelables dans le débat public.

1991

C'est la date de construction du premier parc éolien *offshore*, à Vindeby, au Danemark. Démantelé en 2017, il a permis de couvrir la consommation annuelle en électricité de 2200 ménages grâce à une capacité d'export d'énergie de 5 MW. Cela contraste avec l'envergure des projets *offshore* contemporains. À titre de comparaison, le projet Hornsea Project One, qui devait aboutir en 2020 sur la mer du Nord au Royaume-Uni, a une capacité totale de 1200 MW.

1997

Le 11 décembre 1997 est signé le protocole de Kyoto, lors de la troisième Convention-cadre des Nations Unies sur les changements climatiques. Il s'agit du premier texte fixant un objectif de réduction des émissions de gaz à effet de serre d'origine anthropique à l'échelle mondiale.

La cible initiale consistait à réduire ces émissions d'au moins 5 % par rapport à 1990, sur la période d'engagement 2008-2012, et de 8 % à l'échelle de l'Union européenne. Si 196 parties – 195 pays et l'Union européenne – l'ont signé (à l'exception des États-Unis : le protocole a été signé sous la présidence Clinton, mais n'a pas été ratifié par le Sénat américain), seuls 37 pays industrialisés se sont réellement engagés sur des objectifs, et le cadre du protocole de Kyoto reste non contraignant légalement.

2001

C'est la date de l'adoption de la Directive sur les énergies renouvelables de l'Union européenne, qui fixe pour la première fois des objectifs nationaux pour la production d'électricité issue de sources renouvelables. Ainsi, l'UE devait ainsi passer de 13,9 % d'énergies renouvelables dans la production d'électricité en 1997 à 22 % en 2010, et la France de 15 % à 21 %.

En 2018, la part des énergies renouvelables en France s'élevait à 22,7 %.

2005

Promulguée en juillet 2005, la loi de programmation et d'orientation de la politique énergétique (POPE) fixe quatre grands objectifs : l'indépendance énergétique nationale, la compétitivité de l'énergie française, la préservation de la santé humaine et de l'environnement, et l'accès à l'énergie pour tous. Pour les atteindre, elle vise notamment à développer les énergies renouvelables, par exemple en élaborant un système de garantie d'origine pour les énergies renouvelables et en créant un Conseil supérieur de l'énergie.

Août 2015

La loi relative à la transition énergétique pour la croissance verte (LTECV) d'août 2015 vise à permettre de contribuer plus efficacement à la lutte contre le dérèglement climatique et à la préservation de l'environnement, ainsi que de renforcer l'indépendance énergétique de la France tout en offrant à ses entreprises et ses citoyens l'accès à l'énergie à un coût compétitif.

2015, c'est aussi l'année de la reconnaissance par la loi du rôle des plateformes numériques de financement participatif (*crowdfunding*) dans le financement des projets d'énergies renouvelables, inscrite dans l'article 111 de la loi sur la Transition énergétique et la croissance verte.

Selon l'Institut du développement durable et des relations internationales (IDDRI), partant seulement de 120 000 € mobilisés en 2014, les fonds collectés pour les projets d'énergies renouvelables ont doublé entre 2016 et 2017, pour atteindre 20,5 millions d'euros, principalement sur des projets éoliens (45 %) et solaires (45 %). Profitant de l'introduction du bonus participatif dans les appels d'offres CRE, cette tendance semble se poursuivre, avec près de 39 millions d'euros levés pour 2018. Actuellement, le financement participatif d'énergies renouvelables représente environ 10 % du total des sommes collectées via le *crowdfunding* en France.

Décembre 2015

L'Accord de Paris (COP 21), signé en 2015, engage ses 195 pays signataires et l'UE à réduire leurs émissions de gaz à effet de serre afin de limiter le réchauffement climatique « nettement en dessous » de 2 °C par rapport aux niveaux préindustriels d'ici à 2100, et de poursuivre leurs efforts pour atteindre la cible de 1,5 °C de hausse maximum des températures.

Le texte prévoit l'annonce de contributions nationales (INDC), correspondant aux engagements de chaque pays en termes de réduction d'émissions. C'est la première convention mondiale à organiser, via le principe de « responsabilité partagée, mais différenciée », la collaboration entre pays développés et en voie de développement en matière de lutte contre le changement climatique.

2016

C'est l'année où la part des énergies renouvelables dans le mix électrique mondial (24 %) dépasse celle du gaz naturel (23 %) pour la première fois. La France accuse alors un certain retard avec 11,4 % d'énergies renouvelables en 2018 (14,8 % pour le gaz naturel).

2019

C'est la date de la signature du premier *Corporate Power Purchase Agreement* (CPPA) en France, entre l'énergéticien Voltalia et l'entreprise d'électroménager Boulanger, pour un projet solaire de 5 MW sur une durée de 25 ans.

Le *Corporate PPA* – contrat d'achat d'électricité (CAE) verte en français – est une sorte de contrat de droit privé d'achat d'électricité renouvelable liant un producteur et un consommateur. Dans ce cas, il lie directement Boulanger à une centrale solaire que Voltalia va construire et exploiter. Elle devrait assurer au minimum 10 % de la consommation de Boulanger à l'horizon 2022.

Plusieurs grandes entreprises françaises se lancent dans ce type de contrat. Ainsi, SNCF Énergie (fournisseur de SNCF Mobilités) ambitionne de développer ces CPPA à hauteur de 20 % de sa consommation d'électricité de traction d'ici à 2023. Et en novembre 2019, la Société Générale a signé avec EDF un contrat d'approvisionnement de 27 GWh d'énergie éolienne.

2019, c'est encore l'année de la mise en exploitation de la première centrale solaire flottante en France, à Piolenc dans le Vaucluse, pour une puissance de 17 MW sur 17 hectares. Ce projet, porté par Akuo, est une première réalisée par Bouygues Énergies & Services, filiale de Bouygues Construction. Composée de

47 000 panneaux photovoltaïques flottants, la centrale pourra fournir de l'électricité à plus de 4 000 foyers.

En novembre 2019 est votée la loi Énergie Climat qui fixe l'objectif de neutralité carbone et l'objectif de diminution de la part du nucléaire dans la production électrique française. Elle prévoit aussi une régionalisation des objectifs de développement des renouvelables.

Et en 2020… deux décrets fixent la Programmation pluriannuelle de l'énergie (PPE) et la Stratégie nationale bas-carbone (SNBC) de la France à l'horizon 2028 avec comme objectif final la neutralité carbone en 2050.

Chapitre 32

Dix chiffres sur les énergies renouvelables

25,1 %

C'est la part d'électricité produite à partir des énergies renouvelables par rapport à la production totale d'électricité dans le monde en 2018, selon BP. Une progression par rapport à 2008, où la part des énergies renouvelables était limitée à 18,5 %.

La production hydroélectrique reste prédominante, avec 16 % du total. La production éolienne représente 5 % du total et la production solaire 2,2 %.

11 %

Ce chiffre représente la part de la consommation d'énergie primaire à partir des énergies renouvelables dans le monde en 2018, selon BP. Grâce au potentiel hydroélectrique, la part de la consommation d'énergie primaire à partir des énergies renouvelables atteint 29 % en Amérique du Sud et centrale. En Europe, elle est de 15 %.

La Chine reste le premier producteur d'énergies renouvelables dans le monde, suivie de l'Union européenne, puis de l'Inde. L'UE dispose d'une production plus diversifiée en termes de filières, elle est en tête concernant à la fois l'éolien, le solaire photovoltaïque, le biogaz ou l'incinération des déchets urbains.

11 millions

C'est le nombre de personnes employées dans le secteur des énergies renouvelables en 2018, selon l'IRENA. Un chiffre quatre à cinq fois supérieur par rapport à il y a dix ans. En 2030, on estime que 30 millions de personnes travailleront dans ce secteur.

2,2 %

C'est la croissance moyenne annuelle d'énergie primaire dans le monde entre 2000 et 2018. La demande en énergie résulte du développement économique des pays et de la croissance de la population. La Chine, l'Inde et le Moyen-Orient sont les principaux contributeurs de cette croissance.

Et selon l'Agence Internationale de l'Énergie (AIE), la consommation mondiale d'énergie primaire pourrait augmenter de 467 % entre 2018 et 2050.

288 milliards

C'est le montant en dollars des nouveaux investissements dans le secteur des énergies renouvelables, hors projets hydroélectriques de grande taille, en 2018, selon Bloomberg New Energy Finance (BNEF). Depuis 2010, le montant cumulé des investissements atteint plus de 2000 milliards de dollars dans les énergies renouvelables.

737 milliards

C'est le montant annuel des investissements de 2019 à 2030 nécessaires dans les énergies renouvelables, selon l'IRENA, pour être en ligne avec les engagements de l'Accord de Paris sur le climat afin de limiter la hausse des températures.

11,14 €

C'est le prix le plus bas par mégawattheure jamais atteint dans un appel d'offres solaire. Ce record a été atteint en août 2020 au Portugal.

2,3

C'est le nombre par lequel la production d'électricité à partir de sources renouvelables, mesurée en térawatt-heure (TWh) a été multipliée entre 2000 et 2018 au niveau mondial, selon BP. Sur cette même période, la production d'électricité à partir des énergies fossiles a progressé de 57 %. Fin 2019, la production d'électricité à partir des énergies renouvelables dans le monde atteignait ainsi 6 673 TWh.

2 533 GW

C'est la capacité installée fin 2019 de centrales de production d'électricité à partir des énergies renouvelables à travers le monde, dont 1 308 GW d'hydroélectricité, selon l'IRENA. En 2000, la capacité installée était inférieure à 800 GW.

93 %

C'est le pourcentage des Français favorables au développement des énergies renouvelables.

Index

C

D

E

F

G

H

R

S

W

Z